中国科普研究所·科普报告系列

中国科技传播与普及报告

——中国科普研究进展报告（2008—2012）

任福君　高宏斌　主编

Report on the Communication and Popularization of Science and Technology in China

中国科学技术出版社
·北　京·

图书在版编目（CIP）数据

中国科技传播与普及报告 / 任福君，高宏斌主编 .
—北京：中国科学技术出版社，2013.10
ISBN 978-7-5046-6435-8

Ⅰ. ①中… Ⅱ. ①任… ②高… Ⅲ. ①科学普及－研究报告
－中国－2008-2012 Ⅳ. ① N4

中国版本图书馆 CIP 数据核字 (2013) 第 228905 号

出 版 人	苏 青
责任编辑	周晓慧 许 慧
责任校对	刘洪岩
责任印制	张建农
版式设计	中文天地

出 版	中国科学技术出版社
发 行	科学普及出版社发行部
地 址	北京市海淀区中关村南大街16号
邮 编	100081
发行电话	010-62173865
传 真	010-62179148
网 址	http://www.cspbooks.com.cn

开 本	889mm × 1194mm 1/16
字 数	600千字
印 张	25.25
版 次	2013年10月第1版
印 次	2013年10月第1次印刷
印 刷	北京长宁印刷有限公司印刷
书 号	ISBN 978-7-5046-6435-8/N · 180
定 价	78.00元

前　言

自新中国成立以来，科普工作一直受到政府、国家和社会的广泛重视。进入 21 世纪，《中华人民共和国科学技术普及法》（以下简称《科普法》）和《全民科学素质行动计划纲要》两个重要文件的发布和实施，使得我国的科普理论和实践工作得到了极大强化和丰富。科普研究领域在科普工作的拓展过程中也产生了深刻的变化。为了了解我国科普理论和实践研究的进展情况，特编制中国科普研究进展系列报告。

本报告主要立足国内，着重论述我国在 2008—2012 年间在科普的理论和实践研究领域中的进展情况。每个研究报告在展望的部分根据我国的实际情况，适当借鉴了国外的优秀理论、模式和方法等。

本报告是对已经出版的《中国科普研究进展报告（2002—2007）》一书的延续和拓展。在《中国科普研究进展报告（2002—2007）》里曾涉及的科普理论、科普政策、科学素质、科技教育、社区科普、农村科普、大众传媒科普研究的内容，在本报告中的参考文献时间为 2008—2012 年。本报告中的科普产业、科普基础设施、高校科普、科普评估、科普人才、科普创作、科普资源和科研与科普结合研究等内容是《中国科普研究进展报告（2002—2007）》不涉及或者没有专题报告的内容，这些内容在本报告中的参考文献只设定截止期为 2012 年。

本报告共分为上下两篇。上篇是本报告的主体，由中国科普研究所的资深研究人员分别撰写各自研究领域的专题综述报告。第一章科普理论研究进展由石顺科执笔；第二章科普政策研究进展由张会亮执笔；第三章科学素质调查研究进展由张超主笔，何薇参与；第四章青少年科学素质研究进展由王丽慧执笔；第五章农村科普研究进展由朱洪启执笔；第六章社区科普研究进展由胡俊平执笔；第七章科普资源研究进展由谢小军执笔；第八章科普创作研究进展由尹霖主笔，李正伟参与；第九章大众传媒科普研究进展由颜燕执笔；第十章科普基础设施研究进展由李朝晖执笔；第十一章高校科普研究进展由高宏斌执笔；第十二章科普人才研究进展由任福君主笔，张义忠参与；第十三章科普评估研究进展由张志敏执笔；第十四章科普产业研究进展由任福君主笔，张义忠参与；第十五章科研和科普结合研究进展由梁琦执笔。下篇是对中国科协资助的科普研究项目的研究进行提炼和再创作形成，主要由张利梅和付敬玲完成。全书由任福君教授、高宏斌博士和朱洪启博士统稿。

本报告的形成不仅是对现有科普研究领域的现状描述，更是希望对未来的科普研究发展进行展望。本报告以成名已久的《中国科技传播与普及报告》(原《中国科普报告》) 为主标题，以“中国科普研究进展报告”为副标题，今后拟以 5 年为一个周期，对中国科普研究的情况进行一次综述。希望本报告不没中国科普报告的美名。难免有不足之处，欢迎指正。

编者

2013 年 5 月 8 日

目录

CONTENTS

上篇 科普研究进展

下篇 中国科协科普研究资助项目成果简介

PART 1

上篇

科普研究进展

Research Progress of Science PoPu
larizaxion

第一章
科普理论研究进展

中国科普研究所　石顺科

科普作为一种社会现象，在中国已经存在了很长的时间，但是有关科普的理论研究，只是近30年以来的事情。1983年高士其为《科普编辑概论》题词，提出“科普是一门学问”。1988年董纯才为《科普学引论》题词，说“科普学是一门新兴科学。对它进行钻研，很有必要”。2004年徐善衍为《现代科普导论》一书作序，说道：“科普是一门学问，是一门科学，有其自身发展的客观规律；科普是一项庞大的社会系统工程，有其自身的运行轨迹；科普是一种社会建制，有其自身的制度安排和行为规则。”30年来，有关科普的理论研究伴随我国科普事业的不断开拓，以前所未有的气势发展起来，不知不觉当中，积累了丰富的成果。这些成果集中体现在一大批学术专著和各类正式出版的研究报告中，蕴藏在《科普研究》等各类有关的学报学刊、会议文集中，以及研究资助项目当中。此外还有大量的译介专著，也与我国科普的理论研究密切相关。各种渠道产出的研究成果数量已是非常的巨大，对这么多的论文、报告、专著进行统合分析无疑是一件很困难的事，要想理清其中各种理论主张及演进情况更不是一件简单的事。这里我们只是从有限的且有一定代表性的资料入手并结合一些具体方向的课题研究，粗略地体味一下我国科普理论研究的一些基本特点，看一看它的演进历程，促成其发展的背景条件，择要理解一下科普理论探索中的理论建构的特点及其主体走向，最后再品评一下理论研究中的得失。

一、科普理论研究的发展

我国科普理论研究的发端姑且从20世纪80年代算起[①]，至今已过30年有余，如果要捋

① 早期有关科普行为的议论，多是从开启民智、推行民众科学教育的角度出发，倡导科学与民众的结合。如果算是研究，那也多是义理上的见地，对科学在中国扎根的呼吁。

捋头绪，大致上可以简单地按 10 年划分来看。前 10 年，20 世纪的 80 年代，是我国科普工作的恢复期，也是科普研究的萌动期。这期间中国科普研究所开始开办《评论与研究》[①]。研究的重点主要是科普创作和类似科普学方面的问题，其成果有《科普创作概论》（1983）、《科普编辑概论》（1987）、《科技写作论丛》（1987）、《科普学引论》（1989）等。中间 10 年，20 世纪 90 年代，是科普研究的发酵期，情况开始发生变化。由于网络技术的应用，对外信息交流变得十分方便，恰逢国际上关于公众科技传播的讨论正值热烈，大量国外信息进入国内。国内学界开始关注科普，新的理念被源源不断地引入，如公众理解科学、公众科学素养、科技传播等。这十年，参与科普问题讨论的人多了起来，讨论的问题日益深入广泛。十年间科普研究方面的产出主要是科普创作方面的文集，如《茅以升科普文集》、《中国少儿科普 50 年精品文库》以及《反对封建迷信》等漫画作品。此外，除了《科技传播学引论》（1996）和一些独立的研究报告及论文，可见的有关科普理论的专著成果不多，但似乎人们正在思考，蓄势待发。1999 年中国科协提出“2049 计划”，极大地促进了科普理论的探索。进入 21 世纪，到 2012 年这十余年间，可谓是成果期。这期间，在项目的带动下研究课题越来越多，研究群体不断地发展壮大，研究成果骤然激增，关于科普理论探讨的专著也接二连三地涌现，如《让科技跨越时空——科技传播与科技传播学》（2002）、《科学技术普及概论》（2002）、《现代科普导论》（2004）、《科学传播读本》（2007）、《科普学》（2008）、《中国科普研究进展报告》（2009）、《科学传播导论》（2010）、《科技传播与普及概论》（2012）。2006 年国务院颁布《全民科学素质行动计划纲要（2006—2010—2020 年）》（以下简称《科学素质纲要》），此后有关科普的各种研究基本上是在《科学素质纲要》的框架下展开的，主要的作用是为落实《科学素质纲要》提供理论支撑。

我国的科普理论研究是如何兴起和发展的，除了研究人员的主观努力以外，还有客观背景上的原因。首先是受国内科普事业发展的影响。“文化大革命”结束后，人民群众表现出了一种强烈的文化饥渴和对科学知识的迫切需求。1978 年中国科协恢复了正常的工作秩序，1979 年中国科普创作协会（中国科普作家协会前身）成立，第二年中国科普创作研究所（中国科普研究所前身）成立。科学普及工作规模迅速扩大，如何向人民群众提供更好的服务成了科普工作必须研究的内容。依照传统的科普工作模式，科普作品和科普创作成了首要的关注焦点，《科普创作概论》和《科普编辑概论》的及时出版适应了当时发展的需要。其次是受了国外科学技术传播大讨论的影响，一直持续到今天。这种影响在政府、科普工作者、学者中引起震动，在许多方面达成共识。外来的影响和国内发展的需要促使政府加大了对科普领域的支持力度，力度之大使国内的科普活动在内容、形式、层次乃至理论认识方面都发生了巨大的变化。

① 1982年中国科普研究所开办《评论与研究》（内部刊物），1987年改为《科普研究》，2006年获得正式出版刊号，是国内目前有正式刊号的唯一专门刊载科普研究文章的学刊。

科普理论的研究在前所未有的广度和深度上展开，参与讨论和研究的人员变得多元化，越来越多的高等院校、科研单位、政府涉科部门的学者、研究人员和地方科协的科普工作者加入进来，极大地丰富了科普研究的内容，各种研究科普或科学传播的“概论”、“导论”纷纷亮相。此外，在国家政策引导下，科普界的各种论坛为科普研讨和理论积累提供了必要的方便条件，如中国科普研究所每年一次的科普理论研讨会，中国自然辩证法研究会和北京大学科学传播中心联合举办的“全国科学传播会议”、1994 年的“公众理解科学国际会议”、2000 年的“中国国际科普论坛”、2004 年的“公民科学素质建设国际论坛”、2005 年的“公众科技传播国际研讨会”等，这些平台促进了科普研究的交流，刺激了研究成果的产出。

二、科普理论研究的特点

今天我们能看到的国内科普理论专著已有若干，这些著作首先在冠名上有着明显的不同，大致可分为三类：如科普学、科普概论、科学传播学等。冠名的不同体现了著者立意的不同和见解的不同。其中科普学和科普概论一类具有相似性，体现了传统科普的延续性，侧重科普工作的组织管理，一般要谈到科普活动、科普活动载体以及科普对象并将其划分为青少年科普、农村科普、城市科普、领导干部科普等，具有实际操作特点。科学传播一类的专著更注重理念的建构，传播的结构和规律以及科学精神、科学与民主、科学与社会的相互关系等形而上的思考。这种分野鲜明地表现了我国科普理论建设中两种不同的观点，即是用“科普”还是用“科学传播”来指代学者们所描述的研究对象。这是一个十分纠结的问题，反映了我国目前阶段中科普现象的极为特殊之处，大概也是中国所特有。虽然著述者竭力试图阐发科普或科学传播的内涵和边界，但在行文中双方都不可避免地互相使用对方的称谓，大家知道各自所谈论的乃是同一范畴中的问题，所探讨的是同一种社会现象。从《科普学引论》到《科学传播导论》，再到《科技传播与普及概论》，可以看出我国学者对科普现象的认识过程和整合过程。差异给科普理论研究带来新的养分和活力，使我们的认识得以升华，而实际工作中也可以看到二者充分整合的结果。

除去不同之处，以上专著同时也表现出诸多的共性。比如解读科普采用了传播学的架构，把传播的理念充分地引入进来，如传播的功能、形态和 5W 模型，传播与知识经济的关系，传播与社会的关系。在研究视野上不约而同地引入了信息论、控制论、系统论等概念，更加广泛地寻求各种学科理论的支持，将科学哲学、科技史、科学技术与社会、社会学、心理学、认知科学、社会行为学、大众传播学等知识融合进来，充分展示了科普理论研究具有典型的交叉学科的特点。不难看出，所有的努力都试图为科普或科学传播构建起一套理论体系，从而朝着建立学科的方向迈进。

进入 21 世纪，关于科普理论的讨论和研究受到了广泛的关注。2009 年中国科普研究所任福君、陈玲带领课题组编写了《中国科普研究进展报告》。课题组利用中国知网的资源平台，收集分析了2002—2007年知网检索的科普文献，其中关于科普基础理论研究的贡献主要表现在科学传播的三段论、二阶传播、科普模型以及科学传播的社会语境等方面。根据知网的资料，2008年以后关于科普或科学传播的研究论文依然很多，研究的内容十分广泛，在基础理论认识方面主要表现为对科学传播内涵的认知和探讨，这包括科学传播的模式与结构研究、价值取向、学科基础、社会语境、民主价值等内容，但数量不是很多。在一般性研究方面，研究论文体量较大，涉及了我国科普事业发展的方方面面，研究论题涵盖了科普政策、人才队伍、科普产业、网络科普、新媒体、科技馆建设、应急科普，等等。从刊载论文的角度看，我国科普研究关注点与国外同行的研究有着明显的不同。多年来，国际上的英文学刊《公众理解科学》（PUS）刊载的论文大多集中在气候变暖、生物技术、转基因技术、干细胞等这样的热门话题上。这反映出我国的科普研究带有鲜明的本土特色。2011年和2012年中国科普研究所在《科普研究》几十年积累的基础上，选择有价值的文章，编辑出版了《科普学术随笔选（1982—2011）》和《科普研究论文选（2006—2012）》。所选的文章跨越了30年的时间，其中不乏理论性的研究文章，对我国科普理论研究的演进有一定的表现。

2000年以后，我国的科普研究与国际同行的交流开始频繁起来，主要有三种渠道，一是举办或参加国际学术研讨会，二是与国际同行合作编辑出版学术专著，三是向国际学术刊物投稿。十几年来我国学者在国际会议上的发表的论文已有数百篇，大多数是在国内举办的国际会议上发表的，在境外举办的国际会议上发表的论文有几十篇。在境外参加的会议主要是公众科技传播国际会议（PCST）、波特兰工程与技术管理国际中心会议（PICMET）以及一些区域性国际会议。在这些会议上，我国学者的论文主要是一些案例研究或国内科普情况介绍，阐述基础理论认识的文章不多。在学术专著方面，主要出版了《以人为本的科学传播》、《社会语境下的科学传播》（斯普林格出版社出版）、《世界科学传播》（斯普林格出版社出版）、《构建科学文化》，还有一些论文被收入国外同行编辑的专著中，如《科学文化》一书收录了王可、刘萱等人关于公众科学素养调查的两篇研究论文。《构建科学文化》是中国科普研究所与印度国家科学传播与信息资源研究所（NISCAIR）合编的专著，中方提供的文章涉及公众科学素养调查、科普基础设施建设、科普评估、科普日活动、农村科普、非正式科学教育、科普理念演进等内容。印度方面针对中方的选题提供了对应的研究成果。这是一次密切的双边合作，双方交流过程中在理论认识方面都表现出独特的见解，但此次合作没有具体阐发这方面的内容。目前国际上业内的代表性学刊主要有《公众理解科学》和《科学传播》，我国学者在两刊上发表论文的数量极少，且多是在与国外学者合作的情况下发表的。在国际学刊上发表文章，除了研究的价值、深度和规范性以外，语言问题也是一个难关。我国科普研究要想提升影响力，进入更为宏大的研究视野，应该再努一把力，克服困难，融入国际研究的大环境。

回顾我国科普发展的历史，不难看出今天的科普较之以往范围极大地拓展了，在理念上发生了很大的变化。这些理念大多是从国外引进的，比如对缺失模式的批判、对传统的科普灌输模式和单向传播的批判、对公众概念的划分、讲究互动双向传播、提倡批判性思维、探究式的施教和学习方式、动员公众参与、科学传播与民主建设，等等。这些理念统统被我们吸收了，潜在地支撑着研究者们的研究报告和学术专著，并且在实践活动中被广泛地应用。虽然我国的科普开展得轰轰烈烈、紧凑而有序，但我们在具体的科普理论创新方面属于自己的东西却不是很多。在基本理念方面，我们长期以来坚持了“学科学、爱科学、讲科学、用科学”的信条，提出了科普工作要“群众化、社会化、经常化”的口号，也许最能概括我们理论认识高度的词语是“普及科学知识，倡导科学方法，传播科学思想，弘扬科学精神”。不过我国的科普理论研究也有独具特色的一面，这个特色建筑在科普的定位之上。目前我国的科普由于受到政府的大力支持，被当做是一种事业，由政府主导下的科普行为被看作是科普工作，即是工作，就一定是在组织体系架构下的行为，于是我国科普的主体工作就成了一种处于有组织状态下可控可管理的活动，科普理论的建构便突出了科普活动的组织性、协调性和管理性。由此在主张科普概念的学者的研究中便频频出现了科普的任务与目标、科普的组织管理、科普的保障条件、科普的效果评估等内容。在此，科普的确是被当做一种社会系统工程和社会建制来研究的。这种研究模式在倡导科技传播的研究中往往见不到。自从中国科协启动“2049 计划”以来，历经2002 年《科普法》的颁布，特别是《科学素质纲要》实施以来，科普研究的主体便落在了这个社会系统工程的框架之内，纯理论的基础研究所占比例甚小，大量的项目和资金支持转向了应用研究，以解决现实中迫切需要解决的问题。

应用研究的特点一般是有特定的问题指向，研究的结果直接用来解决具体的问题，这种研究一般都有一定的实践空间。近 10 年来，这方面的研究覆盖了十分广阔的范围，从较大的分块来看有：公民科学素质建设研究、公民科学素养调查研究、科技传播机制研究、科普政策研究、科普资源研究、科普基础设施研究、科普产业研究、科普人才研究、科普历史研究、科普创作研究、科技馆体系研究、科技馆建设标准研究、青少年科技教育研究、企业科普研究、高校科普研究、科普评估理论研究、国外科普研究。下面试举几个实例。2002 年中国科协科普部列出一笔资金用于支持科普理论研究，所列的题目有：对公众科学素养测试第二与第三维度的研究；国外“公众理解科学”运动与理论研究；我国高中级公务员科普理论研究；我国公众科学素质与《科普法》执法问题研究；大众传媒对公民科学素养的影响及对策分析；高校科普某地科普实践的理论研究；中外科普著作的比较研究；美国科普发展历史史料论丛及研究；贵州少数民族公众科学素养现状及对策研究；提高边疆经济欠发达省份农民素质的对策研究。2010 年中国科协科普部的研究生资助项目共有 26 项，其中有：科普组织研究；科学教育中的科学理解问题研究；科普税收优惠制度研究；公众科学素养调查引入地方性知识问题研究；科普文化产业的分类模式研究；关于《十万个为什么》的历史初探；科普影视评价体系网络评估办法；中美科技类博物馆网站比较研究；民族地区科普惠农长效机制研究；科普传播产业化及其法律保障研究。再如，中国科普研究所 2012 年计划内的研究项目有 40 多项，其中有：基层科普理论研究及测评体系建立；示范县建设等基层科普发展理论与实践研究；科普产品创作研发基地能力建设研究；创新成果及科普转化对策研究；科研与科普结合的实践案例研究；公民科学素质评价指标体系与国际比较研究；科普基础设施监测评估；科普资源共建共享相关研究；科普人才培训体系研究；高校科普机制方式方法研究等。此类研究在许多科研单位和高校也开展得有声有色，研究成果层出不穷。集10余年之积累，光是正式出版的研究成果已经不能尽数，择要数之有《中国科普报告》、《中国科学传播报告》、《全民科学素质行动计划纲要年报》、《中国公众科学素养调查报告》、《中国科普基础设施发展报告》、《公民科学素质测评的理论与实践》、《公民科学素质建设：理论与实践》、《科技传播机制研究》、《青少年创造力国际比较》、《社区科普与公民科学素质建设》、《科普效果评估：理论与方法》、《中国科普理论与实践探索》、《科普创作研究文选》、《中国农村科普研究》，等等。

《科学素质纲要》把“政府推动，全民参与，提升素质，促进和谐”列为其实施阶段的行动方针，正是在这一方针的指导下，我国的科普工作有了可靠的保障，科普理论研究因而也出现了空前繁荣的局面，结出了丰硕的果实。然而从理论研究的角度看，我国的科普理论研究仍然存在一些短板，有些问题可能一时解决不了，但研究上应该先想到，争取走在前面。

三、科普理论研究评述

就目前科普理论研究的发展看，首先是基础理论研究显得不足。其不足之处，一是项目设置所占比例太少，资金支持不够，不利于基础理论研究的进步；二是研究深度不够，虽然现在已经有了不少的“导论”、“概论”之类的大部头著作，但这些作品大有填补空白、抢占先机之嫌，研究还缺乏一些耐心和功力。比如长期以来困扰科普界的“科普”与“科学传播”的冠名问题一直没有令人满意的排解分析。“科普”与“科学传播”不仅是哪个说法好听的问题，也不是一定要用哪个的问题。从现有的研究成果看，二者基本上是在探讨同一范畴的问题，但差异明显。弄明白差异所在，不仅对提升理论认识有好处，对整合业内整体的理论体系也是有好处的。从现有的资料和实践经验，加上国际上的借鉴，是有可能对两者做一番对比分析的。还有传播模型中的噪音效应问题。科普活动中噪音不是仅存在于传播渠道过程中，因为传播两端不是机器，而是活的具有思维能力的人，信息缺失与损耗，在传播过程中，在编码解码过程中，在任一环节都可能存在。很少见到这方面的研究，但在传口信游戏中，我们常常被口信传递失真引得开怀大笑。同样的道理，但我们没有注意。

二是对外来理念的吸收问题。20多年来，我们不断引入国外“先进”的理念，一经引入，马上群起相随，众口铄金，大有骇人之势。但是我们对这些理念，老实说还缺乏认真加之以结合国情体量分析的态度。比如缺失模式问题，国外一否定，我们也马上认为是过时了，可是我们在实际操作中还不自觉地沿着缺失模式的路线行进，这是为什么？在一定的历史条件下，只会有一种模式存在吗？缺乏分析，缺乏国情分析。再如双向互动问题，如何才算是双向互动？听众对科学家的演讲没有反应就不是互动吗？听众与科学家是平等的，如何平等？非要听众也传授给科学家相应的知识吗？引入这些概念，但没有理清概念内在的层次。类似于互动的问题，大众传播学中已有相当多的研究。此外，理论研究中浮躁风气依然很浓，假命题很多，往往是“一人呼之，众人应之”。

三是科学方法的倡导问题。四科当中把倡导科学方法当作一个重要内容，科学方法的传播在国际上也受到特别的重视。但是我们倡导什么科学方法？人们都爱说“授人以鱼，莫若授人以渔”，知道这是授人以智慧的不二法门。可是我们是否就是要让每个人都懂得各种科学实验的方法，这显然办不到。《科学技术普概论》将科学方法分为三个层次：普遍方法、一般方法和具体方法，注意到了所谓科学方法的层次，注意到了普通公民与科学方法的授受关系，但有关这方面的深入讨论甚少。实际上一般人在对待日常生活中的科学问题时，特别是每当有群体效应的问题发生时，来不及采用高深的抽象方法或是具体的实践方法，他们往往凭借感性的认识来对待。因此理性的、逻辑的方法，批判式的思维方法显得非常重要。我们有太多的事件，表现出大面积的公众走偏，除去其他因素，思维方法不发达也是其中原因之一。

四是受众研究问题。这是业内理论体系研究中缺失最严重的部分。从传播的链条来看，有信息源、传播渠道和接收端。截至目前我们做了海量的工作，全部的资本基本上都压在了信息源和传播渠道上了，公众是怎么回事，业内很少有问津。当然可以说有关系的是几年一次的公民科学素养调查，或是各种实施项目中的实地调查。但这些调查并没有真正涉及公众（人或群体）的生活习惯、思维习惯、学习习惯和社会行为习惯。科普工作不了解公众，搞得再热闹也是自娱自乐，做的事再多，也可能只是低效的。公众是如何学习的？真是像调查中所了解到的主要是通过电视长知识的吗？人际交往对知识的传授真的那么无足轻重吗？公众买到一件有科技含量的产品，学会使用它，这不是学习吗？这样的事在生活中少见吗？联想到各类广告和产品使用说明，它们对公众的影响可以略之不计吗？广告和产品说明是不是一条潜在的深深影响公众社会行为习惯的传播行为？这些问题，已有的研究很少触及，而这里的学问相信很深，很大，也与科学传播的关系非常的密切。大众传播学、大众文化学在这方面则有很多的研究和可借鉴的成果。

最后一个问题是科普的投入与产出效率问题。几十年来，科普界倾全部之人力与物力致力于提高公众的科学素养，为人民谋福祉。但实际的效果怎么样？所花费的人力物力与所得到收效是否合算，或是什么样的收效才是最经济的结果？在这方面，总的感觉是投入大，收效小。传播者辛勤劳作，惶惶不得终日，疲惫不堪，而得到回报却甚是微小，那是不划算的。现在我们注重科普评估，拿起了这件量器，使得科普项目运作的效果有了一定的说法。但在整个科普发展战略的投入与产出比上，我们还看不到最佳的平衡点，我们不知道我们是浪费了还是节约了，不知道我们是“亏”了，还是“赚”了。科普理论研究应当有这样的眼光，应该为科普发展的最佳路线提供指导。

我国的科普理论研究总体看成果是巨大的，这些成绩有理由让我们感到高兴，或许有一天也让我们感到自豪和骄傲。但我们确实做得还很不够，或者说还有很多事等着我们去做。科普这块仍然等待人们去开发的处女地，会让我们有更加丰厚的收获的。

参考文献

[1] 章道义，陶世龙，郭正谊．科普创作概论［M］．北京：北京大学出版社，1983．

[2] 章道义．科技写作论丛［M］．北京：中国科学技术出版社，1987．

[3] 章道义，何寄梅，郭以实．科普编辑概论［M］．上海：上海科学技术出版社，1987．

[4] 袁清林．科普学引论［M］．北京：学术期刊出版社，1989．

[5] 郭治．科技传播学引论［M］．天津：天津科技翻译出版公司，1996．

[6] 袁清林．科普学概论［M］．北京：中国科学技术出版社，2002．

[7] 翟杰全．让科技跨越时空：科技传播与科技传播学［M］．北京：北京理工大学出版社，2002．

[8] 本书编写组．科学技术普及概论［M］．北京：科学普及出版社，2002．

[9] 杨文志，吴国彬．现代科普导论［M］．北京：科学普及出版社，2004．

[10] 刘华杰．科学传播读本［M］．上海：上海交通大学出版社，2007．

[11] 周孟璞，松鹰．科普学［M］．成都：四川科学技术出版社，2008．

[12] 汤喜燕．大众传播学导论［M］．杭州：浙江工商大学出版社，2010．

[13] 黄时进．科学传播导论［M］．上海：华东理工大学出版社，2010．

[14] 任福君，翟杰全．科技传播与普及概论［M］．北京：中国科学技术出版社，2012．

[15] 任福君，陈玲，等．中国科普研究进展报告．北京：科学普及出版社，2009．

[16] 谢小军，颜燕．科普学术随笔选（1982—2011）．北京：科学普及出版社，2011．

[17] 任福君．科普研究论文选（2006—2012）．北京：科学普及出版社，2013．

[18] 中国科普研究所．科普研究（2008—2012）．北京．

[19] 程东红，珍妮・梅特卡夫，等编著．张礼建，刘丽英，等译．以人为本的科学传播．北京：中国科学技术出版社，2012．

[20] 程东红，米歇尔・克雷森斯，等编著．徐然，贾文渊，等译．社会语境下的科学传播．北京：中国科学技术出版社，2012．

[21] Schiele, B., Claessens. M, et al. Science Communication in the World. Dordrecht: Springer, 2012.

[22] Raza, G., Ren, F. Constructing Culture of Science. New Delhi: NISCAIR, 2011.

[23] Bauer, M., Shukla, R. et al. The Culture of Science. London: Routledge, 2012.

第二章
科普政策研究进展

中国科普研究所　张会亮

国家通过制定和完善科普政策，营造有利于科学传播的社会环境，推动科普事业的发展。2008—2012年，我国持续颁布了一系列促进科普事业发展的政策文件，为科普事业的发展提供了有效的保障，极大地促进了全国各地、各行业、各社会领域科普工作的开展。

本研究以“科普政策”、“科技传播政策”、“科普法”、“全民科学素质纲要”为题名和关键词对2008—2012年中国知网（CNKI）中国期刊全文数据库、中国博士学位论文全文数据库、中国优秀硕士论文全文数据库，以及各类相关学术会议论文集进行检索，共检索到相关文献约70余篇。上述文章中，有一些文章属于工作情况介绍或汇报，其研究性并不强。因此，本文在探讨相关问题时主要以中文核心期刊以及科普专业研究期刊中的研究性文章作为分析基础，同时兼顾了对相关学术会议论文集和学术著作中的相关内容的研究。

总的说来，检索到的文章主要围绕以下主题展开研究：科普政策的历史演变研究、针对某一重要科普政策的研究、地方科普政策研究、国外科普政策研究等。从文章研究主题的分布情况来看，科普政策的历史演变研究占有较大比例。

一、科普政策的历史演变研究

朱效民[1]描述了改革开放30年我国科普政策演变历程，分析了科普研究的现状，涉及科普目标、科普主体、科普的市场化、科普定位等内容，最后简单点评我国科普的现实问题和未来发展。他认为，总体上看，我国科普政策基础理论研究相对滞后，无论是在政策咨询层面还是在实践指导层面都远不能满足需求。

李志红[2]梳理了新中国成立以来我国制定的科技规划中的科普政策，从历次规划中看科普政策的变化与发展，即从积极开展科协和专门学会的活动，到建立科普事业的良性运行机制，逐步建立科普检测评级体系，国家越来越重视加强科普制度的建设。

佟贺丰[3]梳理了新中国成立以来我国出台的重要科普政策法规，围绕几个有重大意义的政策性文件，对照我国科普现状及国外相关情况，总结我国科普政策法规建设的现实意义和经验教训，并对今后我国科普政策的发展方向提出建设性的意见。他认为，政府应该在制定适应市场经济体制下的科普政策上下功夫，改变目前政府直接参与、计划味道浓的科普政策体系。应抓住提高公民科学素质和国家科普能力两个主线，构建一个以《中华人民共和国科学技术普及法》为基础，以提高公众科学素质和国家科普能力为战略目标，以科普投入、设施、人才等各项配套政策为实施手段，以行业和地方科普发展政策为重要内容的完整的科普政策法规体系，保证科普事业的健康发展。

刘立、常静[4]简要考察了科普政策的历史演进，借鉴科技政策研究的思路、方法和理论，阐述了科普政策的定义和体系，并分析其发展趋势，即：科普政策的制定进一步民主化和科学化，科普政策的制定引入公民参与，加强科普政策实施的监测和评估，并建议修订《科普法》。

裴世兰[5]等人对重要的科普政策法规进行了梳理，从公共政策的角度结合我国科普政策法规现状，探讨了科普政策涵义、科普政策法规基本体系。在调查问卷和数据研究分析的基础上对我国科普和科普政策法规运行中存在的问题进行了分析和研究，并在此基础上提出有关对策和建议，即重视、加强对科普政策法规的宣传和普及，加强科普政策法规的执行和落实，构建科普政策法规监测评估机制。

翟杰全[6]认为科技传播政策是科技政策重要的组成部分。基于当代社会发展的需要，一个相对完善的科技传播政策体系至少要包括科技公共传播政策、科技传播产业化发展政策、科技传播技术发展政策等基本组成部分。科技传播政策的目标应定位于利用制度建设和政策引导，强化科技传播能力建设，提高国家科技传播能力。

任福君、翟杰全[7]梳理了2008年以来我国科普政策的出台与实施情况。认为我国的科普政策开始走向体系化的建设之路，国家和社会对科普工作的认识有了前所未有的提高，对科普工作的任务目标有了更加明确的认识，目前已经初步建立了体系化的科普政策，形成了一个相对完整的科普政策框架，有力地推动了科普事业的发展。

二、《科普法》、《科学素质纲要》相关政策研究

《科普法》和《科学素质纲要》是我国里程碑式的两大重要科普政策。《科普法》的制定和颁布，体现了党和政府对科普工作的高度重视和关怀，对我国科普事业的发展具有深远的影响。2012年是《科普法》颁布10周年，科普工作者和研究者撰文从不同角度回顾与解读了《科普法》的制定、实施和重要意义等。

较早的有崔建平[8]回顾和详细记录了《科普法》出台的背景与过程，从历史背景、国内调研、国外考察、讨论焦点、重大修改等5个方面做了一个简要回顾。他还从5个方面就《科普法》颁布10年来科普工作的发展变化进行了详细阐述：一是大联合大协作的工作机制进一步建立健全，二是主题科普活动品牌效应不断扩大，三是科普资源开发共享工作成效显著，四是科普基础设施建设蓬勃发展，五是科普经费投入和队伍建设力度明显加大[9]。

张金声[10]论述了《科普法》10年来所建立的历史功绩，主要有：有力地推进了科教兴国战略和可持续发展战略的实施；为加强科普工作和发展科普事业确立了基本的法律制度；为提高公民的科学文化素质提供了法律支持；促进一批地方科普法规出台，完善了我国的法律体系；为发挥科协组织的科普主力军作用、建立大联合大协作的格局提供了法律保障。同时他还从科普的内涵、科普设施建设、科普经费投入、科普队伍四个方面期待今后科普法制建设实现历史的超越。

李朝辉[11]阐述了10年来《科普法》及其他一系列相关科普政策如何促进了科普基础设施的建设与发展。他从科技类博物馆、基层科普设施、流动科普设施、数字科技馆、科普教育基地等五方面的发展论述了《科普法》及一系列相关政策的颁布和实施带来了我国科普基础设施建设的新一轮高潮。他认为这次建设高潮不只重视科普场馆、设施的规模建设，更注重场馆与设施的质量建设，即科普服务能力建设，从当前建设取得的成绩看，我国科普基础设施已经具备了一定的规模，具有了相当的科普服务能力，可以满足公众的部分科普需求，为我国公众科学素养的提升与和谐社会的建设做出了积极贡献。

汤黎虹[12]从社会管理体制创新的角度看《科普法》10年来的实施，通过完善科普法律制度，特别是强化社会组织的地位和作用，推动科普的社会管理体制创新。他认为应当制定《科普法》实施细则，其中重点规定教育机构、科研机构、社会团体（联合会、学会、协会、研究会）、其他社会组织的科普义务（强行性义务，必须履行），新闻出版机构、网站、广播电视的科普义务。

《科学素质纲要》立足党和国家工作大局，着眼于全面建成小康社会宏伟目标，对公民科学素质建设做出的战略规划和全面部署。《全民科学素质行动计划纲要年报》系列（2009年[13]、2010年[14]）是反映年度全民科学素质纲要实施工作的研究性文献，客观地记载和分析了我国全民科学素质的年度发展状况，收录了年度全民纲要工作大事记以及《全民科学素质纲要》文件汇编。

《全民科学素质行动发展报告（2006—2010年）》[15]是一部重要的反映2006—2010年《科学素质纲要》实施进展的研究性文献。主要内容涉及《科学素质纲要》颁布的时代背景；《科学素质纲要》的目标与实施机制；未成年人、农民、城镇劳动者、领导干部和公务员四大重点人群科学素质建设的发展；科学教育与培训基础工程、科普资源开发与共享工程、大众传媒科技传播能力建设工程、科普基础设施工程四大工程的进展；公民科学素质建设保障条件的发展等内容。报告还对 2011—2015 年的全民科学素质工作进行了展望。

韩士德[16]在文章中解读了科普优惠政策。文章认为我国科普事业政府投资经费额度虽然每年都有不同程度的提高，但是一直处于较低水平的状态，这一情况是造成我国科普事业没有长足发展的重要原因。科普优惠政策的出台对鼓励科普事业的发展起到了一定的促进作用，大大提高了科普工作者的积极性。

刘立[17]、常静[18]描述了科普政策议程设置的模式。他们借鉴国内外学者的研究成果，探讨了科普政策议程设置的四个模式，即：内部模式、开门模式、部门上书模式、上书模式，并以《科学素质纲要》和《科普法》为案例进行研究。

任福君、翟杰全[19]研究了近年来我国科普政策的实施成效以及存在的问题。认为在我国近年的科普事业发展过程中，逐步确立了科普事业的管理体制，建立了政府推动、全民参与的科普工作机制，形成了“国家—部门—地方”的科普政策体系。既有促进科学普及工作、公民科学素质的“顶层”政策，也有关于科普工作能力建设、基础设施等的“专门政策”，同时还建立了奖励优秀科普作品等重要制度。这些政策的出台和制度的建立不仅为我国科普事业的发展提供了重要的法律、政策、制度保障，也在全社会范围内营造了良好的科普工作环境和社会氛围，推动了我国科普事业的发展，也使我国科普事业迎来了历史上最好的发展时期。同时也指出了许多政策存在操作性差、执行力弱、配套制度建设不到位的问题，甚至不少政策文本停留在“政策呼吁”的层面，无法使政策内容最终落到实处等问题并提出了相应的对策。强调在强化政策执行和落实、健全配套制度的同时，政府还需要推进科普工作的“去行政化”改革等。

石顺科、张会亮[20]在国际著名出版社出版的学术著作中也探讨了中国的科普政策。他们认为，新中国成立以来，特别是改革开放以来，我国的科学技术普及工作取得了巨大成就。这些成就都是同党和国家的路线、方针以及一系列科普政策息息相关的。他们从约 1000 份科普政策文献中选出了有代表性的 100 份文件。从历史的角度看，这些文件表现了科普事业纵向密度和发展态势；从分层的角度看，它们表现了一个完整的科普政策体系，国家层面和行业层面等；从结构的角度看，它们表现了科普活动各个方面的情况。文章对中国科普政策的三个代表性文件，即《关于加强科学技术普及工作的若干意见》（1994）、《中华人民共和国科学技术普及法》（2002）和《全民科学素质行动计划纲要（2006—2010—2020 年）》（2006）进行了深入剖析和研究，他们认为中国科普政策最大的特征是，它体现了新中国成立以来科普一直是政府的一项主要工作，它是连续的、完整的、不断演进的。

三、地方科普政策研究

科普事业的发展离不开各部门和社会各界的参与，离不开地方性法规和相关政策的保障。近年来，各地方政府非常重视科普工作，采取各种措施促进公众对科学的理解。地方政府通过制定和完善科普政策法规，营造出有利于科学传播的社会环境，推动了科普事业的发展。

王冬敏[21]认为尽管目前有关科普政策的研究已经取得了一定的成果，但就民族地区科普政策的研究来说，无论在理论层面还是实践层面都还相对较少。她认为，民族地区科普政策制定要结合民族地区科普的特点，因此，政策体系自身有待完善，同时要加强与其他政策相协调，政策的制定和实施也要适应民族地区多元文化的特点。

马曙[22]认为现行科普政策囿于传统科普观念和思维，存在政策手段单一、无法充分调动科普各主体积极性的问题，而目前基于科学传播新理念的科普理论研究，尚未能有效指导科普实践和科普政策的研究制定。根据广州创新型城市建设对科普提出的新的发展要求，提出完善广州科普公共政策的建议。他认为，广州创新型城市建设中的科普公共政策体系，包括把科普纳入城市发展战略，落实政府科普责任，促进科学共同体、媒体的科学传播，鼓励公众参与、促进社会资源投入科学传播，促进专业科学传播队伍发展，促进科学传播的社会化合作，促进关注科学与社会的关系，开展科学传播发展的监测与评估等方面。

冯雅蕾、张礼建[23]通过梳理自新中国成立以来四川省、重庆市在国家宏观科普政策、法规指导下所开展和推动的地方性科普活动，分析地方性科普政策、法规的演变规律，为国家未来制定更具有科学性和针对性的科普政策、法规提供可操作性的建议。作者认为，在制定地方性科普政策法规时，不仅要注重与国家的中长期科技规划结合，注重科普政策的系统性，也要注重政策法规的可实施性，注重制定与社会发展水平相适应的科普政策法规。同时，也要注重媒体在科普活动中的作用。另外，尝试让公众参与制定科普政策，扩大公民参与科普政策制定的渠道，使立法进一步走向民主化。

四、国外科普政策研究

佟贺丰、赵立新、朱洪启[24]对几个典型国家的科普政策做了一个比较。作者认为，对比世界各国，我国在科普政策方面，还存在系统性、配套性不足，有法不依、有法不用等问题。面临新的发展时期，我国应努力构建一个以《科普法》为基础，以科普投入、设施、人才等各项配套政策为实施手段，以行业和地方科普发展政策为重要内容的完整的科普政策体系，保证科普事业的健康发展。

张香平、刘萱和梁琦[25]通过对英国近年来创新政策中对科学传播与普及工作的战略部署的梳理，特别是科学基金会等科研项目资助管理机构，在科研项目立项、执行、验收以及成果发布各环节的管理规定进行分析。对英国在国家创新体系中的科学传播与普及政策设置理念、路径选择以及最佳实践进行了系统研究。结合我国国家创新体系中科学传播与普及工作的支撑现状，建议借鉴科技先行国家的成功经验、加强深化相关研究、落实国家和相关机构的政策经费保障、设立专业科学传播机构和部门，采取丰富多彩的科学传播手段开展活动，作者认为这是在国家创新体系中有机嵌入科学传播和普及工作的必由之路，也是促进我国科研与科普协调发展、建设创新型国家繁荣社会文化的必由之路。

李秀菊、何薇[26]认为，随着科学技术的迅猛发展以及科学与公众的关系日益密切，各国政府都认识到促进公众理解基础研究的重要性，采取多种措施来增加科学研究与公众对话的渠道，推动科学家与公众之间的交流和相互理解。很多科技发达国家都将科学传播作为重大科研项目的有机组成部分，以此来促进科学家开展科学传播工作，增进公众对科学研究项目的了解。欧盟委员会实施的欧盟科研框架计划项目就是其典型代表。

五、简要评述

综观以上检索到的政策研究，既有理论研究也有实践研究。在关注的对象上，研究涉及科普政策的多个层面，既有相关研究又有深度聚焦。在研究的范围逐渐扩大的同时，研究的程度也有所加深，这对于理清我国科普工作现状和工作思路，相关部门出台有关政策，起到了一定的作用。但是，从总体上看，我国科普政策领域的研究显得较为薄弱，还存在一些问题，它所具有的理论及实践价值都有待加强，研究有待深入。总体来说，主要存在以下几个方面的问题：

1. 参与该领域研究的学者总量较少，这直接导致目前该领域的研究积累不够丰富。

2. 研究的系统性和针对性不够。现有研究更多的处于自发状态，研究的问题也都是从研究者自身的兴趣出发，研究的重点也多侧重于政策梳理、宏观层面的讨论、工作总结式研究等，致使研究成果多有重复，而对科普政策制定过程中公民参与、政策机制、政策实施调查研究、政策评估等关键问题缺乏深入系统的研究。

3. 国外科普政策研究不足。在欧盟、美国和日本等发达国家和地区，科普政策在制定、民主参与、评估等方面的理论与实践都已比较成熟，研究成果也相当丰硕。我国研究者如能加强与国外研究者在科普政策领域的合作与比较研究，那将会对提升我国科普政策研究水平起到一定作用。

参考文献

［1］朱效民．30 年来的中国科普政策与科普研究［J］．中国科技论坛，2008（12）：13.

［2］李志红．中国历次科技规划中的科普政策［C］// 中国科普研究所．中国科普理论与实践探索——2009《全民科学素质行动计划纲要》论坛暨第十六届全国科普理论研讨会文集．北京：科学普及

出版社，2009.

[3] 佟贺丰. 建国以来我国科普政策分析 [J]. 科普研究，2008 (4)：26.

[4] 刘立，常静. 中国科普政策的类型、体系及历史发展初探 [C]// 中国科普理论与实践探索——2009《全民科学素质行动计划纲要》论坛暨第十六届全国科普理论研讨会文集. 北京：科学普及出版社，2009 .

[5] 裴世兰，汪丽丽，吴丹，陈晨. 我国科普政策的概况、问题和发展对策 [J]. 科普研究，2012 (4)：41.

[6] 翟杰全. 科技传播政策：框架与目标 [J]. 北京理工大学学报（社会科学版），2009 (2).

[7] 任福君，翟杰全. 科技传播与普及概论 [M]. 北京：中国科学技术出版社，2012：260—262.

[8] 崔建平. 回顾《科普法》出台的背景与过程（一），（二）[J]. 科协论坛，2010 (12)、2011 (1).

[9] 崔建平. 新时期我国科普工作繁荣发展跃上新台阶（一），（二）[J]. 科协论坛，2012 (1)、2012 (2).

[10] 张金声. 历史功绩与历史超越（一），（二）[J]. 科协论坛，2012 (4)、2012 (5).

[11] 李朝晖. 记《科普法》颁布 10 年来科普基础设施的发展变化 [J]. 科协论坛，2012 (8).

[12] 汤黎虹.《科普法》的实施与社会管理体制创新 [J]. 科普研究，2012 (8)：6.

[13] 全民科学素质纲要实施工作办公室，中国科普研究所. 全民科学素质行动计划纲要年报——中国科普报告 [R]. 北京：科学普及出版社，2010.

[14] 全民科学素质纲要实施工作办公室，中国科普研究所. 全民科学素质行动计划纲要年报——中国科普报告 [R]. 北京：科学普及出版社，2011.

[15] 全民科学素质纲要实施工作办公室. 全民科学素质行动发展报告（2006—2010 年）[R]. 北京：科学普及出版社，2011.

[16] 韩士德. 变“税收”成“投入”，为有源头活水来 [J]. 华东科技，2010 (4).

[17] 刘立. 中国科技政策的议程设置模式——以《全民科学素质行动计划纲要（2006—2010—2020 年）》为例 [C] // 中国科普研究所.《全民科学素质行动计划纲要》论坛暨第十五届全国科普理论研讨会文集. 北京：科学普及出版社，2008 .

[18] 常静，刘立. 科普政策议程设置的多源流模型分析——以《中华人民共和国科学技术普及法》为例 [J]. 河池学院学报（社会科学版），2011(4)：9.

[19] 任福君，翟杰全. 科技传播与普及概论. 北京：中国科学技术出版社，2012：254—263.

[20] Shunke Shi., Huiliang Zhang. (2012). Policy perspective on science popularization in China. In B. Schiele, M. Claessens, S. Shi (Eds), Sience communication in the world: practices, theories and trends (pp.81–94). London/New York: Springer.

[21] 王冬敏. 对民族地区科普政策的几点认识 [J]. 科技管理研究，2011 (22).

[22] 马曙. 广州创新城市建设中的科普公共政策研究 [D]. 广州：华南理工大学，2010.

[23] 冯雅蕾，张礼建. 试析建国以来我国地方性科普政策演化特征 [J]. 价值工程，2011 (11).

[24] 佟贺丰，赵立新. 异彩纷呈的他国科普政策 [J]. 科技潮，2012 (5).

［25］张香平，刘萱，梁琦．国家创新体系中科学传播与普及的政策设置及路径选择——英国研究理事会的科学传播政策与实践的案例研究［J］．科普研究，2012（2）．

［26］李秀菊，何薇．欧盟科研框架计划项目中科学传播的政策与实践分析［C］// 中国科普研究所．公民科学素质建设论坛暨第十八届全国科普理论研讨会文集．北京：科学普及出版社，2011．

第三章
科学素质调查研究进展

中国科普研究所　张　超　何　薇

一、国际背景下公民科学素质测评研究进展方向

自 20 世纪 80 年代以来世界各国学者对科学素养概念有众多表述和反思，但将科学素养理论从概念表述转化为通过调查等手段测度公民科学素养水平的具体操作方法却是十分有限。在世界多个国家和地区开展了公民科学素养相关调查，大部分国家和地区的调查中用于判定公民科学素养的主体题目均来自于 1988 年米勒和欧盟合作调查形成的科学知识量表，米勒在此后多年的调查对比研究中都以此量表的核心题目作为公民科学素养水平的判定基础，其较常见的表征方法是调查对象中具备科学素质的百分比。该方法作为当前国际上评测领域较为成熟的方法引入到公民科学素养的评测和比较中，在一定程度上解决了不同国家和地区的公民科学素质水平比较的难题，该方法的使用为公民科学素养的跨区域比较提供了极有意义的开拓和创新。米勒调查测度体系一度引领了全世界 40 多个国家和地区的公民科学素养调查，因此各国和地区积累了大量的公民科学素质调查数据。其后，米勒则利用各国历次调查积累的数据，例如美国（1988—2004 年）、欧盟（2005 年）和日本（2001 年）等建立了公民科学素质调查数据库，对各国公民科学素养水平进行了判定和比较。这种方法的主要原理是基于 IRT 技术对参与比较的题目赋予具体的参数，计算出每个受访者的标准得分，并且米勒认为得分大于等于 70 分的受访者具备基本的科学素养，各参与国的标准得分大于等于 70 分的受访者比例即是该国家或地区具备科学素养公民的比例[1]。米勒关于公民科学素质调查测评的方法是较早将公民科学素质理论应用于调查实践的，该方法由于理论构建较为完整，用于调查测试的题目较为明确，易于设计调查问卷等量表，因而被许多国家和地区的公民科学素养调查所采用。

20 世纪 90 年代以来，随着公众理解科学等科学传播运动在世界范围内的广泛推进，人们（包括米勒本人）逐渐认识到公民科学素质的第三维度在不同语境下的表述是有差异的，

例如各国家和地区的公民对科学技术的态度[2, 3]。目前，米勒的测度方法还是主要以相关的科学知识为主要测试题目，缺乏反映语境因素的题目。即有的语境测试题目，也还没有统一适宜的定量化标准和方法。因此，米勒关于公民科学素质的调查测度并不能很好地反映不同语境下公民科学素质水平的差异。为此，世界各国的专家和学者对公民科学素质测评方法进行了重新审定和思索，发展了和改进了一系列的新的公民科学素质测度方法。欧盟地区则主要集中于了解本国或本地区公众对科技的态度、兴趣以及对科学的理解的调查，以欧洲晴雨表为代表[4, 5]。在测度方法上，英国 Martin 教授和印度学者 Shukla 则主导了科学文化指数的研究，该方法是除了包括传统的“科学素质”的科学知识数据，还包括了科学态度、参与度和兴趣度等语境化指标数据用于构建科学文化指数。其中要求对非线性指标（科学态度）通过有条件的等价转换，纳入科学文化指标计算模型[6]。目前该方法已经在欧盟、印度公民科学素质调查测度中应用，为不同社会语境下公民对科学的理解比较提供了一种可能的方式。

人们对科学素养认识的深化，必然带来了测评方法的改进。科学素养是一种集体活动所具有的属性，不同社会文化背景下公民的科学素养以及对科学的理解也将存在差异[7]。不同的社会文化背景或语境需要相应的测量变量来反映，众多的学者在语境变量中，加入公众对科学技术的态度、公众获取科技信息的渠道、公众对科技信息的兴趣、参与相关科技活动的程度等等。可以看出，对公民科学素养的调查评价方法从基于公民科学知识水平的能力型评估向公民与科学、社会关系的复合型评估转变，加强了对科学素养的社会属性的考量，这种转变将公民科学素养的依靠科学知识单一判定演进为公民对科学理解的复合型评价，更加忠实于公民科学素养的内涵，这也成为公民科学素质测量研究发展的必然趋势。

二、中国公民科学素养调查的进展

结合国际背景下对公民科学素质测评研究的进展方向，中国学者对公民科学素养测评进行了大量的探讨，在测度理论上普遍认同从中国实际出发测度公民科学素养水平[8]。在测度方法上则主要采用了基于美国米勒教授关于公民科学素养的三维理论进行判定，即拥有科学术语和概念的词汇量；理解科学家使用和接受的科学方法；意识到科学技术对社会的广泛影响和与个人生活的关系[2]。

中国公民科学素养调查是一项反映中国公民科学素质状况和科普工作效果的重要的全国性调查。随着全国调查的开展，特别是第八次全国调查的进行，中国公民科学素质调查在理论和方式方法研究方面都有长足的改进。

1. 第八次中国公民科学素养调查

第八次调查在抽样设计、调查问卷设计等方面与以往历次调查相比都有改进和创新。它是一次“里程碑”式的调查。调查样本量为历次调查之最、全国32个省级单位（港、澳、台地区除外）全部参与、在统一标准下的全国调查[9]。

开启了大样本抽样设计，实现省际数据的比较。第八次调查采用分层三阶段不等概率抽样。由于兼顾全国总体和各省子总体的目标量估计要求，同时考虑到历次调查的连贯性原则，本次调查抽样设计进行了重大调整和突破。在历次抽样调查形成的中国公民科学素养观测网的基础上，将各省（直辖市、自治区及新疆生产建设兵团，共32个）视为子总体，进行独立的追加抽样设计。对于各省级子总体，各省的追加抽样设计与全国的抽样设计保持一致，均采用三阶段的PPS抽样设计。追加后的省级样本由落入本省内的全国设计样本与本省独立的追加样本两部分构成。由于样本量的扩大，使得基于省级行政区划的科学素质调查数据分析成为了现实。

改进调查问卷设计，贴近《科学素质纲要》实施工作。继2007年第七次调查开始在背景变量中设置了《科学素质纲要》实施的四个重点人群，2010年第八次调查增加了文理科人口统计学变量，为进一步的分析不同背景变量下的科学素养状况提供基本的分类信息；问卷内容中科学知识部分增加了社会热点题目并对公众对科学技术的态度指标进行了调整。这些调整，即符合我国经济社会发展实际，又紧密配合了《科学素质纲要》工作的实施。

特殊群体和分人群的调查是中国公民科学素质测评本土化的重要试验性工作。自2007年开始，我们对领导干部和公务员、农民、少数民族等群体进行了科学素养调查。我们联合国家行政学院和中央党校对领导干部和公务员科学素质进行了问卷调查；少数民族科学素质调查是根据2007年中国公民科学素养调查中的少数民族样本进行的相关分析，并通过定性访谈的方式更加全面的了解少数民族科学素质状况；2008年，对全国10个农民科学素质行动试点村进行了农民科学素质问卷调查和访谈调查，了解典型地区农民科学素质现状。通过特殊群体公民科学素质调查，既配合了《科学素质纲要》实施工作，又给全国调查带来了新思路、新方法。

2. 公民科学素质水平定量化方法

在以往中国公民科学素质调查中，一直利用具备科学素质的百分比来表征中国公民科学素质水平及相关调查结果。中国公民科学素质水平的测度包括四个方面，即：测度公民对科学术语的了解程度、对科学观点的了解程度、对科学方法的理解程度和对科学与社会之间关系的理解程度。具备基本的科学素质的被试个数除以调查样本总体，即为本次调查公民总体所具备基本科学素质的百分比[11, 12]。百分比表示方法把公众分为了两类，“具备基本科学素养”和“不具备基本科学素养”，仅有两个刻度来衡量，这样的划分存在一定的局限性。此外，从百分比计算过程来看，百分比的表示方法使得调查结果数值较小且层次划分单一，不能够深入分析中国公民科学素养状况，不能全面地反映中国公民科学素质水平。而另一方面则是大量“不具备”的调查数据不能够应用到调查数据的分析中。

为了更好地挖掘中国公民科学素养调查所积累的丰富调查数据，结合中国国情，对公民科学素质水平进行细化分析，进而根据各个群体特点提出提升公民科学素质水平的有效策略，在分析 2005 年、2007 年中国公民科学素养调查结果和百分比表示方法局限性的基础上，引入了“公民科学素质指数”来对中国公民的科学素质水平进行综合表征[10]。目前，“公民科学素质指数”构建是基于米勒关于科学素养三维理论基础上进行表示方法的改进工作，是以中国公民科学素养调查为基础的实验性方法。指数方法通过充分认识科学素质的群体属性，引入了难度系数作为表现科学素质群体属性的计算载体，通过对原有科学素质的核心测试题目进行测算，获得科学素质指数。在科学素质理论上，充分考虑科学素质的语境因素，我们在未来把公民对科技的兴趣、公民对科技的态度等作为科学素质群体属性的表现载体，经过数据变换纳入的科学素质指数计算中。

公民科学素质指数是由调查中答对题目分数加权平均后的连续的得分数。在计算过程中，引入难度系数作为调查总体的参数载体，把全部被调查者的数据结果都纳入了计算，其结果是某群体科学素养状况真实体现，指数表示方法更为客观。指数方法丰富了公民科学素质水平的划分，由二元判定转化为多层次表征。指数方法表征较为稳定。历次调查中利用指数方法所表示公民科学素养水平呈现出较为稳定的趋势，为未来公民科学素养水平预测提供了数据基础。指数方法具有扩展性。一方面，指数方法在计算过程中引入了测试题目难度系数，使得每个测试题目都有了特定的参数，为未来的调查题目设计提供了可参考的数据。另一方面，由于科学素养指数是标准化结果，可以尝试将公民对科学的态度的数据以及其他科技、社会指标关联或加入指数计算，扩展指数的表征功能，为更好发展公民科学素质测评方法和构建综合性人文社会指标提供参考。

公民科学素质指数作为连续数值变量，能够充分地利用调查获得数据对公民科学素质水平进行表述，为深入分析调查数据开辟新的途径。但任何评估方法都不可能完美，因为科学知识是客观的，公民对科学的理解则会因其社会语境的不同以及社会的发展呈现较大的不同，科学素养概念的演进产生的新思潮也会促进评估方法的改进。作为一个发展中国家，中国更需要一种客观且实用的公民科学素养测评方法。中国公民科学素养指数的构建解决了一些问题，但在今后的应用过程中还存在以下问题需要进一步研究解决：公民科学素质指数判定标准如何设定；公民科学素质组成要素权重如何确定；指数方法对社会语境因素的表达；指数方法在国际调查数据比较中的应用转化问题。

三、相关政策对科学素质测评提出了进一步要求

随着公民科学素养调查研究的深入，公民科学素质建设受到政府及社会各界的广泛关注。2006 年 2 月 6 日，国务院正式发布了《科学素质纲要》，提出了到 2020 年中国公众的科学素质整体水平要有大幅度提高。《科学素质纲要》主要行动部分提出了建设中国公民科学素质的

四大重点人群即未成年人、农民、城镇劳动者、领导干部和公务员，后来又把社区居民作为了实施重点人群。公民科学素质建设分人群实施，有利于相关措施的制定，提高公民科学素质建设的效率。目前，公民科学素质建设是中国科学技术普及事业的新阶段，《科学素质纲要》就是指导我国公民科学素质建设的纲领性文件[13]。

《科学素质纲要》也明确要求要根据我国社会主义现代化的建设目标，结合国情，借鉴国外相关经验和成果，建立公民科学素质状况的监测评估体系。公民科学素养调查是落实《科学素质纲要》的重要基础性工作。公民科学素养调查根据《科学素质纲要》的实施，对调查指标体系进行了调整，在调查问卷的背景变量中，相应地设置了重点人群这一变量，在公众获取科技信息的渠道中对公众获取科技信息的渠道方式进行了设置。经调整的调查问卷内容，能够反映《科学素质纲要》实施工作的效果，科学素养调查成为《科学素质纲要》监测评估工作的重要组成部分。

《全民科学素质行动计划纲要实施方案（2011—2015 年）》明确了到 2015 年我国公民具备基本科学素质的比例超过 5% 的目标，并在完善公民科学素质建设长效机制中，明确指出要健全监测评估体系和考核激励机制，建立公民科学素质监测指标体系，定期开展中国公民科学素质调查，为公民科学素质的提高提供对策依据。

胡锦涛总书记在全国科技创新大会上指出，要切实把科学普及摆在与科技创新同等重要的位置，提高全民族科学素质。在《关于深化科技体制改革 加快国家创新体系建设的意见》中明确提出的“到 2015 年，实现我国公民具备基本科学素质的比例超过 5%”，把科学素质工作全面纳入创新型国家目标体系。

为确保顺利完成“十二五”时期我国公民具备基本科学素质超过 5% 的目标任务的实现，及时跟踪、检查、反馈全国及各省分解目标任务的完成情况，亟需建立完善公民科学素质监测反馈机制，为各地公民科学素质建设工作提供决策参考。虽然中国已经开展了 8 次中国公民科学素质调查，但是至今仍未建立起常态的、制度化的监测评估反馈机制。

中国公民科学素质监测要求在公民科学素质的基础理论研究、地域调查结果的表现、调查的方式方法创新、监测评估网络的建设、调查反馈机制的建立、调查的指标体系和调查问卷完善等方面，都要做出新的突破，以适应《科学素质纲要》实施工作提出的新要求。

四、近期调查研究方向

中国公民科学素养调查随着工作的深入而不断成熟，但还有很多需要完善的地方。中国公民科学素养调查研究主要是从国外借鉴而来，纵观国际上公民科学素养的研究也是在不断发展完善中，对科学素养的认识还有许多未被普遍认可的标准，特别在不同社会语境中，科学素养的解读和测评有很大的差异。中国公民科学素养的研究随中国经济社会的发展愈显迫切，中国公民科学素养调查如何适应中国国情，成为一个需深入持久探讨的学术问题。

中国公民科学素养调查在科学素质测评的理论研究和实践研究方面都将进行几个方向的研究和调查实践。

首先，中国政府十分重视公民科学素质建设工作，出台了《科学素质纲要》等重要文件，也推动了科学素养测评等相关研究的大发展。如何使调查设计及调查研究结果更好地服务于中国公民科学素质建设工作是一个永恒的研究焦点。

其次，在科学素质测评理论研究方面，中国公民科学素养调查是对科学素质测评指标根据中国国情不断完善的过程。由美国米勒的三维理论逐渐向《科学素质纲要》四科两能力的解读过渡。如何结合中国城乡二元结构等差异，对公民科学素质进行分人群研究，使中国公民科学素质调查本土化也是今后的重要研究议题。

再次，在科学素质测评实践研究方面，从抽样设计来看，历次调查的样本量逐渐增加，样本分布日趋合理；从调查过程控制来看，2001 年调查中建立的中国公民科学素质监测网，为之后的调查带来了方便。2007 年调查中有针对性地加入了定性调查研究，作为问卷调查的补充。改进调查方式方法，有效的获取各地公民科学素质的发展状况，也是亟需改进的问题。

综上，未来的中国公民科学素养调查应紧密联系中国实际，服务于各地发展，为相关政策措施提供有力的决策依据；继续提高调查抽样技术；完善调查问卷设计，构建中国公民科学素质测评基本理论；继续完善调查数据处理方法，建设调查数据库，发展适合中国公民的科学素质水平测评指标；推动调查向制度化方向发展，将公民科学素质指标纳入国家科技统计体系。

参考文献

[1] Jon D. Miller. The source and impact of civic scientific literacy The culture of science - how the public relates to science across the globe [M]. Routledge, 2010: 220-221.

[2] Jon D. Miller. The Measurement of Civic Scientific Literacy [J]. Public Understanding of Science, 1998(7): 203-223.

[3] Jon D. Miller. The development of civic scientific literacy in the united states, in science , technology and society: A sourcebook on research and practice. New York: Kluwer academic/plenum pubilshers.

[4] EU - European Commission. Eurobarometer 224/Wave 63. 1: Europeans, Science and Technology [M]. 2005.

[5] EU - European Commission. Eurobarometer 224/Wave 64. 3: Europeans and Biotechnology in 2005: Patterns and Trends [M]. 2006.

[6] Rajesh Shukla, Martin W. Bauer. The science culture index (SCI) construction and validation The culture of science - how the public relates to science across the globe [M]. London: Routledge, 2010 : 179-196.

[7] Wolff—Michael Roth, Stuart Lee. Scientific literacy as collective praxis [J]. Public Understanding of Science, 2002 (11): 33-56.

[8]徐善衍. 关于我国公民科学素质调查工作的思考与建议 [J]. 科普研究, 2012 (1): 19—22.

[9]任福君. 中国公民科学素质报告 (第二辑) [M]. 北京: 科学普及出版社, 2011: 1—5.

[10]张超. 构建中国公民科学素质指数 [J]. 科普研究, 2008 (6): 51—58.

[11]何薇. 中国公民的科学素质及对科学技术的态度 [J]. 科普研究, 2008 (6): 8—37.

[12]任福君. 中国公民科学素质报告 (第一辑) [M]. 北京: 科学普及出版社, 2010: 26—36.

[13]国务院. 全民科学素质行动计划纲要 (2006—2010—2020 年) [M]. 北京: 人民出版社, 2006: 1—13.

第四章
青少年科学素质建设研究进展

中国科普研究所　王丽慧

青少年科学素质一直备受关注。与青少年相联系的研究一直是科学素质研究中的重要部分，以青少年科学学习的场所来看，相关研究从校内科学教育和校外科学学习两个角度分别展开。其中，理论性研究主要集中在科学教育理论探讨、科学课程与教学理论研究和科学素养测量等方面；应用性研究则通过科学教师教育、课外科技竞赛和活动、科普场馆科学学习等角度展开。本文通过文献分析，对2008—2012年我国青少年科学素质研究的概况和存在的问题进行梳理。

一、文献分析

本文在2008—2012年中国知网（CNKI）中国期刊全文数据库中，以青少年科学素质、青少年科学素养、中（小）学生科学教育、中（小）学生科技教育、中（小）学生科学素质、中（小）学生科学素养等为关键词进行查询，共搜集到3800余篇文章，这些文章具体分布情况如表1所示：

表1　2008—2012年青少年科学素质研究期刊文章分布状况

关键词	中（小）学生、科技教育	青少年、科技教育	青少年、科学素质	中（小）学生、科学素质	中（小）学生、科学教育	青少年、科学教育	中（小）学生、科普	青少年、科学素养	中（小）学生、科学素养	青少年、科普
文章数量（篇）	568	350	242	219	410	210	249	172	795	621

单纯从文章数量上来看，大量的文章表明青少年科学素质相关问题是教师和研究者关注的

核心。但是其中有一大部分文章属于工作情况介绍，其研究性并不很强。因此，本文下面的理论分析中，主要以教育学中文核心期刊以及科普专业研究期刊[1]中的文章作为分析基础。

2008—2012 年与青少年科学素质相关的学位论文主要有两类，一类是从课程教学论的视角来探讨理科课程（物理、生物、化学、地理、科学）在提高学生科学素质中的作用，另一类则从青少年科学素质建设的角度展开，主要讨论科学素质的内涵、测量方法以及如何提高科学素质等问题。

二、青少年科学素质研究概况

从内容上来看，青少年科学素质研究的主题非常广泛，本文主要对科学教育理论、课程与教学理论、科学素质养测量、教师科学教育、校外科技教育、非正规科学教育等方面的研究做简要概述。

1. 科学教育理论研究

自 20 世纪 80 年代的课程改革兴起，我国的科学教育经过 30 多年的发展，已经具有特定的发展方式，而科学教育研究经历了“学习—反思—发展”的几个阶段。21 世纪初，很多研究者开始将国外的科学教育理念引入国内[2]，指出我国科学教育与国外相比还很落后，需要从制度、学科建制、专题研究以及团队培养等方面加以改进。

针对我国科学教育的一些特有问题，有很多研究对之进行探讨。有研究认为在科学教育上，国内科学课程主要注重“双基”（基本能力和基本知识）是片面的[3]，还要更关注学生其他方面的发展。美国 2010《科学教育框架（草案）述评及启示》颁布后，研究者指出美国使用“核心科学理念”、“跨学科要素”和“科学与工程实践”三个维度重构美国科学教育标准[4]，对我国科学教育的发展有很重要的启示作用。此外，有学者对我国整个科学教育的学科建设对科学教育学科建设的研究从宏观角度，介绍了科学教育学科的发展及我国科学教育改革的历程[5]，指出科学教育改革与科学教育研究密不可分：科学教育改革需要科学教育研究的支撑，科学教育研究则需要科学教育改革的推动；我国当前和今后的科学教育改革亟须科学教育研究的学术支撑；尽快形成科学教育学的学科建制；把科学教育学增列为教育学的二级学科；在大学建立更多的科学教育研究中心；成立全国性的科学教育学会，创办科学教育研究期刊。

在对科学教育研究中，概念发展、概念转变、概念图、科学推理等都一直是研究的重要内容，而对科学本质的关注成为研究者们近年来关注的核心。在对国外科学教育引介的初期，很多研究者都使用建构主义的观点对科学教育进行述评讨论[6]。

2. 科学课程与教学理论研究

中学阶段开设的地理、物理、化学、生物等学科，是学生学习科学知识的重要途径，课程任课教师和研究者对这些学科也很关注。在对这些课程的教学理论研究中，多数研究者都或多或少地会提到如何提高与课程相关的科学素养。在研究过程中，研究者表现的一个特点是更注重与这些学科相关的素养的提高（如化学素养、生物素养），而缺乏对学生综合科学素养的关注。

分科的科学课程研究中，有非常大数量的一线教师集中对课堂教学进行研究，也有很多研究对本学科内概念发展、概念转变、概念图等方面进行探讨。总体来说，本主题下的研究，相对于青少年科学素质而言，更注重与教学和课程设计相关的教育学范畴内的问题。

3. 青少年科学素养测量研究

在这个主题下，主要介绍对青少年科学素养的概念研究、科学素养调查开展情况两个方面的内容。

在对青少年科学素养的概念界定中，国内研究者基本也是从美国学者米勒[7]的公众科学素养三个维度，即科学知识、科学方法和科学与社会的关系入手，借鉴 PISA2006 科学素养测评框架，并参照我国基础教育科学新课标的理念和目标，构建针对我国青少年的科学素养测评框架。PISA2006 从四个方面对青少年的科学素养进行评估，具体包括：①情景——认识到涉及科学和技术的生活背景，包括个人情境、社会情境和全球情境；②胜任力——包括识别科学问题、科学地解释现象、运用科学证据；③知识——既要掌握具体的科学知识，同时也要理解关于科学本身的知识（即科学本质）；④态度——对科学的兴趣、对科学探究的支持、有责任的行为动机等。尽管当前各国关于科学素养的测评不尽相同，但是整体而言，这些评估框架都没能超越 PISA2006 的测评框架。

从青少年科学素养测量开展情况看，近年来很多针对中小学学生科学素养的调查[11—15]，从调查对象的分布来看，针对初中学生进行的科学素养测评最多，其次是小学生。此外还有一些关注高中生及学龄前儿童的研究。有研究对高中生科学素质进行测评[16]，并指出科技竞赛因素、学校因素、班级同伴因素、家庭因素和学生个体因素对高中生科学素质有较重影响。

总体来说，青少年科学素养测量是青少年科学素质研究中非常重要的部分，无论是校内科学教育还是校外的科技活动都需要以此为依据展开。但是目前，我国学者还没有研究和制定出类似 PISA 科学素养测评框架这类适用于我国的青少年科学素养测量的标准。2011 年 12 月 28 日，我国颁布了修订后的《义务教育课程标准》（修订版），其中对科学类课程的标准有了新的阐释，期望在今后几年内，各领域的研究者可以相互学习借鉴，对青少年素养的概念有更合理的界定，并制定出适合我国的青少年科学素养测量标准。

4. 教师科学教育

科学类课程教师的素质对青少年科学素养的提高有不可忽视的影响。科学教师培训通过提供完整的、连续的学习经验和活动来促进科学教师的专业的、学术的和人格的发展。鲜有针对科学教师进行的科学素养调查，一项针对小学科学教师的科学素养调查发现，小学科学“教师在科学知识和科学方法上存在很多缺陷，在对科学性质的认识方面问题尤其严重，导致在教学中出现了一些不科学甚至伪科学的做法"[17]，研究者也提出要构建科学教师培训教材体系、小学教师在职培训体系等，促进教师科学素养提高。在实践过程中，各类教师培训中主要注重教师专业素质提升，而缺乏对教师整体科学素质的关注。

2012年，我国为落实《国家中长期教育改革发展规划纲要》，建设高素质教师队伍，教育部已制定并公布幼儿园、小学和中学《教师专业标准（试行）》，因此对国外教师标准以及科学教师标准的研究也相应增多，尤其是对美国"国家教学专业标准委员会"开发的优秀科学教师专业标准的准则、内容、特点进行介绍，从而为我国试行教师专业标准提供可资借鉴的经验。[18]

5. 校外科技教育研究

在我国，主要由中国科协及其各级下属部门从事专门的科学普及工作以及相关的研究，在其工作中，有专门针对青少年开展校外科技活动和竞赛的内容，因此有很大一部分的研究围绕以上工作展开。

校外科技活动研究中，除了对科技教育、科学教育等概念进行理论性探讨外，还包括在科普场馆和青少年活动室等非正式科学教育场所的研究，以及与学校科学教育紧密结合的校外科技兴趣小组、科技竞赛的研究。

非正式科学教育场所的青少年科学学习研究中，以科普场馆内科学学习的研究为主流[20]。目前国际科技场馆发展的主要趋势是以把科学融入公众的生活中为宗旨[21]，很多研究也指出我国科普场馆运行中存在问题，应以国外科技场馆发展的先进理论为借鉴。在青少年科普场馆学习中，有研究[22]集中在学习的基本特征与影响因素等方面，指出科普场馆学习是基于真实问题、强调探究过程，其学习结果是多元的，影响场馆科学学习的因素包括个人经验、物理环境和社会因素三个方面。在科普场馆学习中要注重采用质性和量化相结合的方法，重点关注科普场馆学习长期效果的研究。

对校外科技兴趣小组、科技竞赛的研究也是一个重要部分，除了探讨如何与课程教学相联系外，该类研究多与创新型人才的培养相关，探索如何通过注重实践的校外科技教育培养青少年的创新能力。

6. 非正规科学教育逐渐受到重视

近年来，"非正式学习"逐渐受到学术界关注，学位论文、理论性及实践研究逐渐出现在各个领域。一般来说，学者们都认为非正规学习包括：场馆学习（科技馆、博物馆、动物园、植物园等）、日常生活学习（看电视、做兴趣活动、读书、买东西等）和课外小组学习（体育小组活动、音乐小组活动等）。[19]《非正式科学学习研究的最新进展及对我国科学教育的启示》[20]一文简述了国际上的非正式科学学习，尤其是与青少年科学教育相关的研究进展，并指出在我国科学教育研究中，要："1. 在国家政策层面充分肯定非正式科学教育在儿童及成人终身教育中的作用；2. 大力建设物理的及基于网络的博物馆、科学中心及基于社区的非正式科学教育资源；3. 积极开展科学教育科研，探讨如何将学校科学教育与非正式科学教育相结合以促进学校科学教育的效果及对学生终身学习的影响；4．在科学教师培训课程中加入非正式科学教育的相关内容。”文中特别提到了要建设方便青少年进行科学基础设施及网络资源，并在科学教师培训课程中加入非正式科学教育的相关内容。

总体而言，在非正式科学学习的理论研究方面，首先是引介国外的相关研究成果，欧美等科学教育发达国家的研究被相继引入；在实践调查方面，鲜有对于青少年非正式学习的研究，主要还集中在大学生、研究生和教师的非正式学习现状的实证调查。在非正式学习的载体研究中，除了研究网络等虚拟资源外，博物馆、社区等实物资源的建设也受到关注。

三、评述

2008 年以来，我国青少年科学素质研究处于快速发展时期，从对国外科学教育理论的引介转变为主要针对本国科学教育进行研究。但是总体来说，青少年科学素质研究中还存在以下问题。

1．科学课程及科学素质的相关专著数量少，缺乏理论与实践结合的优秀著作

目前，我国学者在中小学科学课程及科学素质等方面的相关研究专著数量不多，有影响力的也较少。从已有的专著来看，第一类围绕课标（包括新课标）的解读和分析，数量较多；第二类属于高校教材；最后一类是译著。从这三类专著的质量来看，译著多选取国外优秀的著作，因此对我国科学教学具有很好的借鉴作用，例如《每个孩子都是科学家》[21]、《新小学科学教育》，等等[22]。但是我国学者的专著从内容上来看，理论与实践的联系不够紧密，在实际教学中的指导意义不大。

2．对青少年科学素养研究在概念界定及测评方法上需形成适合中国国情的理论及问卷

近年来，针对青少年科学素养、科学素质的调查越来越多，但是大部分调查体系都与国内公民科学素养调查体系相似，或有些借鉴了 PISA2006 的框架模式。从青少年群体与普通公众的特点来看，二者有很大的区别，青少年个体发展及科学素质形成时期，因此对该群体的调查也需要坚持发展的观点，针对青少年个体发展的共性，结合小学、初中以及高中阶段的不同特点，研制适合各个年龄段的问卷。

3．学校科学教育研究与非正式科学教育研究缺乏沟通与联系

从我国的整体国情来看，学校的科学教育与考试、升学等联系紧密，相关研究也未脱离应试教育的桎梏。从已有的研究成果来看，虽然有些部门和学校开始努力促进两者的交叉，但学校科学教育与非正式科学教育之间的交流屈指可数，更不用说两者有效的融合。在今后的研究中，关注两者的有效融合，共同促进青少年科学素质发展是一个很重要的方向。

参考文献

[1]教育学核心期刊参考南京大学中文核心期刊目录，科普专业研究期刊包括《科普研究》.

[2]丁邦平. 一个新兴的教育研究领域[J]. 外国教育研究，2000(10)：12—16.

[3]丁邦平. 反思科学教育[J]. 中国教育学刊，2001(4)：20—24.

[4]万东升，张红霞. 美国2010《科学教育框架(草案)述评及启示》[J]. 比较教育研究，2011(12)：78—82.

[5]丁邦平，罗星凯. 论科学教育研究与科学教育改革[J]. 教育研究，2008(2)：75—80.

[6]裴新宁. 建构主义与科学教育的再探讨[J]. 全球教育展望，2006(5)：37—42.

[7]李红林，曾国屏. 米勒体系的结构演变及其理念解析[J]. 科普研究，2010(4)：11—17.

[8]秦浩正，钱源伟. 上海青少年科学素养调查报告[J]. 教育发展研究，2008(24)：31—35.

[9]胡卫平，杨环霞. 新旧科学课程对初中生科学素养影响的比较研究[J]. 教育理论与实践，2008(3)：58—61.

[10]冯明，蔡其勇，付国经，等. 小学生科学素养调查与分析研究[J]. 重庆教育学院学报，2004(6)：90—92.

[11]胡咏梅，杨素红，卢珂. 青少年科学素养测评工具研发及质量分析[J]. 教育学术月刊，2012(3)：16—21.

[12]叶松庆. 青少年科学素质发展状况实证分析[J]. 青年研究，2011(5)：39—49.

[13]薛海平，胡咏梅，段鹏阳. 我国高中生科学素质影响因素分析[J]. 教育科学，2011(10)：68—78.

[14]张红霞，郁波. 小学科学教师科学素养调查研究[J]. 教育研究，2004(11)：68—73.

[15]何美. 美国实施“优秀科学教师专业标准”经验述评[J]. 教育发展研究，2012(6)：67—71.

[16]伍新春，谢娟，尚修芹，季娇. 建构主义视角下的科技场馆学习[J]. 教育研究与实验，2009(6)：60—64.

[17]大卫·安德森. 科技场馆学习经验——发展趋势及影响因素[N]. 大众科技报，2007. 01. 21

[18]伍新春，曾筝，谢娟，康长运. 场馆科学学习：本质特征与影响因素[J]. 北京师范大学学报(社会科学版)，2009(5)：13—19.

[19]刘文利. 科学教育的重要途径——非正规学习非正规学习的类型非常多样[J]. 教育科学，2007(2)：41—44.

[20]张宝辉. 非正式科学学习研究的最新进展及对我国科学教育的启示[J]. 全球教育展望，2010(9)：90—92.

[21]美国国家研究理事会. 每个孩子都是科学家：让每个学生都是具备科学素质[M]. 中国科学技术协会信息中心译. 北京：科学普及出版社，2005.

[22]沃泽曼，伊芙妮. 新小学科学教育[M]. 宋戈，袁慧译. 北京：北京师范大学出版社，2006.

第五章
农村科普研究进展

中国科普研究所　朱洪启

长期以来，我国对于农村科普一直非常重视，农村科普工作深入开展，对于促进农村先进文化建设、农民健康生活、农业技术提升等都做出了重要贡献。与农村科普实践的深入发展同步，我国农村科普的研究也取得了重要的发展，农村科普研究队伍进一步扩大，选题进一步丰富，研究方法进一步完善，学术水准得到了明显的提升。同时，围绕我国农村社会背景及科普实践的发展，农村科普研究的问题意识越发明确。

为了清晰地梳理2008年以来我国农村科普研究的进展，本文围绕主要研究领域与观点进行叙述。

一、当前我国农村科普工作机制需进一步完善

农村科普实践虽然取得了长足的进展，但是，农村科普还存在诸多的问题，需加强机制建设。金喜成认为，我国农村科普机制僵化，农民普遍缺乏科学观念，农村教育能力不足，劳动者科学文化素质低[1]。科普机制不完善，主要表现在两个层面，政府没有充分发挥其建设性的作用，如，郭梅枝指出，一些部门和领导往往不能充分认识科普工作在新农村建设中的地位和作用，偏重于经济指标，忽视和放松科普工作，缺乏完善的科普教育、培训机制[2]。另一方面，主要体现在现有机制未能充分调动农民对于科技的需求的积极性，如，安文等认为农民科技有效需求不足、农村科普教育质量不高、农村科普教育设施不健全、农村科普教育传播网络不健全、农村科普教育经费匮乏等[3]。

针对农村科普存在的问题，一些学者对农村科普提出了对策建议，主要分为三类，一是强调要建立政府主导的农村科普工作的新机制，如束春德等提出政府主导、现代技术、改革创新、市场运作、学习借鉴、新农村建设等现代农村科普理念[4]。二是要针对农民需求开展科

普，以提高科普的成效，并可提高农民参与的积极性，王贵彦等认为农村地区农村科普传播与农民实际需求之间缺乏有效链接[5]。卢敏等提出自上而下开展的科普工作，科普培训者与科普对象具有不同的知识体系和认知能力，二者在缺乏有效沟通前提下，在科普信息传递过程，存在信息编码和信息解码困难等现象，影响科普工作的成效。而构建以科普对象需求为导向的科普工作运作体系，能够在资源短缺的条件下，提高科普工作的成效[6]。三是要进一步完善科普事业与科普产业融合的机制，并进一步构建高效的农村科技传播体系。王贵彦等认为农村科普资源缺乏，适应新形势需要的农村科普市场运行机制尚未建立，并据此提出了加强农村科普公益性事业建设；因地制宜，因人而异分层次开展农村科普活动；把科普事业融入产业及整合社会资源促进农村科普发展的完善和优化中西部农村地区科普发展的长效机制[7]。颜慧超认为，从总体上看，传统的农村科技推广服务模式没有突破，仍然存在不足：新兴的各类农村科技传播服务组织技术辐射源弱、覆盖面小、发展慢；农业大专院校、科研单位农业技术研发能力相对较弱，甚至有的研究内容与农业生产脱节，科技成果转化率低；农村科技传播服务的各类主体、各种资源、各个要素缺乏有效集成与系统整合，没有产生整体优势。针对这些问题，文章构建了我国农村科技传播服务体系[8]。陈东云对近年来我国农村科普工作的新特点进行了探讨[9]。张锋对“科普惠农兴村计划”效果评估的指标体系和方法进行了探索[10]。齐超等认为科普宣传栏在资金、挂图、管护和质量等方面还存在一些问题，需要进一步完善管理机制[11]。

二、农村科普中媒体的贴近性需加强

电视是农村地区重要的信息传播渠道，如何充分利用电视来进行农村科普，是值得关注的一个重要问题。一是农业电视节目还不能满足需求。纪逸群指出，当前地方电视台涉农电视节目不足：节目时长过短，难以满足受众需求，选题过于狭窄、栏目编排不到位、栏目专业化色彩过于浓厚、不易理解，栏目没有建立健全信息反馈机制[12]。李烨指出，在全国已经开通的农业电视节目中，仍然有不少农业节目缺少真正的“农味”，广大农民朋友“欲知”、“应知”的内容，很难在类似的电视节目中找到答案[13]。缑博等认为农民最需求的信息是新技术类信息，但电视传播农业新技术的效果欠佳。建议提高电视媒体采编人员的乡村传播素质，重视农村电视节目议程设置，不同级别的电视部门应根据不同地区不同类型农民所需，提供贴近性科技信息；同时，增加对农节目的播出时数，重视农民受众的主体地位，加强对农节目的参与性等[14]。二是电视的贴近性需加强。肖艳艳提出了涉农报道的贴近性问题，认为目前涉农报道缺乏贴近性，并提出应从内容、角度、口吻、倾向等方面加以改进，以增强贴近性[15]。刘锦钢等指出，农业电视节目传播需要在夯实基础设施、贴近农民群众，强化主持“农”味，开发娱乐属性，借智农业专家、加强政媒合作，做好节目经营等方面下功夫[16]。三是要加强农村电视节目的本土化，突出现场感，兰刚认为必须在机制和认识上有所突破，在形式和内容上将本土化、内容多样性、现场感有机结合，本土电视台和非政府组织紧密合作，实现农业科技节目的突破[17]。

综上所述，围绕如何提高“农味”，提高贴近性，使涉农电视节目如何真正成为农民喜欢看，真正反映乡土文化的节目，是研究的焦点问题。这也反映出我国涉农电视节目，包括农业科技节目，站在官方立场上的宣传的惯性思维还没有得到彻底改变。

另外，随着新媒体的发展，新媒体如何在农村科普中加以利用，逐步此起研究者的注意。苏卫良提出了农村科技传播中新媒体应用的 6 种模式[18]。邵军提出了利用 Flash 动画形式以家庭为单位进行科普教育的新模式[19]。

三、农技协等农民专业合作经济组织在农村科普中的作用越发显著，正步入发展的重要阶段

农技协等农村专业合作经济组织在农村科普中发挥着越来越重要的作用，相关研究也进一步丰富。农技协的科技传播模式具有其独特的优势。王彦雨等提出农技协的科技传播模式具有市场导向性、自组织性、体系化、农户科技意识提升的内生性、知识传播内涵的扩延性等特征，从而形成了与（政府）自上而下式科技传播路径不同的农户间自组织性科技传播模式。[20]新时期农技协的定位与发展，是普遍关注的一个问题。主要围绕以下问题展开研究。一是新形势下农技协的定位，张晓军等提出在新的形势下，要重新认识农技协组织的科普属性、科普作用和科普特点，并指出，科普属性仍然是农技协最根本、最主要的属性[21]。刘冬梅指出，作为我国农民合作经济组织的重要组成部分，农村专业技术协会在我国农村经济社会发展中具有强大的生命力。《农民专业合作社法》出台对农技协产生了一定的冲击，使得现阶段我国农村专业技术协会表现出明显的组织异质性特征，但其所具有的基本组织属性不会改变，它的未来发展必将表现出多元化和混合型的特点，而这种发展又对现阶段的政策体系建设提出了新的需求[22]。黄竞跃等提出新形势下，科协在推进农技协发展中如何进一步准确定位，找准工作切入点，更好地发挥职能作用，已成为各级科协组织迫切需要认真研究的课题之一[23]。二是新时期农技协的发展模式，刘东华指出，全面审视农技协在农业科技传播中的主渠道作用完善农技协组织体系建设，是实现农业科技向生产实践层面有效传输的重要途径，立足市场经济规律，建立以非政府组织为主体的传播渠道，是实现农业科技传播长效机制的必由之路[24]。郭昌盛对中国农村专业技术协会可持续发展进行了探讨[25]。刘洁等认为以科技为支撑，以利益为纽带，依托实体经营的经济、技术合作并重的规范化运作模式，将成为农技协未来发展的主流趋势[26]。

近年来，农民专业合作社发展迅速，如何进一步加强治理值得研究。黄胜忠等研究发现，农民专业合作社的绩效与治理机制紧密相关，治理良好的合作社，其成长能力和赢利能力相对

较强，社员满意度也相对较高。因此，改善治理结构是促进农民专业合作社规范发展的重要内容之一[27]。当前农民专业合作社的治理，主要存在以下问题，一是农民专业合作社治理结构的官僚化倾向。郑丹等指出，农民专业合作社是我国农业经济发展中一种新的组织形式和连接“小农户”与“大市场”的组织平台，近两年发展迅速，取得了一定的成效。但规模偏小、资本“集中化”、负责人“干部化”、治理结构“形式化”、经营水平和自我发展能力不高等问题严重影响着农民专业合作社的健康发展和壮大。并提出了完善法律法规、形成政策合力、建立和完善监督制度、重点培育营销能力、探索多种资金融通渠道、加强合作社教育等方面的政策建议[28]。二是农民专业合作社的内部凝聚力需进一步加强。杨帆等发现，农民专业技术合作经济组织的内部凝聚力同组织内部单个经济当事人的技术水平、经济实力及其所要付出的制度成本之间存在着反向的相互关系[29]。

四、意见领袖在农村科普中应发挥更大作用

意见领袖在信息传播中扮演着重要的角色，意见领袖在农村科普中的作用，也逐渐得到重视。朱世昭指出，农村社区意见领袖能够影响农村社区的舆论方向，能够影响农村社区的整合，能够影响农村社区中个体的发展方向等，应充分发挥农村社区意见领袖的优势，来实现先进理念和技术在农村社区的快速传播[30]。对于农村科普中意见领袖的研究，主要围绕以下问题，一是意见领袖的特点，李南田等指出农村意见领袖具有以下特征：不担任公职，地位为当地农民所公认；在当地被公认为比较有知识；一般经济地位相对高；在群众中有一定威信；社交能力比较强、社交面比较广；遵循当地风俗、道德范式。并指出，当前，行政领导对农村科技应用很难像过去那样以行政命令方式来进行。农业技术传播中有意识、有计划地发现、培养、利用意见领袖应该提到议事日程[31]。孟曰等指出，新农村建设背景下，农村社区意见领袖具有较高文化程度、较高社会地位、优越的经济条件和阅历丰富、社会交往频繁、活动范围广阔的特点。他们在新农村建设中能起到政策的宣传者和解读者，新技术、新品种试用的先行者、引导者和示范者以及文化的引领者和造就者的作用[32]。二是强调意见领袖在农村科普中具有重要作用，充分利用意见领袖来推进农村科普工作，是农村科普的一个重要发展方向。周蓉蓉等提出在现代化进程加快的大背景下，农村社区意见领袖也出现相应的变化，把握农村社区意见领袖的变化趋势有利于及时调整农村传播策略，有效进行相关政策、科技在农村的传播，保证新农村建设顺利开展[33]。李益民指出，农家书屋管理员在农村文化传播领域发挥着重要作用，是农村文化传播的重要阵地——农家书屋的管理者和服务者。从深层来说，其能够并且应该担当农村文化传播的意见领袖这一重要角色。担当这一角色的内涵主要表现为，吸引村民接触文化信息、有效引导村民找到文化信息、帮助村民理解和使用文化信息、反馈村民文化信息接触状况[34]。

五、科技特派员制度深入发展

科技特派员制度是农村科普机制的一种创新，目前，科技特派员已成为一支重要的农村科普力量。柴剑峰指出，科技特派员制度是以人才为载体，将科技导入农村，解决“三农”问题的制度创新[35]。关于科技特派员制度的研究，主要集中于以下主题：一是科技特派员农业科技推广服务模式。李建华等对福建省科技特派员在推动和引领农民创业实践中采用的主要模式，即农村专业合作组织、示范基地、实体承包、自办企业 4 种模式进行实证研究分析[36]。夏英等界定了科技特派员农业科技推广服务模式，分析了科技特派员科技推广服务体系构成和特点，以及该体系的科技传播机制[37]。二是对科技特派员制度的运行机制进行了探讨。于鸷隆、刘玉铭以宁夏科技特派员制度为例，对我国科技推广效率问题进行了分析，发现科技特派员对农户的现场指导、与农户进行股份合作两种方式对于提高农民全要素生产率效果显著[38]。张雨等通过研究科技特派员创业行动的投融资机制理论，分析了科技特派员创业行动相关利益主体的投融资情况，并对科技特派员创业行动存在的风险进行了剖析[39]。陆敏、解翔从政策体制、能力机制、利益风险等方面对科技特派员制度进行了探讨[40]。傅晋华、王雅利认为，从创业主体角度看，科技特派员主要包括“外生”式和“内生”式两大类型。而这两大类型科技特派员在实际农村科技创业中表现出了多样化的机制模式[41]。姬超、杜英指出，科技特派员制度随着农民、科技特派员、政府官员之间权利的重新界定而不断发展，是形成又逐渐打破均衡状态的过程。因此，只有各方在市场经济体制下自由、平等的不断进行产权调整，科技特派员制度才能获得良性发展[42]。随着科技特派员制度的发展，法人科技特派员制度成为一个新的亮点，陈国定等提出，法人科技特派员制度是凝聚单位整体科技力量，服务地方产业发展的一项制度。文章主要介绍了浙江省农业科学院实施法人科技特派员制度的做法、取得的成效及对其长效机制的探索[43]。夏英等提出了培育科技特派员推广能力、拓宽科技传播内容和渠道、密切结合产业链开展科技传播、营造良好科技传播政策环境的对策建议[43]。

六、农村科普研究评论

近几年农村科普研究得到了较大的发展，文章的数量以及质量都有所提升，研究的深度进一步加强，工作总结式的文章虽然还有，但是，深入研究式的文章不断增多，观点明确且分析到位，不乏新颖的视角与观点，有让人耳目一新的感觉。研究方法上也有所改进。但是，总体而言，依然存在一些问题，第一，农村科普研究与农村科普实践的贴近性不足，表现在两个方面，一是农村科普研究对科普实践的指导作用有限，二是部分研究不能很好地切合实践中的关键问题，甚至对问题的描述与分析不能真正反映真实情况。第二，研究的方法还有待加强。农村科普是一个新兴的研究方向，带有明显的跨学科性质，农村科普的研究方法还不够成熟，这就导致分析不到位。第三，分析深度上有待加强。有些农村科普研究的文章，关注的问题较为宏观，且缺乏扎实的实证研究，多为宏观的定性的叙述，所以，对问题的分析与解决办法往往不能切中要害，整个研究显得有点浮。第四，对策建议的可行性有待提高。有些文章抱着应然的视角，在对现状并不了解的情况下，提一些应该如何如何的建议，或是仅从面上提一些“永远正确”的建议，从而使建议的针对性、可操作性较弱，对实践的指导能力较弱。

参考文献

[1]金喜成．科学普及对加快发展现代农业的作用研究［J］．农业经济，2011（6）．

[2]郭梅枝．新农村建设中科普工作运行机制创新探析［J］．农业经济，2008（4）．

[3]安文，史路平．社会主义新农村建设面临的科普教育的问题及对策［J］．经济研究导刊，2010（1）．

[4]束春德，蒲艳春，刘福恒．山东省农村科普的新变化及对策研究［J］．安徽农业科学，2011（32）．

[5]王贵彦，陈曦，张永升，陶佩君．基于农民需求导向的中西部地区农村科普长效机制研究［J］．贵州农业科学，2010（7）．

[6]卢敏，朱秀哲，梁顺，李云方，李玉．少数民族科普工作运行模式及其效果评价——基于延边朝鲜族自治州四县（市）科普工作调查［J］．科技管理研究，2011（7）．

[7]王贵彦，陈曦，张永升，陶佩君．基于农民需求导向的中西部地区农村科普长效机制研究［J］．贵州农业科学，2010（7）．

[8]颜慧超．我国农村科技传播服务体系构建研究［J］．甘肃科技，2009（5）．

[9]陈东云．值得关注的农村科普工作若干特点［C］// 中国科普研究所．中国科普理论与实践探索——2010科普理论国际论坛暨第十七届全国科普理论研讨会论文集．北京：科学普及出版社，2010．

[10]张锋．对我国“科普惠农兴村计划”效果评估的探索［C］// 中国科普研究所．中国科普理论与实践探索——2010科普理论国际论坛暨第十七届全国科普理论研讨会论文集．北京：科学普及出版社，2010．

[11]齐超，李志红．农村科普宣传栏传播效果研究［J］．科普研究，2009（5）．

[12]纪逸群．地方台涉农电视节目现状与对策——以淮安电视台《魅力乡村》为例［J］．科技传播，2011（24）．

[13]李烨．试论中国农业电视节目的现状与发展［J］．现代传播，2007（2）．

[14]缑博，谭英，奉公．电视文化传播及其在新农村建设中的作用——来自全国27个省市区农户的调查报告［J］．中国农业大学学报（社会科学版），2006（3）．

[15]肖艳艳．我国涉农电视节目贴近性研究——以CCTV7《聚焦三农》栏目为例［J］．新闻前哨，

2010（4）.

［16］刘锦钢，曾林．农业电视节目传播困境探微［J］．现代视听，2011（4）.

［17］兰刚．论农业科技节目的传播策略和传播途径［J］．安徽农业科学，2012（7）.

［18］苏卫良，李华，赵素娟，周红．中国农村科技传播中新媒体应用现状分析［J］．北京农学院学报，2011（4）.

［19］邵军，赵春江，郭新宇．Flash 动画在中国农民科普教育中的应用研究［J］．中国农学通报，2010（16）.

［20］王彦雨，徐善衍．农技协在农村科学技术社会化过程中的作用及新模式研究——以四川省农村专业技术协会为例［J］．科技进步与对策，2011（20）.

［21］张晓军，薛治安，辛俊兴，叶珊．农技协在农村科普工作中的重要地位［C］// 中国科普研究所．中国科普理论与实践探索——2008《全民科学素质行动计划纲要》论坛暨第十五届全国科普理论研讨会文集．北京：科学普及出版社，2008.

［22］刘冬梅．我国农村专业技术协会的未来发展方向及政策需求分析［J］．中国科技论坛，2009（8）.

［23］黄竞跃，黄寰，王水峰，陈万象，陈园．论农村科普中农技协作用的发挥［J］．学会，2012（1）.

［24］刘东华．全面审视农技协在农业科技传播中的主渠道作用［J］．科协论坛，2010（5）.

［25］郭昌盛．对中国农村专业技术协会可持续发展的思考［J］．科协论坛，2012（1）.

［26］刘洁，祁春节．农村专业技术协会的制度变迁与创新——基于诺斯理性选择模型的解释［J］．科技进步与对策，2011（9）.

［27］黄胜忠，林坚，徐旭初．农民专业合作社治理机制及其绩效实证分析［J］．中国农村经济，2008（3）.

［28］郑丹，王伟．我国农民专业合作社发展现状、问题及政策建议［J］．中国科技论坛，2011（2）.

［29］杨帆，徐笑梅．农民专业技术合作经济组织内部凝聚力分析［J］．中国科技论坛，2009（12）.

［30］朱世昭．农村社区意见领袖研究［J］．社会学研究，2010（3）.

［31］李南田，王磊，周伟强．意见领袖和农业技术传播［J］．农业科技管理，2002（6）.

［32］孟日，彭光芒．新农村建设背景下农村社区意见领袖的特点和作用［J］．华中农业大学学报（社会科学版），2009（2）.

［33］周蓉蓉，彭光芒．现代化背景下农村意见领袖的嬗变［J］．安徽农业科学，2009（14）.

［34］李益民．论农村文化传播意见领袖的角色担当——农家书屋管理员作用分析［J］．东南传播，2010（10）.

［35］柴剑峰．基于新农村人才开发的科技特派员制度运行模式创新［J］．科技进步与对策，2008（8）.

［36］李建华，刘建宏．科技特派员引领农民创业的模式选择研究——以福建省为例［J］．福建农业学报，2009（4）.

[37]夏英，王震. 农村科技特派员推广服务体系与传播机制分析［J］. 农业经济问题，2011（3）.

[38]于鸷隆，刘玉铭. 科技特派员制度效率检验——以宁夏回族自治区数据为例［J］. 中国软科学，2011（11）.

[39]张雨，朱媛娇. 科技特派员创业行动投融资机制理论探索［J］. 农业经济问题，2009（7）.

[40]陆敏，解翔. 加大科技特派员在促进新农村建设中的作用及发展对策研究［J］. 科技管理研究，2011（11）.

[41]傅晋华，王雅利. 我国科技特派员农村科技创业机制研究［J］. 中国科技论坛，2012（7）.

[42]姬超，杜英. 基于产权分析的科技特派员制度［J］. 科技与管理，2010（5）.

[43]陈国定，张明生，张社梅. 法人科技特派员制度的实践与思考——以浙江省农科院为例［J］. 农业科技通讯，2012（2）.

[44]夏英，王震. 农村科技特派员推广服务体系与传播机制分析［J］. 农业经济问题，2011（3）.

第六章
社区科普研究进展

中国科普研究所　胡俊平

一、总述

随着《全民科学素质行动计划纲要》(2006—2010—2020年)的实施，社区科普逐渐成为城镇科普中重要的组成部分。科普理论和实践者对于社区科普的重视程度也进一步加强，对于社区科普的概念、工作理念、方式方法、机制等方面展开了更加深入的研究。其中，对概念的理解更加多元和丰富，方式方法的研究更加细致入微，对机制的探讨更加贴近现实和着眼全局。

1. 社区科普的概念辨析进展

针对社区科普的概念各学者有不同的表述，但内涵基本一致。普遍认为，社区科普是指以城市社区为单位，由社区专门的组织机构和人员在社区内针对居民所开展的各类科普活动的总称。在上海，社区科普是20世纪80年代出现的新名词，一般是指以街道行政所辖地区为单位的科普活动，而不是社区“基本群众”的科普活动。[1]

有学者认为，社区科普就是指以社区为单位，由专门的组织机构和人员采取多种方式，利用社区资源，在社区内针对公众所开展的科普活动，包括职业培训、文化教育、科学知识普及、政策宣传和其他非正规教育。就社区科普的目的和性质而言，它是学校科技教育的补充和继续，是不带强制性的非正规科技教育，是学习型社会的基础教育，目标是提高公众的科学文化素质。[2]这种观点下，社区科普与社区教育和社区学习紧密关联。

还有学者认为，“社区科普”的提法仅仅勾勒出粗略而模糊的“社区”与“科普”的关联，这种关联可以理解为“走进社区的科普”和“面向社区居民的科普”。[3]因此，社区科普工作应该分为“走进来”和“走出去”两大类，分别指定了科普活动的地域范围和参与人群。

2. 研究论文检索概况

本研究进展报告仅限于中国知网(CNKI)学术文献总库所收录的研究文献，主要包含期刊、报纸上登载的学术论文、会议论文集和学位论文等。文献的检索主题词为“社区科普”，自 2007 年 1 月 1 日至 2012 年 10 月 21 日，CNKI 文献库中共有 515 篇。这些篇目包含社区科普的研究论文，也包含社区科普活动的新闻报道、大事记等。

表 1　以“社区科普”为主题词的不同年份文献篇数及比例

年份（年）	2007	2008	2009	2010	2011	2012	总计
篇数（篇）	88	86	118	88	77	58	515
比例（%）	17.1	16.7	22.9	17.1	15.0	11.3	100.0

表 2　以“社区科普”为主题词的不同类型文献篇数及比例

类　型	中国会议	期刊	报纸	科技成果	硕士论文	年鉴	总计
篇数（篇）	39	100	157	7	3	209	515
比例（%）	7.6	19.4	30.5	1.4	0.6	40.6	100.0

“中国会议”类型 39 篇中，中国科普研究所主编的系列《中国科普理论与探索研究》会议文集有文献 27 篇；“期刊”类 100 篇中，中国科协主管刊物《科协论坛》有文献 53 篇（超过期刊类文献一半），《科普研究》有文献 6 篇，《学会》有文献 6 篇；“报纸”类 157 篇中，《大众科技报》有 48 篇。“年鉴”类的文献占总数的 40%，主要是汇集社区科普的新闻、事件、数据统计等，学术研究的成分较少。对文献的作者进行分析，可以明确作者来自各地科协的文献有 77 篇，可以明确作者来自各大学或学院的有 21 篇。

此外，用“社区”和“科学普及”作主题词，检索到 110 篇文献。用“社区”和“科学传播”作主题词，检索到 25 篇文献。检索文献与上述 515 篇进行比对，其中有大量文献与“社区科普”作主题词检索的文献重合。从新检索到的文献中选择重点文献，并入研究范围。

二、各重点研究方向的进展

1. 社区科普的理念与机制研究

（1）主张社区科普受众应从客体转向主体

龙叶先等在《试论社区科普模型的“居民主体化”转向》[4] 中认为，将社区居民看成是完全被动的、需要改造的客体（即“居民客体化”），这种科普模型导致居民缺乏参与科普活动的主动性和积极性，是社区科普实践存在诸多问题的深层原因。他们对现有的科普模型进行重新建构，使社区居民成为科普活动的主体。居民主体发出的“第一球”不是科技知识，而是科普需求，居民既是科普活动的起点又是科普活动终点。作者同时也强调，在科学知识接受者素质不高的情况下，不能单纯地迎合其情趣和选择，仍需重视科学知识生产者、传播者提供科普服务的选择性。

程乐提出了社区科普教育的“蜂巢”理论模型[5]。科普受众、科普知识信息源、传播渠道、科技发展水平、科学理论成果转化途径、国家政府的政策和民间组织功效六大因素置于六边形的6个顶点，由它们构成的社区科普教育“蜂巢”。在这个社区蜂巢内，信息不是单向唯一的传播，而是错综交互传播反馈。

（2）主张社区科普的效果落在居民受益上

应保健、王晓聪提出，[6]社区科普工作要满足市民需求，首先就是要关注市民生活，关注市民健康，做到有的放矢。其次，社区科普活动要合理安排时段，安排大多数市民适应的时段，才有可能让更多的人参与到科普活动中来。同时，重视弱势群体。当前，基本不参加科普知识学习的家务劳动者、企业人员、失业下岗人员构成了接受科普知识的弱势群体。应加强对这一群体的关注度，要积极动员科普志愿者等与弱势群体挂钩结对，为他们提供更多的学习和提高的机会，促进区域内全员终身教育和学习的协调发展与进步。北京市的“社区科普益民计划”奖励向重点新城的新建社区、经济适用房、廉租房社区和老旧社区等科普条件薄弱地区倾斜，体现关注民生理念，促进科普事业均衡发展，把社区科普落实在“益民”上。[7]

2. 社区科普的内容与形式研究

科学普及的内容形式是实现科普目的的重要载体。不同层次的社区居民对科普内容形式要求是不同的，老年人、中年人、低龄人群都要有自己的科普。王冬敏[8]认为开展活动既要注意家庭因素，又要考虑社区特点；既要注意文化层次，又要考虑年龄结构；既要注意居民参与，又要考虑居民要求；既要组织节庆和时令活动，又要坚持日常性活动；既要注意现有基础，又要考虑如何不断提高品位档次。这期间的研究文献中，关于社区科普内容与形式的研究方法比较丰富，包括问卷调查法、新闻报道分析法和案例分析法等。

（1）采用问卷调查法研究社区科普内容和形式

北京市东城区科委就普通居民对科普的认知水平和科普需求，从2010年2—6月底开展了现场访谈以及问卷调查。[9]现场访谈阶段走访了3个街道6个社区，与25名居民代表及社区科普工作人员进行了深入访谈。尝试以电子表格问卷形式对东城区（不含前崇文区）全部10个街道所辖115个社区居民进行了抽样率为1‰的问卷调查，共收回有效问卷549份。调查表明，社区居民的科普主题选择受年龄、教育程度的影响较为明显，居民仍然更关注与日常生活息息相关的日常科普知识和科技热点问题。居民最为关心的三大科普热点是医疗健康、食品安全、节能环保，其中医疗健康受到最广泛的关注。社区居民对科普设施的建设和使用情况的满意程度最低，尤其是对科普活动站（室）、大屏幕感到满意的居民还不到一成，说明这些设施还没有发挥出应有作用，与其高昂的投入不成正比。同时，居民认为最重要的科普设施前三位分别是科普图书、科普音像制品和科普宣传挂图。

中国科普研究所胡俊平等借鉴已有调查工作的经验，于 2010 年 11—12 月在全国范围内组织开展了城市社区居民科普需求和满意度抽样调查。[10] 此次调查采用了四阶段分层抽样，首先随机抽取华北、东北、华东、华中、华南、西南、西北全国 7 个地区各两个一二级城市作为调查对象，然后从 14 个城市所辖区县中分别抽取样本区县，逐层随机选取，直至样本街道和社区。调查目标设立为基本摸清我国城市社区科普工作的现状以及社区居民对科普工作的认知、态度和参与行为，准确了解社区居民对社区科普各类载体（包含人员、设施、活动等）的需求情况，并从居民的满意度中分析当前社区科普工作存在的问题，从而有的放矢地分步骤解决社区科普中的各类问题。调查结果显示，超过半数的城市社区居民对医疗保健（61.8%）、食品安全（53.7%）、营养膳食（51.6%）3 类科普话题最为关注。社区宣传栏、社区科普展览、社区讲座等科普载体或形式尚未成为受访社区居民当前获取科普知识的主要渠道，但居民期望与现状存在较大的差距，期望比例比现状高了约 20 个百分点。通过对社区居民科普需求和满意度的综合分析，作者得出了今后社区科普的工作方向和工作力度的建议：亟需提升社区图书室的建设；后续提升社区科普画廊（宣传栏）和社区科普活动的运作水平；稳步推进科普志愿者工作；维持社区科普学校的优势并推动其创新发展。

杨静等针对山西省社区居民科技文化建设开展了问卷调查。[11] 调查中了解到，在公众表示去过两次以上的科技文化设施场馆中，排列第一的是科普画廊（占调查社区居民的 24.7%），第二的是科技馆（占 18.6%），第三的是图书馆（13.4%）。因此，社区科技文化设施建设，特别是宣传栏、科普画廊、社区图书馆和社区科学文化中心等都是开展社区科技文化的重要阵地。大多数社区都有一定的开展活动的场所，但是场所资源零散。因此，建议从整体的角度整合可利用资源，包括社区及邻近的相关资源，做到共建社区科技文化事业。他们把社区开展的文化活动归为 7 类：学习知识活动、健康活动、文娱活动、咨询活动、服务活动、培训活动、社会交往活动。其中知识类活动占主导（约 45%），尤其是面向青少年开展的文化教育活动更是其中的重点，面向老人、其他人群的活动也占一定的比例。各类培训活动占 15%，文娱活动、咨询活动各占 10%，益于健康活动占 8%，利于居民间良好关系的交往活动占 3%，服务活动占 9%。

（2）采用新闻报道分析法研究社区科普内容和形式

胡俊平对中国科协网页（www.cast.org.cn）“社区”专栏的新闻报道进行科学传播要素的分析。[12] 从 2008 年 5 月 7 日至 2011 年 5 月 16 日，专栏中总共有 212 篇社区科普工作新闻报道。通过严格甄别，确认社区科普工作新闻报道总计为 197 篇。他借鉴美国政治学者拉斯维尔 1946 年提出的大众传播过程“5W”学说，即组织方或传播方（Who）、传播内容（Says What）、传播渠道（in Which Channel）、传播对象（To Whom）、传播效果（With What Effect），结合通常新闻报道的三要素，增加了对开展科普活动的场所（Where）、时间（When）或频次的关注。据统计分析，中国科协网页上 56.85% 的社区科普工作新闻报道篇目有县级及以上科协作为科普活动组织方或传播方，33.50% 的报道中有街道和社区的组织机构参与，20.81% 的报道中有政府职能部门参与。从统计分析来看，新闻报道并没有把具体科普内容作为重要的部分进行呈现：出现频次最多、所占比例最高的社区科普内容是“医疗保健”类（30.96%），其次是“节能环保或低碳”类（17.26%）和“防灾减灾”类（16.75%）。与针对社区居民的问卷调查结果形成鲜明对比，社区科普新闻报道中涉及电视、广播和网络等大众媒体渠道的极少，而描述“科普互动活动”、“科普讲座和培训”、“赠送科普图书、宣传册”、“科普展览”、“科技咨询服务（含义诊）”等科普渠道或方式的新闻报道均在 20% 以上。

（3）典型案例研究社区科普的内容和形式

曾昌生[13]研究了近年上海社区科普工作的创新案例，其中包括楼宇科普——伴随着城市楼宇经济的发展而涌现出来的新事物。受众人群是商务楼宇中工作的白领员工。当地街道部门特意为楼宇中的白领下发了一套名为《办公一族》的科普小画册，并针对企业和员工特点，组织了“心理篇”、“保健篇”、“运动篇”等不同内容的学习，掀起一股科学热。他们利用辖区医院的优势，为楼宇的企业领导和员工提供免费的体质测试，并通过社区学校进行健康知识培训。在很多楼宇相继建立社区青少年科普教育基地，引导企业员工参加社区青少年科普志愿者活动。楼宇科普不仅因势利导提高商务楼中白领员工科学素质的途径，也让楼宇企业为社区科普共建出力创造了条件，是一种较为成功的社区科普方式。

陈立俊等研究了大学生志愿者服务社区科普的一种形式——科学商店（Science shops）。[14]科学商店是依托大学、植根社区的科学研究与普及组织，又称大学生科普志愿者服务社。建立科学商店可以依托大学学生和教师的专业知识和能力，解答当地居民的科学问题，增强他们的科学意识。上海于 2006 年在国内率先引进欧盟的科学商店理念，依托高校先后建立了 10 家科学商店。面向社区居民开展科普宣传活动是“科学商店”的一项重要工作。依托高校建立科学商店最大的优势在于高校的技术优势，高校可以应用本校在科研当中的成果和先进的实验仪器去帮助居民解决身边的现实问题。科学商店在帮助居民解决现实的生活问题的同时，也帮助高校实现了科技成果的转化，经过实践检验的科技成果在现实当中会更具竞争力。高校和社区实现了“双赢”。通过文献检索可知，早在 2007 年，洪耀明曾撰文介绍了欧洲科学商店的起源、发展及运作，分析了欧洲科学商店取得实践成功的要素。[15]

3. 社区科普与社区和谐的关系研究

宣传和普及科学发展观是科学普及工作的重要内容，应在全社会大力普及以人为本，全面、协调、可持续发展的观念和知识，使广大干部群众牢固树立正确的生产观和生活观，树立节约资源的意识、保护环境的意识、保护生物多样性的意识[16]，而科学发展观是建立社会主义和谐社会的核心理念。

杨芳等认为，社区科普与和谐社区是交互作用、互相渗透、彼此影响的双方。社区科普不仅是一个科学智力增长过程，也是一个科学知识社会化过程。构建和谐社区为社区科普提供良好的环境，也是社区科普的目的和价值体现。社区科普是“和谐社区的科学普及”，而和谐社区是“科学普及的和谐社区”[2]。

鲍荣龙、陈俊峰等认为，[17]社区科普从根本上是一种城市功能建设，对社区的物质文明、精神文明、政治文明和生态文明起着基础性作用，基本任务就是提高城市居民的文明素养，构建民主法制、诚信友爱、充满活力、安定有序、人与自然和谐相处的城市社区。

4. 社区科普实践的规律和症结探讨

周立军撰文介绍了北京市科协提出“社区科普益民计划”的背景和主要做法。[18, 19]这个计划以城镇社区为对象，以提升基层科普能力、推动市民科学素质行动为目的，通过“以奖代补、奖补结合、重在建设”的方式，着力加强社区科普活动室、科普场馆和户外科普设施建设，引导科技工作者到社区开展科普活动，壮大科普志愿者队伍。奖励资金全部用于科普资源补充、科普设施建设和科普活动开展。该计划立足民生理念，促进科普事业均衡发展，奖励向重点新城的新建社区、经济适用房、廉租房社区和老旧社区等科普薄弱地区倾斜。从实践中，他们体会到，将“社区科普益民计划”与社区科普资源建设相结合，可以使资源开发共享与增强社区科普能力相得益彰。与之相类似，广州市海珠区科协也提出[20]，要大力整合社会科普人才资源、科普设施资源、科普传媒资源来深化社区科普工作。

北京大学科学传播中心朱效民多次参与了北京市科委组织的评比百家“创新型科普社区”活动，对北京市 18 个区县的社区科普工作也进行了多次实地考察和调研。他发现在社区科普工作中普遍存在着重供给、轻需求，重硬件设施建设、轻软件内容发展的问题。[21]这些问题突出表现在政府部门的许多优惠倾斜政策、科普信息资源等要么传递不到基层，要么与基层实际需求明显不相符，造成很大的重复建设甚至浪费现象。他认为，在当前我国的社区科普工作中存在着严重的“最后一公里”问题。

杨芳的课题组[2]研究了现阶段云南省昆明市杜区科普在建设和谐社区中面临的问题：第一，现阶段社区科普社会化程度不高；表现在社会对社区科普的认知、重视和支持的程度还不够，企业参与社区科普的机制没有形成，社区公众参与科普活动的积极性还不够。第二，社区科普工作的手段和方法还需要创新，需要更具有针对性，加大创新力度，推动大众媒体的参与。第三，社区科普投人和整合问题，鼓励驻区单位兴建或改建科普场所，加快推进资源共享。

刘智勇结合实践，对社区科普协会的工作提出了八点建议[22]：第一，依靠骨干组队伍，把社区工作积极分子，特别是退休人员、大学生组织起来，成立科普志愿者队伍。第二，调查研究找需求，细分人群，满足需求，不仅要迎合需求，更要培养需求。第三，以全民科学素质建设为中心，围绕当地中心工作和群众关注的热点来开展社区科普。第四，发挥好社区自身优势，与驻区单位联合协作。第五，创造机遇，营造科普声势。第六，统筹安排讲实效。第七，通过抓科普示范项目，树科普示范典型，推进科普的全面工作。第八，理性思考上水平。

黑龙江省科协的李晓初[23]提出了加强社区科普工作的几点思考，对社区科普在科普经费、组织队伍、设施条件、活动形式等四个方面的问题进行了深入剖析，提出了深入开展社区科普工作的几点建议。王晓聪[24]也曾经阐述过类似的观点。

中国科协青少年科技中心侯春旭等人于2011年4—8月赴浙江、江苏、陕西、辽宁、上海、广东、北京、吉林等地进行实地调研，对调研地区社区科普工作现状和问题进行了归纳和总结。[25]近年我国社区科普工作的现状有四个方面的具体表现：一是社区科普投入经费有显著增加；二是社区科普设施建设不断增强；三是社区科普活动形式多样；四是科普宣传队伍不断发展壮大。作者还分析了社区科普工作特点：第一，社区科普工作以科协牵头、相关政府部门参与、社区组织实施为主要工作模式；第二，社区科普以示范引导、奖补结合为主要工作方式；第三，社区科普工作与其他工作互相整合，综合利用场地和其他资源；第四，共建单位在社区科普工作中发挥重要作用，包括向社区提供经费和场地。通过调研，作者分析了当前社区科普工作存在的问题：第一，对社区科普工作重要性认识不够；第二，社区科普工作机制不健全；第三，社区科普经费投入不足、资源短缺现象较为严重；第四，科普队伍发展不足，管理涣散；第五，科普内容难以满足居民需求。为提升居民科学素质，作者认为应从四个方面着手加强社区科普工作：制定和实施社区科普工作政策；建设部门协调合作机制，促进科普设施、资源、活动整合与共享；培养社区科普工作队伍；加强对社区科普工作的监督和考核。

三、研究评述

社区科普工作实践为社区科普研究铺垫了广阔的前景。特别是2011年《全民科学素质行动计划纲要实施方案》颁布后，“社区居民科学素质行动”从“城镇劳动者科学素质行动”中划分出来，成为一个独立的部分，成功的科普实践期待着科普研究来引路导航。社区科普研究在如下几个方面还有待进一步深入开展。

1. 社区科普的精确界定有待进一步深入研究

科学作为现代社会的一个特征，已经渗透到了社会工作的方方面面。社区科普与其他工作之间有着密不可分的交集是无庸置疑的。但是，要使得工作开展得高效、深入，必须对社区科普的典型特征进行总结梳理。当前的社区科普研究，在“社区文化”、“社区教育”、“成人教育”等研究之间摇摆和纠缠，其相似性和差异性并没有厘清。因此，研究者们需要从更精确的视角去界定“社区科普”的概念。

2. 社区科普和社区其他工作的互补研究有待加强

从社区工作实践的角度来看，社区科普与社区教育、社区文化、社区环保之间关系最为密切，但应该明确工作重心各有侧重。只有抓住了社区科普区别于其他社区工作的要点，才能把握住工作的重点，实现社区科普的目标。当前的研究侧重资源利用的“整合”，并没有关注基于差异而产生的“互补性”，尤其是活动设计环节的细微差别。只有注意到了这些细微的差别，社区科普的成效才能进一步显示出来，社区居民的科学素质才能真正得到提高。

3. 社区科普传播模式的理论研究有待开拓

当前对于社区科普传播案例的研究，较为注重科普方式方法的丰富性，但缺乏剥离外在形式的内在理论研究。进一步加强针对不同人群的社区科普传播模式理论研究，充分利用心理学、教育学的理论，结合社区科普的实际，建立有效的传播模式。

参考文献

[1]王瑞芳，李培俊．社区科普机制及模式的创新研究［C］// 中国科普研究所．中国科普理论与实践探索——2008《全民科学素质行动计划纲要》论坛暨第十五届全国科普理论研讨会文集．北京：科学普及出版社，2008：467—473.

[2]杨芳，刘燕琨，王骏，李庆平，李国全，翁磊．昆明市社区科普与构建和谐社区研究［C］// 2009—2010 昆明市社会科学院成果选集，2011：257—286.

[3]胡俊平．社区科普的内涵解读与实践分析［C］// 中国科普研究所．中国科普理论与实践探索——公民科学素质建设论坛暨第十八届全国科普理论研讨会论文集．北京：科学普及出版社，2011：100—103.

[4]龙叶先，高波，曾国屏．试论社区科普模型的“居民主体化”转向［J］．科普研究，2012，7(2)：11—15.

[5]程乐．有效提高重庆市社区科普教育活动实效的实现途径研究［D］．重庆：重庆大学，2007：27—28.

[6]应保健，王晓聪．社区科普运行机制中的几个问题［N］．大众科技报，2007-08-21（A06）.

[7]周立军．把社区科普落实在益民上——北京市实施“社区科普益民计划”经验［N］．大众科技报，2009-05-10（A02）.

[8]王冬敏．关于社区科普工作者的几点思考［J］．重庆城市管理职业学院学报，2007（3）：11—12.

[9]北京市东城区科委．北京科技报［N］．2011-11-22.

[10]胡俊平，石顺科．我国城市社区科普的公众需求及满意度研究［J］．科普研究，2011（5）：18—26.

[11]杨静．山西省社区科技文化发展对策研究［D］．太原：山西大学，2011：10—19.

[12]胡俊平．从网络新闻报道透视社区科普实践进程［J］．科协论坛，2011（9）：42—44.

[13]曾昌生．上海社区科普工作创新案例研究［C］// 中国科普研究所．中国科普理论与实践探索——2009《全民科学素质行动计划纲要》论坛暨第十六届全国科普理论研讨会文集．北京：科学普及出版社，2009：412—419.

[14]陈立俊，史悦．科学商店：大学生志愿者服务社区科普的新途径［J］．当代青年研究，2010（1）：6—10.

［15］洪耀明．欧洲科学商店及其启示［J］．科普研究，2007（2）：27—31．

［16］胡锦涛在两院院士大会上的讲话［EB/OL］．［2004-06-02］．http：//news.xinhuanet.com/newscenter/2004—06/02/content_1504595_1.htm．

［17］鲍荣龙，陈俊峰．浅析社区科普教育在构建和谐社会中的任务和作用［C］// 中国科普研究所．2009《全民科学素质行动计划纲要》论坛暨第十六届全国科普理论研讨会文集．北京：科学普及出版社，2009：362—366．

［18］周立军．强化基层科普能力建设 推进首都全民科学素质行动——北京市实施“社区科普益民计划”的经验与体会［J］．科协论坛，2009（6）：7—8．

［19］周立军．推动社区科普工作的有益探索——北京市实施“社区科普益民计划”的做法与思考［J］．科普研究．2010（1）：89—92．

［20］广州市海珠区科协．大力整合资源 深化社区科普工作［J］．科协论坛，2010（9）：9．

［21］朱效民．从“最后一公里”看我国社区科普内容建设——以北京市科普社区为例［J］．科普研究，2010，5（2）：18—23．

［22］刘智勇．对社区科普协会的若干建议［J］．学会，2009（3）：61—62．

［23］李晓初．加强社区科普工作的几点思考［C］// 中国科普研究所．中国科普理论与实践探索——2009《全民科学素质行动计划纲要》论坛暨第十六届全国科普理论研讨会文集．北京：科学普及出版社，2009：377—381．

［24］王晓聪．强化社区科普刍议［J］．学会，2007（8）：59—61．

［25］侯春旭．我国部分地区社区科普工作现状及问题分析［J］．科协论坛，2012（3）：46—48．

第七章
科普资源研究进展

中国科普研究所　谢小军

科普资源是科普工作的工具，也是科普能力的载体，一个国家的科普能力集中体现为向公众提供科普产品和服务的综合实力。科普资源建设是落实《中华人民共和国科学技术普及法》、是落实国务院颁发的《全民科学素质行动计划纲要（2006—2010—2020 年）》和《国家中长期科学和技术发展规划纲要（2006—2020 年）》最重要的举措之一，科普资源建设工作在公民科学素质建设和科学文化传播中发挥着基础性的作用。近年来，随着相关实践工作的推进，科普资源研究也成为科普理论研究中的热点，学者们对此开展了大量的研究工作，取得较为丰硕的研究成果。近年来科普资源研究主要研究集中在科普资源概念、内涵及现状，科普资源需求，科普资源共建共享，科技资源科普化等，这些研究领域和重点内容也构成了科普资源基础理论研究框架。

一、科普资源概念和内涵

对科普资源的界定是科普资源工作开展的首要问题。尽管这个问题非常重要，但却并没有统一意见，一度出现了多达 10 余种代表性观点，如：科普资源是指科学技术知识传播的媒介和载体，包括科普人力资源、科普财力、科普场馆设施以及科普传媒网络等[1]；科普资源，是指具有教育、培训、文化和旅游功能的对国民经济、社会发展和人民生活起推动作用的科学知识和技术的物质载体和条件，是科普活动得以完成的最重要部分[2]；科普资源是指在一定的社会经济、文化条件下对科普事业发展、繁荣有着直接或间接影响的因素[3]；科普资源可分为基础性资源和专业性资源两大类，基础性科普资源是指具备开展相关科普活动或为科普提供专业性支持的机构、人才、条件和信息等，专业性科普资源是指专门从事科普工作或以科普为主业的机构、专业人员、条件和信息服务等[4]；从信息学角度讲，科普是一个信息传播过程，科普资源就是科普过程中所涉及的所有支持性要素的集合，是提升科普能力的重要因素，是科普事业发展的基础性条件，包括科普政策资源、科普人力资源、科普信息资源（或科普产品资源）、科普场地资源和科普活动资源[5]。

科普资源概念的分歧固然反映了学术争鸣的热烈，但也同时反映了各方思路的不统一甚至混乱，对实践工作和学术研究有其不利影响的一面。综合当前国内科普理论研究和实践工作上，中国科普研究所科普资源研究团队认为，“科普资源”可从广义和狭义两个方面来加以界定[6—8]。在不同的语境下，科普资源的内涵和外延有所不同。广义科普资源是科普事业发展中所涉及的所有资源，包括政策、人力、财力、物力、组织、科普内容及信息等要素的总和。从《全民科学素质纲要》的描述看，其中的科普资源指的是为社会和公众提供公共科普服务的科普产品、科普信息和科普作品的总称，这既涵盖科普图书、挂图、音像制品、展教品等传统实体资源，也包括数字化科普资源，这是狭义的科普资源概念（也有观点认为这是“科普资源”术语的一种特定用法），也应是全民科学素质纲要工作中应该统一的认识。科普资源被广泛应用于科普活动、科普设施和科普传媒中，是开展科学技术教育、传播和普及工作必不可少的物质条件。其数量和质量，包括品种的多样性、内容的科学性、形式的趣味性等，在很大程度上影响着科普活动、科普设施和科普传媒的效果或者功能。

二、科普资源现状

对科普资源现状的调研是科普资源实践工作和理论研究中一个重点，对于确定工作的方向和思路起着决策支撑作用。综合当前研究成果，我国科普资源建设存在着两方面的问题，一方面，虽然我国科普资源虽总体而言呈现量大种类丰富的特点，但由于地广人多的国情，总量显得相对不足，结构显得不够合理，优秀原创资源甚少。我国的科普资源基本呈现一种倒金字塔的分布，首都、省会城市科普资源最多最丰富，越到基层，科普资源越少。另一方面，由于各部门、各系统和各行业各自为政，信息的交流和沟通不畅，科普资源总体上处于条块分割状态，现存科普资源的效益未能充分发挥；目前这种条块分割、各自为政的科普资源建设模式使得科普资源利用率低，重复建设现象严重，导致了科普资源的浪费，影响了科普资源质量，显然不符合节约型社会建设的内涵、制约了社会科普合力的形成[8]。

对于上述两方面问题，前者的主要原因在于科普资源开发能力有限，科普创作者尤其优秀的原创作者十分匮乏，许多企事业单位也因市场、资金、人才、技术等客观条件的限制，在科普作品创作或科普产品研发领域投入乏力。后者是由于没有建立有效的科普资源共享机制[9]。

三、科普资源需求

科普资源建设的推动力在于需求，没有需求，科普资源建设便没有意义，找不准需求，科普资源建设就是无的之矢。对于科普资源需求的研究主要集中在两方面，一是理论上的梳理，二是实地调研。中国科普研究所对此做了大量的工作，任福君，谢小军认为，科普资源建设由三种需求加以推动，即国家需求、社会需求、公众需求，三种需求既相对独立又相互联系和交叉。国家围绕其自身战略发展提出自己的科普需求，这种需求主要体现在面向整个社会的科普内容上，国家科普需求的根本目的在于建立符合国家战略意志的社会文化和舆论氛围，提升公民科学素质，培育更具竞争力的劳动力，促进国家的创新和持续发展。社会有其科普需求，如社会团体、单位、群体对科普的呼声，这种需求最终目的是为了促进这些社会集团的自身发展。公众个体有其清晰的自我需求，受不同地域的经济、文化、教育发展水平，风俗习惯等的影响，公众科普需求的目的、内容、形式等都表现出很大差异。三种需求的终极目标指向具有一致性，都是以人为核心，促进人的全面发展[10, 11]。

基于国内公开发表的有关调研数据以及独立调查所获取的数据，中国科普研究所研究团队认为，公众个体有其清晰的自我需求，受不同地域的经济、文化、教育发展水平、风俗习惯等的影响，公众个体科普需求的目的、内容、形式等都表现出很大差异。任福君、谢小军的研究还认为，从整体上看，中国公众的科普需求表现出强烈的功利性特点，这种功利性表现在公众科普需求的内容上，大多数公众提出科普需求时是出于很实用的目的，最关注的内容大多是十分“有用”的知识，如医疗保健、科技致富、家居生活，等等，甚至许多未成年人也仅对学校课堂教学内容相关的科技知识感兴趣。对于似乎与生活学习没有直接关系“不那么实用”的科学思想、科学精神等有关内容，多数公众淡漠对之，这种功利的科普需求，对于科学精神和思想的冷淡，必然影响到公众理性精神的建立，这需要从社会文化中探究更深层的原因[12, 13]。

四、科普资源共建共享

针对社会科普资源分散、优质原创科普资源供给不足的突出问题，实现科普资源共建共享具有十分重要的意义。科普资源共建共享的根本目的在于提高科普资源的利用效率，降低资源开发成本，提高科普公共服务水平，以更少的经费为广大公众提供更丰富、更高水平的科普服务，提高科普资源使用的社会效益和经济效益。国内学界对科普资源共建共享的内涵开展了一定的研究，主流意见认为科普资源共享既指在使用科普资源进行科学传播的主体间的共享，同时又指通过一定方式使更多受众受益的传播过程的共享（在这个意义上讲，科普资源共享基本等同于科普资源服务），两者遵循不同的运行规律，把两层涵义混为一谈，只能阻碍工作头绪的梳理，在不同的语境下，“共享”的含义侧重不同，如在“共建共享”这个特定术语中侧重于资源拥有者之间的行为关系。

目前科普资源共建共享工作已经取得了很好的进展，但是还未完全达到它预期的目标，其根本原因是因为整合各方资源的机制建设迟迟没有根本性突破。因此对科普资源共建共享的研究多集中在其机制建设方面，这方面的文献非常多，有对全国性或中国科协总体状况的鸟瞰[14—16]，也有对某地域某系统的针对性分析[17，18]，此外还提出了一些共享的具体办法[19，20]。

中科院研究生院的莫扬对科普资源共享机制做了一定的研究，她认为我国科普资源共享的难点在于：资源共享意愿不强，现有政策引导力度不足，优质科普资源缺乏，在科普资源共享中存在的一些问题也影响了这项工作的成效，如重“资金”推动轻“认识”提高，重“共享内容”建设轻“共享机制”建设，重“平台规模”轻“共享效益”，对规模小但效益高的共享模式重视不够，她对科普资源共享给出了建议，统一深化对科普资源共享的认识，加强对公共科普资源共享的政策引导，加强需求调研提高共享服务的针对性及效率，从系统内、行业内资源共享入手发展多样化共享模式[21，22]。

中国科普研究所任福君、谢小军的研究也认为，当前，对科普资源共建共享仍有一些认识上的误区，这既有理论认识上的，也有实践工作中的。以资源共享为突破口，建立行之有效的协作关系，搭建社会化平台，是科普资源建设的康庄之路，在这个建设过程中，应当做到资源共享内容和资源共享机制建设并重，应当做到共享模式多样化的建设，没有一劳永逸的机制可以调动所有社会力量间的合作和参与积极性，应在实践中不断摸索有效的运作模式[10]。

任福君、谢小军还认为，不能忽视“信息资源”在科普资源共建共享中的重要作用，信息资源是指如科普基地 信息、科普讲座信息、科普产品信息等科普资源建设和服务中涉及的一切信息要素。共知方能共享，信息资源在科普资源共建共享中发挥着基础性的作用。科普资源“集成”应重视科普资源“信息”的汇集整理。共享的前提是共知，信息资源的集成在科普资源共享中发挥基础性的作用，以图书馆资源共享（这也是一种较为成熟的共享模式）为例，图书馆间的联机检索实际上也是对信息的搜索，只有知道某本书的信息，读者才可能拿着图书证有目标地去某个图书馆借阅该书[8]。

五、科技资源科普化

实践已经证明，通过对科研开发的新成果和科技信息进行一定的加工整合，使其以更加有利于公众接受的形式展示和传播，可以有效地促进科研开发的新成果及时转化为科普资源，丰富优质科普资源，使更广泛的社会公众共享科技成果。科技资源科普化既是公众理解科学、提高公众科学素质的需要，也是科技事业自身发展的需要；加快科技资源科普化，是发掘科普资源，加强国家科普能力建设的有效途径。

科技资源科普化目前已得到社会的关注和重视，一些学者对此展开研究[23—27]中国科普研究所任福君等学者近年来从多个方面对这个问题进行了研究。任福君着重分析了科技资源科普化的基础理论，包括科技资源科普化的概念、内涵以及现状、可行途径。不少学者则从实践角度提供了科技资源科普化的若干案例。针对现状，任福君提出了科技资源科普化的总体思路，即搭建平台，实现共享；分级转化，服务科普；政策护航，制度保障[28]。

一种代表性的观点认为，科技资源科普化的瓶颈在于人才[29]，即科技资源科普化的结果不光是产品资源、信息资源，更应是一种人力资源（也即这里的科普资源概念要稍显宽泛）。从这种视角看，科技资源科普化最核心的问题是科研工作者参与科普的积极性问题，在当前科研绩效考核标准的前提下，单靠科学家的所谓觉悟或责任还不能有规模地自发推动科技资源科普化。科研成果科普化被普遍认为是一个有益的尝试，在少量科研经费的支持下，一个项目从立项开始就应当重视科普，特别是对于那些事关国计民生的大型科研项目，更应注重向公众的宣传普及。它的意义恐怕已不只是简单地局限于最新科学知识的传递，而是反映我们国家社会机制的一种成熟度，反映的是公众知情权是否被尊重，科研经费取之于民，科研工作者有责任有义务向纳税人交代使用经费干了些什么。公众的知晓和意见反馈有助于重大决策的透明和科学，有助于重大决策具有充分的民意基础，随着经济社会和国民文化素质的提高，公众参与公共事务的意识和需求将不断提高[30]。

六、研究评述

科普资源研究虽然取得较大的成果，科普资源的理论与实践研究框架已基本确立，然而，在科普资源实施工作过程中还需不断完善，尤其目前科普资源共建共享许多研究结论或者对策从战略上或者说大方向上讲是正确的，如多元投入机制完善、社会化科普的实现，但这些并非一蹴而就，在短期内难以实现，对当前科普环境而言，其建设性值得商榷，因此这些结论或对策形式就大于内容，提出针对目前科普形势下的可操作性策略非常迫切。

此外，值得注意的是，不少理论成果并未及时运用在实践中，而科普资源是一个实践性很强的研究方向，其理论成果只有从实践中来，到实践中去，才能完美地实现自己的价值，因此，理论成果如何“落地”指导实践应该是科普理论研究和实践工作者深思的地方。

对科普资源建设的研究是一个宏大而又复杂的系统工程，必须认识到它的长期性和艰巨性，一些重点领域（如不同类型资源拥有主体实现共享的动力机制建设、如何吸引社会企业参与科普资源建设等）还亟需有大的突破，同时，一些新的问题还在不断出现（新媒体资源对传统资源的冲击、科普需求的个性化和多样性），只有经过不懈的继续深入研究，才能取得更好的成果，有力地推动实践工作的前行。

参考文献

[1] 科技部. 关于印发《全国科普工作统计实施方案》的通知（国科发政字〔2003〕455号）.

［2］秦学，邹春洋．广东省科普资源和科普基地类型及其分布研究［J］．广州市经济管理干部学院学报，2004（2）：38—41.

［3］朱效民．中国科普走向研究［D］．北京：北京大学，1999.

［4］田小平．发挥科普资源优势提高弱势群体能力——关于实施“3320 科普扶弱社会计划”的构想与建议［J/OL］．北京观察，2004（7）：14—17.

［5］何丹，何维达，李梅，汪振霞．北京市科普资源开发与共享现状及对策研究．中国管理信息化，2009（15）：127—129.

［6］尹霖，张平淡．科普资源的概念和内涵［J］．科普研究，2007（5）：34—41，63.

［7］郑念．科普资源开发的几个理论问题（上）［N］．大众科技报，2010-08-10.

［8］中国科普研究所．中国科协科普资源共建共享“十二五”规划研究［R］．2010.

［9］谢小军．我国科普资源建设问题及其对策［C］// 中国科普研究所．中国科普理论与实践探索——2010 科普理论国际论坛暨第十七届全国科普理论研讨会论文集，2010.

［10］任福君，谢小军．应高度重视资源建设［N］．学习时报，2010-10-04.

［11］谢小军．殊途同归，以人为本［N］．大众科技报，2011-10-25.

［12］RenFujun，XieXiaojun．Characteristics of Chinese Public Demands on Science Communication［C］. Proceedings of Portland International Center for Management of Engineering and Technology：Technology Management for Emerging Technologies，PICMET’12：72–79.

［13］任福君，谢小军．警惕实用主义的科学观［N］．学习时报，2012-10-29.

［14］危怀安．中国科协科普资源共建共享机制研究［J］．科协论坛，43—45.

［15］湖北省科协课题组．科普资源共建共享机制研究［C］//2010 年湖北省科协工作理论研讨会论文集，2010.

［16］樊婷．中国科协科普资源共建共享对策研究［D］．武汉：华中科技大学，2011

［17］黄英，陈颖，杨运平．江西省科普资源的整合与创新研究［J］．江西科学，2008（5）：823—827.

［18］丁刚，吴华刚．我国典型地区科普资源共建共享的成功经验概述［J］．长春工程学院学报（社会科学版），2011（4）：39—42.

［19］李冬晖．网格技术成就科普资源的共建共享［J］．科普研究，2009（5）：88—89，96.

［20］罗启颖．充分发挥网络优势，共建共享科普资源．科技传播，2009（8- 上）：67—68.

［21］莫扬．我国科普资源共享发展战略研究［J］．科普研究，2010（1）：12—16.

［22］莫扬．我国科普资源共享实践中的难点、误区及问题分析［J］. 科学对社会的影响，2009（4）：15—18.

［23］苏石磊，李正良，盖顺，邓小雄，王洲尔．普通高校实验室科普资源开发的理论与方法［J］．广西师范学院学报（自然科学版）．2012（2）：110—114.

［24］张九庆．关于科技资源科普化的思考［J］．山东理工大学（社会科学版）．2011（1）：38—40.

[25] 李国忠，蒙福贵，赵忠平. 科技资源科普化的实践与思考. 大众科技，2011（7）：285—286.

[26] 姜联合，袁志宁. 国内外高端科技资源科普化实践与发展解析 [J]. 科技创新导报，2010（36）：17—18.

[27] 莫扬，曾琴，孙昊牧. 中科院大气物理所科普资源开发利用研究 [J]. 科普研究，2008（1）：13—18，78.

[28] 任福君. 关于科技资源科普化的思考 [J]. 科普研究，2009（3）：60—65.

[29] 范春萍. 科技资源科普化：人才是瓶颈 [J]. 科普研究，2010（5）：34—39.

[30] 谢小军. 建议实施重大项目科普化试点 [N]. 大众科技报，2011-01-11.

第八章
科普创作研究进展

中国科普研究所　尹　霖　李正伟

为了解2007—2012年间我国科普创作研究的进展情况，笔者通过搜集文献并加以阅读，对我国学者研究科普创作的若干文章进行了分析和解读，从中归纳出近年来我国科普创作研究的基本方向和主要观点。

文中引用的文献均来自中国知网（CNKI）。笔者以“科普创作”、“科普图书”、“科普作品”、“科普出版”等为关键词，在知网收集了2007—2012年公开发表的与科普创作研究相关的百余篇文献。鉴于知网作为国内学术研究数据库的权威性，笔者认为，这些文献基本能够代表国内科普创作研究的发展方向和水平。

本文是对科普创作研究进行归纳总结的综述性文章，因此，文中引用了大量其他研究者的观点和思想，尽量以述而不评的方式，对大家的观点进行了分类整理和介绍，仅在本文结尾部分稍加阐述，对近年来我国科普创作研究领域的进展进行了总结。

通过文献阅读、分类整理和进一步分析，笔者发现，这百余篇论文分别从科普创作史、科普出版、科普创作理念与技巧、科普创作外部环境的角度对这一领域进行了理论思考。下面详细对每个研究板块进行介绍。

一、科普创作史

从五四时期“赛先生”的引入开始，西方科学陆陆续续传入中国。有学者对这一时期的报纸杂志的科学传播功能做了分析。发现，期刊如《科学的中国》、《少年中国》、《东方杂志》、《科学》等均对当时的科学传播做出了贡献。

陶贤都、邱锐对五四时期《东方杂志》的科学传播内容、特点和作用等方面进行论述，凸显其科学传播价值。《东方杂志》是我国近代影响深远的大型综合性杂志，1904年由商务印书馆创办。《东方杂志》科学传播内容丰富，既传播科技知识，又传播科学精神，注重传播的时效性、通俗性和实用性，运用图片增强传播效果[1]。五四时期《科学》杂志的广告通过搭建“传受平台”而间接发挥其建构功能的观点，其广告具备了传播科学知识与培养科学意识的两大功能[2]。《科学的中国》是20世纪30年代科学化运动时期重要的科学传播和科学普及的通俗科学刊物。《科学的中国》在传播内容和方式上都具有鲜明的特色，传播了大量的科学技术知识，为宣传科学化运动，普及科学知识，促进社会的发展和提高社会公众的科学素养作出了重要的贡献[3]。白秀英等专门对1919年创刊的《少年中国》编辑出版、办刊宗旨及自然科学传播作了历史考察与研究，梳理五四后期综合性期刊在中国传播自然科学的历史脉络。她认为，《少年中国》月刊融学术性、知识性、新闻性为一体，集科学知识、科学方法及科学精神的介绍和传播于一身，通过科学知识、科学方法和科学精神的系统论述和普及，全面提高各阶层民众的科学素养，在中国近代自然科学传播和大众科学启蒙中发挥了重要作用[4, 5]。

某一期刊杂志的发展成功与否总是与其创办人的贡献密切相关，有必要对某一成功杂志期刊的创办人进行分析。因此有学者分别对杜亚泉与《亚泉杂志》、《普通学报》、《东方杂志》[6]、傅兰雅与《格致汇编》[7]、徐寿与《格致汇编》[8]在科学传播中所做贡献做了分析研究。以上述期刊杂志作为对象进行研究，对我国今后的科普创作也是深有启发。新中国成立初期，中国有很多热心于科普事业的科学家，他们写出了很多经典科普图书，直到现在还很值得回味。就此，有学者回顾了新中国成立初期的诸多优秀科普作家如华罗庚、竺可桢、伍律、梁思成、贾祖璋、谭浩强、钱三强、甄朔南等著的优秀科普作品[9]；我国著名科普作家高士其[10]、叶至善[11]的科普创作也成为学者们经常研究的对象。

在我国科普出版界，几家出版机构在科普创作方面已经具备了一定的实力，如湖南教育出版社、上海科技教育出版社，等等，因此对其成功背后的历史原因进行分析也是很有必要的。作为科普出版界业内人士，潘涛对商务印书馆在科学传播中的作用做了历史性分析，他回顾了商务印书馆50余年来秉承翻译出版科学文化类的基本学术图书的传统，出版科学文化作品的历程。50余年来，作为中国首屈一指的学术出版机构，商务印书馆历经“文化大革命”十年浩劫，历经几代领导人的更迭，始终没有放弃翻译出版科学文化类的基本学术图书的传统，堪称“科学传布”的出版重镇。他认为，无论从狭义的科普史、翻译史，还是广义的科学传播史、中外文化交流史来看，科学文化历来是其中的重要内容[12]。

有的学者另辟蹊径，对我国的科普创作做了部分历史统计性分析。刘新芳、史玉民的一项历史统计研究就发现，1949—1965年科普图书的出版发行具有鲜明的历史特色，对于广大工农群众科学技术水平的提高和人民唯物主义世界观的培养起到了积极作用。同时，它也从另一个侧面反映了当时我国科普工作的水平，基本处于初级阶段，仅限于初级自然科学和技术知识的普及，具有很大的“扫盲”意味。另一方面，科普图书事业的发展也受到当时社会政治、经济、科技发展水平的深刻影响[13]。姚远等学者也通过调查统计和原始文献调阅，以创复刊较早的《东北师大学报》和《厦门大学学报》为典型代表，对 1949—1959 年中华人民共和国成立初期，大学自然科学学报的继承、恢复、发展，及其科学传播源流作了系统分析[14]。

毫无疑问，地方科普作协在科普创作中的地位举足轻重。福建科普作协对其自身历史发展做了综述，值得其他省市科普作协仿效。福建省科普作家协会（简称“福建科普作协”）是全国各省市自治区成立较早的科普作协之一，迄今已成立 30 周年。文章系统总结了福建省科普创作理论与实践的现状和进展，分析了科普创作理论面临的挑战与机遇以及福建省科普创作理论的传统和优势，并提出科普创作理论的发展思路和战略方向[15]。

二、科普出版

1. 科普创作的问题及建议

通过阅读文献可以看出，很多学者都意识到了我国科普创作中存在的诸多问题。他们对这些问题做出分析，并提出了相关建议或策略。

不少研究性文章分析了我国科普图书存在的问题。有学者认为，与国外科普出版相比，国内的科普作品可读性差，写作者缺乏必要的科普写作技巧；思想性差，大多是就知识讲知识，没有文化感；科学主义倾向占主导地位，缺乏对于科学更深入的人文理解；缺少相关的先进科普理论的支撑[16]。总体来说，我国的科普创作内容上不过关直接导致了科普图书的困境。然而为什么与国外相比，内容方面一直处于低水平？有的文章认为，科普创作和科普出版存在着科普原创的缺乏、创作队伍的老龄化以及创作观念和创作手法的陈旧等问题。在科普读物中，单纯介绍知识的多，传播科学方法与科学精神的少[17]。这些问题的存在直接导致了科普图书的叫好不叫座、科普图书市场的低迷，因此导致了科普图书市场的低迷。

针对以上存在的种种问题，不少学者提出了相关政策或者建议，为我国科普图书的发展寻找出路。有学者从宏观角度提出科普创作的思路：第一，科普观念要及时更新；第二，科普人才要培养、要重视；第三，科普作品的内容、形式要完善；第四，经营方式要多样。变其他媒体的冲击为资源，是科普图书的经营之道；第五，营销力度要加大。抓住社会热点，采取适宜的营销手段；第六，先进经验要借鉴。在引进科普图书的同时，更要注重总结和学习其科普图书出版的先进经验[18]。

很多人意识到，科普出版及科普创作内容的新思路必然对科普图书创作与出版队伍建设提出了高要求[19]。有学者专门撰文指出，编辑队伍的建设是出版社图书出版质量的根本，加工编辑队伍的建设是出版社总体编辑队伍建设的重要组成部分[20]；与大众媒体的合作在出版业也是至关重要的[21]。

与抽象的理论相比，案例分析对于科普图书创作来说更具说服力。有学者分别对《南方都市报》[22]、《追星》[23]、《科学家讲科学》[24]、《中国国家地理》[25]、《房屋抗震知识读本》[26]、《大连晚报》、《半岛晨报》[27]等杂志、报纸、书籍做了科学传播方面的案例分析，分别从科普写作、科普作品策划、编辑等角度寻求了解科普创作过程，探寻科学传播规律，为科普创作如何在科学传播中发挥作用提出对策建议。

2. 科普图书的受众需求

市场的创新需要适应读者的需求。科普图书的对象针对的是普通读者，所以读者的需求值得强调。应从读者“需要”的角度来分析目标读者，不能再简单地用学科划分等传统方法认识科普图书，应该把眼界放开，从更高的层面把握科普图书、重新认识科普图书[28]。有学者认为，科普作品要求作者在取材、构思时有一种换位意识，即把读者的兴趣当作自己的兴趣，并把激发读者共鸣作为自己的立足点[29]。也就是说，科普图书的创作和出版要从满足读者需求出发，同时还要在内容形式上有所创新，需要编辑与作者协商，共同进行图书框架结构的调整，突出读者最感兴趣的内容，使书稿体例清晰。

以满足读者需求为前提，内容上，科普图书除单纯地介绍科学知识外，还要注重揭示科学的文化本质，把科学融于社会文化的大背景中，除了提倡科学精神、科学思想、科学方法外，科学的伦理道德问题、科学素养问题、科学文化问题等都应纳入科普图书的选题资源[30]。对于科普的内容，更多的学者已经预见到了将人文元素融入科普作品的大趋势。科技与人文的融合，不仅可以增加科普图书的可读性，还能更深刻地揭示科学技术之内涵，以及隐藏在科学技术背后的精神、思想和方法[31]。科普作家陈芳烈认为，要敢于突围，敢于换一种思路，探索新的创作手段。科技与人文的融合，不仅可以增加科普图书的可读性，还能更深刻地揭示科学技术之内涵，以及隐藏在科学技术背后的精神、思想和方法。

此外，宋亚丽等以上海科技教育出版社作为案例，对中高端科普图书市场受众做了市场调查。通过对于邮购读者数据库的初步分析以及对于调查问卷的进一步研究，确定了一个科普图书市场一直忽视的受众群体民间科学爱好者的存在，在此基础上对其呈现特征进行了传播视角的分析[32，33]。

3. 科普图书出版的策划与营销

策划与营销从一定程度上决定了一本科普图书成功与否。成功的策划加上科普图书内容的吸引力，意味着科普图书在社会上获得好评，是为叫好；而成功的营销可能会给科普图书带来良好的市场和客观的利润，是为叫座。如何做到既叫好又叫座?

对于这一问题，很多学者有自己独到的见解。有的学者认为关键问题在于策划分析，如策划出版科普类图书应针对相应的读者群体，贴近读者生产生活实际，贴近大众需要，在注重通俗性的同时，更要在传授实用技术上下工夫，这样的实用技术图书就一定能受到读者欢迎，就能赢得市场，给出版社带来经济效益，给读者带来实惠和收益[34]。

有的学者则认为图书营销方式很重要。如王藏等认为，科普图书的市场化运作通过努力，策划出了好的图书选题，生产出了图书产品，但这只是成功的一半，好产品还需要好的市场销售，才能实现马克思所说的从产品到商品的“惊险的一跃”，[35]说明营销在科普图书市场中起到了关键的作用。

有的则既谈策划又谈营销，尽力为科普图书找出路。如有文章以《时间简史》的销售过程为例证，从事件营销的涵义、特征、策略、优势四个方面阐述事件营销在企业产品营销中的作用机制。企业在运作事件营销之前，应提前做好充分的准备，精心策划，并迅速决策、组织、实施。文章还认为，应该时刻研究消费者的心理趋向，把公众对事件的关注度、参与度与事件影响的广度、深度紧密结合起来，并及时规避风险，以达到提升企业知名度、美誉度与促进产品销售的目的[36]。

俗话说，不打无准备之仗。成功的策划与营销都需要对科普图书在社会中的分布状况以及需求有深入了解。有学者以随机抽样的形式收集了 7 家带有普遍意义的出版社的征订书目，分析了科普图书的出版在该社的位置，以及各类出版物之间的内在联系[37]。蔡迎春等对 2008 年上海市中心图书馆系统科普图书的馆藏情况及上海各出版社出版的科普图书的出版情况进行了调研，并将其与 2007 年科普图书出版与馆藏情况进行对比，分析沪版科普图书的出版特点。通过对 2007—2008 年沪版科普图书的出版情况、内容题材、图书形式、受众对象等方面的实证调查发现，沪版科普图书在稳定中发展，“生活科技”是突出的科普内容题材，呈现丛书化、初版化现象，以普通公众为对象，具有读者针对性的作品较少。调查结果为科普图书的出版及图书馆对科普图书的选择提供了科学依据[38]。

4. 新媒体与科普创作出版

虽然新媒体已经走进了科普创作，但是对于这方面的研究相对来说很少。有研究认为，由于新媒体的出现，科普作者已不仅仅限于原来的“专业人士”，越来越多的“草根”作者也将步入这一行列。新媒体将使科普出版由“专业化”走向“大众化”成为可能；随着网络出版和手机出版内容的不断丰富、赢利模式逐渐成熟，科普出版资源将由“单一化”走向“多元化”。科普资源将不仅源于传统领域，也将源于网络和手机这些开放式平台；科普出版的特色之一就是图文并茂。新媒体环境下，图片的选择不再是随意的，而是更关注其是否具有成为品牌形象的潜力。以往科普出版营销方式通常表现为新闻发布会、作者签名会、新书研讨会、图书广告等，这些营销方式表现为“个体化”，就是营销对象间是独立的，是各自在感受这些信息，而新媒体环境使科普出版营销的“群体化”成为可能；传统的科普出版物通常是通过实体书店进行销售的，而网络和手机创造的新媒体环境，使得科普出版销售从“有形化”走向“无形化”[39]。

5. 其他

以上是较受研究者关注的几个方向，与此同时，还有一些研究也颇具价值。比如，由于市场业绩和行业口碑较好，引进版科普图书一直收到研究者关注。有文章对改革开放 30 年我国引进版科普图书出版的历史进行了回顾与分析，探讨了 30 年来引进版科普图书出版在哪些方面发生了变化并分析其影响因素，探讨了引进版科普图书出版中存在的问题，从问题和现状出发，提出我国今后引进版科普图书出版的建议[40]。

具体到科普出版业，有学者指出，应进一步明确出版企业自身的社会责任，力争实现社会效益和经济效益的双赢，从而推动科普图书出版事业的发展；[41]出版企业必须进行管理创新，明确自身市场定位，充分利用国际资源，以完全市场化的经营策略，建立长远的内容产业发展理念[42]。科普图书出版的市场化重要性在这里得以凸显。

三、科普创作理念与技巧

1. 科普创作的要素

科学性、趣味性和通俗性一直是科普创作的三大要素。关于这三个基本特性如何在一部作品中体现的问题一直吸引着研究者的关注。在一部科普作品中，知识点、趣味点和创新点都不是独立存在的元素。它们贯穿于作品内容之中，融化在过程和细节之间。只有经过作者的精心设计和编织，才能使它们成为一个有机整体。这种设计和编织，既能体现作者的基本功，也是编辑融入自己智慧、为科普作品增加附加值的一个很好的切入点。[43]目前我国科普创作能力薄弱，科普创作理念、手法落后，科普作品总体质量不高、缺乏精品，优秀的原创作品少，科普创作的发展后劲严重不足。出现这种情况的直接原因在于：科普创作者尤其优秀的科普原创作者十分匮乏。一位优秀的科普创作者应当有丰富的知识、娴熟的文笔和对心理学的驾轻就熟，他能把握读者的阅读心理，拨动读者的心弦，这一点在当代科普创作者中尤其难得。

还有学者认为，科普创作不止是对科学事物的形象宣传，而是通过这种宣传，去着力表现自然之美的魅力，使读者在美学快感的审视中，去感悟人文精神的关照，去重新评估自己对生活意义的理解。在科普创作中，应当把对一般事物的描述，变成对事物内涵美的开掘，并把这种开掘尽可能地向人性化、社会化方向发展。科普创作的一个重要特点就是语言的使用。很多作品在语言的表述中只注意它的鲜活性和生动性，忽略了整体意境美的创造；而只有整体意境美的布局，才能使读者形成美学的快感，也才能使一切鲜活生动的语言不再散乱[44]。

2. 科普创作的形式和内容

好的科普作品需要内容和形式的有机结合。科学与文学是有联系的，科学需要文学的想象、文学的思维、文学的审美，科学也需要用文学样式传播，科普作品具有文学之美。阅读教学应以开放心态和广阔的视野，把科普作品的美全方位地展示出来[45]。更有文章以案例的形式，从美国科幻大片《阿凡达》在中国引起巨大反响的现象出发，分析了我国科幻作品中存在的问题和误区；并对如何创新和提高文学类科幻作品的理念和创作进行了阐述[46]。

除了文学手法，图文并茂也一直是科普创作界热衷于使用的方式。学者们承认现在已经进入了“读图时代”，这一新时代对科学传播提出了新的课题。图像不再是文字的附属和点缀，开始担负起传递信息、传播观点的职能。与此同时，泛视觉化倾向却削弱了受众清醒认识世界的能力。有研究者分析了图像的传播特征，研究影像的传播策略，探索视觉时代的科学传播之路[47]。对此，同样有文章借用案例，以科学传播与视觉文化两大理论为研究背景，以两届“全国优秀科普挂图征集评选活动作品选辑”为研究对象，对目前我国的科普挂图从视觉文化的符号学角度进行了研究。文章同时尝试分析其他的科普视觉资料，对如何使其更好地发挥科学传播作用提出了建设性意见。文章认为，在设计挂图时，无论是个人、企事业单位还是政府部门都应该将科普挂图的知识性、科学性与艺术性放到同等重要的地位，而不是将科学与艺术对立起来，要对科普挂图进行更多的视觉表现，提高科普挂图的传播效果[48]。

不论是文学手法，还是图文并茂，都属科普创作内容中的体现形式。然而不管形式有多华丽，科普创作的内容却始终是核心。一篇专门介绍医学科普创作的文章提到，医学科普除了普及医学知识，还应该有更深层次的内容。文章强调要多一些“人文关怀”。生老病死是每个人都绕不开的终极之坎，医患关系亦是当前的社会热点之一。因此，医学科普创作完全可以“人文关怀”的视角审视之并深入其中，从而丰富、创新医学科普创作的选题。比如：精神疾病是一类特殊的疾病，精神病患者作为一个特殊的群体，有着自己“神秘”的精神世界。了解他们，关心他们，就可以帮助人们从原先的歧视和偏见走出来，进而更加关注自己的精神健康[49]。

3. 青少年科普创作理念与技巧

青少年是科普的四大重点人群之一。但是对这 5 年来的科普创作研究文献分析却发现，针对这一类人群的科普创作研究非常少。即便有，也仅仅是从非常片面的角度进行了分析。如，有文章简要分析了当前国内少儿气象科普作品的现状和普遍存在的问题，并结合现有问题和少儿特殊的心理特点提出了少儿气象科普创作要增加想象力和故事性、尽量运用儿童的思维和语言、多采取玩学互动的方式等建议[50]。还有文章以人教版八年级（下册）第三单元的科普作品教学为例，谈如何在语文学科中进行科学教育。通过科普作品的教学来强化学生的科学精神，让学生从科普作品中感觉科学的神奇力量[51]。可以看出，有关这一类科普创作的研究还没有受到足够的关注。

四、科普创作外部环境

科普创作中政府应当承担什么角色？有学者认为，在这一领域，政府最主要的责任是提供政策性支持而非包办这个行业的发展，在我们这个到处需要花钱的国家，政府没有那么大的资金投入能力，也逾越了市场化的规范和政府所应扮演的角色，这种包办下的繁荣是不具有可持续性。对于繁荣科普创作和出版，政府应有更高瞻远瞩的目光和更具战略性的举措。科普创作和出版问题反映的正是我们国家文化品质的某种缺失，也对我们的文化建设提出了迫切诉求。政府在这件事情上责无旁贷，不慕功利的主流价值观应当重塑，抚慰人心的人本理念应当融入民族精神的骨髓中，这也是从症结上解决当前科普创作和出版问题的唯一之道，也是这个国家拥有辉煌前程的不二法则[52]。

此外，还有学者对科普创作相关政策进行了分析。如有人认为，为使科普出版享受科普的税收优惠落实到实处，我国对科普出版的认定制度作了初步安排。然而，原有的科普出版认定制度还存在一些不足，应当在认定制度设计理念、认定范围界定、认定条件的设置、认定主体的设置和认定程序方面加以完善[53]。

五、研究述评

可以看出，近5年来，科普创作研究领域的热点问题主要集中在科普创作史、科普出版理念、科普创作理念、科普创作支撑环境方面。

对科普创作史的研究涉及对不同历史时期科学杂志、期刊、主办人、组织以及出版机构的分析评介，它们都在当时的科学传播中起到过重要作用。文章不仅为科普创作史的研究提供了丰富史料，而且通过以史为鉴，给科普出版和创作人员提供了反观自身的经验借鉴。

对科普出版的研究体现出了这一领域中观念上的变化。对科普创作中存在的问题及解决对策的关注一直是研究者们喜爱的话题。然而，随着科普出版观念的更新，越来越多的人意识到，科普创作不应仅仅是创作主体的表达，还要从受众的需求出发。换位思考，既对科普创作者，也对科普出版人提出了不同以往的要求。科普创作不仅仅是写作者的事情，从一本书的选题策划到出版营销，每个环节都是创作过程的有机构成，决定着作品的成败。并且，新兴媒体的介入极大改变了传统科普创作的内容、形式、传播渠道等，不少文章从这些角度对传统科普出版的观念进行了更新。

对科普创作理念和技巧的探讨则从科普创作的基本要素、形式和内容、不同作品的创作技巧等角度展开，对科普创作的内在特征进行了剖析。

除此之外，有研究者认识到，营造良好的外部环境对于科普创作具有重要的促进作用，应该充分发挥政策引导、经费投入、奖惩激励的杠杆调节作用，为科普创作“招才纳贤”。

应该说，近年的科普创作研究视野比较全面，然而深度还有待挖掘。一些文章指出了科普创作的问题所在，也提出了相应的解决对策，但分析的不够透彻、阐述的不够具体，针对科普创作观念如何更新、人才如何培养、作品内容形式如何完善等一系列问题，还需要有进一步的理论探讨才有实际意义。

参考文献

[1] 陶贤都，邱锐．五四时期《东方杂志》的科学传播［J］．科学技术哲学研究，2011，28（6）：68—72．

[2] 隋明晓．五四时期《科学》广告的科学传播功能［J］．科普研究，2010，5（2）：43—48．

[3] 陶贤都，李浩鸣．《科学的中国》与中国近代科学传播［J］．自然辩证法通讯，2008，30（4）：49—52．

[4] 白秀英．《少年中国 · 相对论号》的科学传播与创造［J］．西北大学学报（自然科学版），2011，41（6）：1117—1121．

[5] 白秀英，姚远．《少年中国》与其自然科学传播［J］．中国科技期刊研究，2012，23（3）：513—516．

[6] 陈镱文，姚远，曲安京．杜亚泉主编的 3 刊及其科学传播实践［J］．编辑学报，2009，21（2）：109—111．

[7] 王强，姚远，傅兰雅之．《格致汇编》及其科学传播实践［J］．西北大学学报（自然科学版），2007，37（3）：511—516．

[8] 刘洪，王强．徐寿与《格致汇编》及其对科学传播事业的贡献［J］．编辑学报，2010，22（3）：205—207．

[9] 许海生．浅谈我国的经典科普图书［J］．青春岁月，2011（6）：89．

[10] 刘树勇，张文秀．高士其的科普创作思想［J］．科普研究，2009，4（21）：77—80．

[11] 刘维维．叶至善科普图书出版理念初探［J］．出版史料，2010（2）：73—74．

[12] 潘涛．从“科普”到“科文”——商务印书馆 50 年来的科学传播［J］．科普研究，2008，3（4）：27—30．

[13] 刘新芳，史玉民．1949—1965 年全国科普图书统计研究——基于《全国总书目》的计量分析［J］．学术界，2009（2）：246—251．

[14] 姚远，陈镜文，许国良，于方．建国初期大学自然科学学报及其科学传播［J］．中国科技期刊研究，2008，19（2）：306—310．

[15] 福建省科普作协．福建省科普创作理论与实践发展报告［J］．海峡科学，2010（1）：124—131．

[16] 颜实．探索科普出版繁荣之路［J］．博览群书，2011（3）：4—8．

[17] 王慧．科普出版：我们缺少的是什么［J］．出版发行研究，2007（7）：35—37．

[18] 吕韶伟．关于我国科普图书出路的思考［D］．长春：东北师范大学，2009：6—27．

[19] 吕晓媛．当代科普图书创作现状与问题刍议［J］．科技与出版，2009（3）：57—59．

[20] 杨越朝，王久红．医学科普图书加工编辑的培养思路——人民军医出版社 1+N 编校模式的演绎［J］．科技与出版，2010（2）：38—40．

[21] 周玲．科普图书突围的三大策略［J］．科技与出版，2009（2）：10—11．

[22] 曹轲．《南方都市报》科学传播案例解析［J］．中国记者，2011（3）：78—79．

[23]李辉.《追星》的历程，“追星”的历程——记卞毓麟荣获国家科技进步奖二等奖科普作品《追星——关于天文、历史、艺术与宗教的传奇》[J]．世界科学，2012（3）：24—27.

[24]尹传红．更注重科学方法的传播——由《科学家讲科学》丛书获奖谈科学家与科普创作[J]．科普研究，2011，6（6）：92—96.

[25]单之蔷．让科学插上传媒的翅膀——《中国国家地理》杂志对科学传播规律的探索[J]．科普研究，2010，5（5）：94—96.

[26]王梅．做科普图书的几点体会——以《房屋抗震知识读本》为例[J]．科技与 出版，2009，（8）：11—12.

[27]刘萍．都市类报纸科学传播现状与对策建议——以《大连晚报》和《半岛晨报》为例[J]．青年记者，2009，（3）：12—13.

[28]彭岩．科普图书的现状与发展策略[J]．观点，2010（8）：56—57.

[29]陈芳烈．科普图书原创刍议[J]．科技与出版，2007（5）：12—13.

[30]王慧．科普出版：我们缺少的是什么[J]．出版发行研究，2007（7）：35—37.

[31]陈芳烈．科普图书原创刍议[J]．科技与出版，2007（5）：12—13.

[32]宋亚利．中高端科普图书市场受众调查——上海科技教育出版社案例研究[D]．保定：河北大学，2009：3—33.

[33]刘兵，宋亚利，潘涛，褚慧玲．谁是中高端科普图书的读者——上海科技教育出版社案例研究[J]．科普研究，2009，4（1）：10—16.

[34]张延扬．科普图书要在传授实用技术上下工夫[J]．编辑之友，2010（10）：6—7.

[35]王藏，傅苄．科普出版必须贴近读者，融入市场[J]．科技智囊，2008（10）：49—51.

[36]刘中侠，蒋诗泉．事件营销在科普图书营销中的应用[J]．铜陵学院学报，2010（4）：11—12.

[37]李海宁．科普图书出版的现状分析[J]．编辑之友，2010（10）：24`—25.

[38]蔡迎春，史艳芬，戴建国．科普图书出版及馆藏情况实证调研——以2007—2008年沪版科普图书为例[J]．图书馆建设，2010（9）：32—35.

[39]郭晶．新媒体环境下的科普[J]．出版科技与出版，2009（2）：6—7.

[40]陈桃珍．改革开放30年引进版科普图书出版研究[D]．长沙：湖南师范大学，2009：1—12.

[41]吴昀．出版企业应成为科普图书出版的助推器[J]．科技与出版，2010（9）：58—60.

[42]白林．出版业转型背景下的科普图书出版[J]．策略科技与出 版，2011（9）：22—24.

[43]陈芳烈．科普作品中的知识点、趣味点、创新点[J]．科技与出版，2009（2）：4—6.

[44]谢旭成．科普作品的“一般到优秀”[J]．科普研究，2007，2（1）：79—80.

[45]周振芳．让科普作品显灵光——科普类作品审美视界的拓展及教学思路的敞亮[J]．江苏教育小学教学版，2009（4）：29—31.

[46]洪耀明．文学类科普创作的创新思考——从电影《阿凡达》说起[J]．海峡科学，2012（3）：111—112.

［47］董宇翔，曲小敏．读图时代的科学传播现状及策略［J］．科普研究，2011，6（4）：26—31.

［48］赵延平．科普挂图的科学传播和视觉文化分析［D］．保定：河北大学硕士论文，2009：13—47.

［49］姚革．医学科普创作选题创新的原则与途径［J］．出版参考，2008（1）：25.

［50］程莹，马辛宇．关于少儿气象科普创作的理念探索和建议［J］．科普研究，2009，4（5）：84—87.

［51］龙明玉．浅谈科普作品的教学［J］．文学教育，2008（4）：42.

［52］谢小军．文化视角解读我国科普创作问题［J］．科普研究，2010，5（1）：66—67.

［53］张义忠，任福君．科普税收优惠制度实施中我国科普出版认定制度审视［J］．科普研究，2010，5（3）：63—67.

第九章
大众传媒科普研究进展

中国科普研究所　颜　燕

2002 年，《中华人民共和国科学普及法》颁布实施，规定新闻出版、广播影视、文化等机构和团体应当发挥各自优势做好科普宣传工作。2006 年，《全民科学素质行动计划纲要（2006—2010—2020 年）》“大众传媒科技传播能力建设工程”对提升大众传播的科技传播能力作了整体设计，之后的“大众传媒科技传播能力建设工程实施方案”以及“加强国家科普能力建设的若干意见”等文件都对如何提升大众传媒科技传播能力提出了若干措施。大众传媒之于科技传播的重要性在政策上达到了最高点，相应的研究也在 2007 年实现了突破性的增长。

本文大众传媒的范围界定在电视、图书、报纸、期刊、网络五类媒体，时间范围为 2008—2011 年，分析样本来源于中国知网《中国学术文献网络出版总库》中全部与大众传媒科技传播与普及相关的研究论文。获取这些论文时，我们以媒体、传媒、媒介、电视、图书、报纸、期刊、网络八个主题词分别配合科技传播、科学传播、科普、科学普及、科学素质进行检索，共计获得研究论文 500 篇以上①，与 2001—2007 年的 192 篇相比，有了大幅增长。

美国学者 H. 拉斯维尔于 1948 年在《传播在社会中的结构与功能》一文中首次提出了构成传播过程的五种基本要素，并按照一定结构顺序将它们排列，形成了后来人们称之“五 W 模式”或“拉斯维尔程式”的过程模式。这五个 W 分别是英语中五个疑问代词的第一个字母，即：Who（谁）、Says What（说了什么）In Which Channal（通过什么渠道）、To Whom（向谁说）、With What Effect（有什么效果）。这一模式比较全面地概括了传播过程中的诸组成部分，本文试图借用这一模式，展现 2008—2011 年研究者对大众传媒的传播主体、内容、渠道、受众、效果进行研究的情况。在实际的研究中，传播过程诸要素间时有交叉，其中的每项研究可能都涉及多个要素，只是会有更侧重于哪个方面的区分。我们为便为分析，根据侧重点的不

① 为保证检索词所检索内容的全面性，我们同时以频道、栏目、节目、书刊、报刊、互联网等多个相关词汇进行检索，所得内容基本包含在正式采用的八个检索词中。

同，将所有研究归类于传播主体研究、传播内容和渠道研究、传播受众研究、传播效果研究四个方面。期望这一梳理工作有利于我们更好地了解大众传媒科普的研究动态，把握研究的发展趋势。

一、研究情况

1. 传播主体研究

传播者是传播活动的起点，传播者可以是个人，科技传播与普及中的传播者是科技传播期刊编辑，科技记者，科普片导演、主持人、制作人等，他们是组织化了的职业传播者，他们制作、传播信息；也可以是科学家、一般公众等利用媒体进行科技传播与普及的人。传播者也可以是科技报社、科教电视频道、科普出版社、科教电影公司等媒介组织，我们将这一部分并入传播渠道方面，电视台就是电视这一渠道存在的实体，出版社是图书这一渠道的实体，依此类推。

从科技传播与普及角度对传播主体进行考察的研究不多，对科普节目制作人，科普图书、报刊编辑的研究，多注重电视、编辑职业本身，与科普相关度不大。未见有专门文章对公众如何利用媒体开展科学传播与普及进行研究，对科学家如何利用媒体的研究也仅有孙业帅所做的硕士学位论文，及在此基础上所发表的两篇文章，对 257 名中国科学院院士和中国工程院院士进行了调查，从对大众传媒的接触和关注、对大众传媒的认知和评价、利用大众传媒的行为和态度三个方面探讨了院士的媒介素养，研究发现，院士群体更倾向于从传统媒体获取信息；其参与媒体科学传播的热情和利用媒体传播的能力都需要进一步提高[1]。

2. 传播渠道和内容的研究

这里的传播渠道是指传播主体以哪种媒介，是电视、网络，还是图书、期刊，通过哪些形式向大众进行科普，它既指电视、广播、图书、报纸、期刊、网络本身，也指承担起上述媒介具体科普功能的某个电视栏目、节目，某本图书，某个报纸专栏等一些具体的媒介形态。内容是传播的核心要素，离开富有科学性、教育性的科学内容，科学技术传播与普及的渠道和形式就失去了意义，因此多数对传播形式的研究都离不开对内容的研究，我们将渠道和内容的研究一起进行综述。

这类研究占大众传媒科技传播与普及研究的大多数，可以分为以下几个方面。

（1）综合研究

这类研究通过分析科技传播与普及的媒体传播渠道和传播内容的现状、发展及存在的问题，提出若干促进科技传播与普及的措施，如颜燕、陈玲[2]对我国电视科普栏目的播放、制作、内容等情况进行了调查和分析，发现科普栏目设置量少，播放时间比例低，制作能力有限，收视率低，认为人财物的缺失、制播体制的制约、评价体系的不完备阻碍了我国电视科普的发展，提出提高制作能力，提供政策保障并加大资金投入的应对措施。周玲[3]认为科普图书表面繁荣的背后，隐藏着危机，她提出阅读市场亟需培养、缺乏优秀的作者队伍、图书内容比较陈旧等观点。苏冰[4]的研究认为科普网站的内容缺乏原创性、网络优势未得到充分发挥、服务功能有待加强，提出建设和培养优秀网络科普人才队伍、完善网站科普功能和服务功能、提高公众网络素养的建议。来英、周荣庭[5]通过对选取的16份报纸进行研究，发现科普类文章登载量较少，都市报、晚报类科普内容占比例尤低；以普及科学知识为主要题材，科技宣传受忽视等问题。

（2）个案研究

个案研究指以某个电视栏目、某本期刊、某个网站等为对象进行的研究。如张蕊对央视《走近科学》[6]栏目、李媛对新浪网科技频道[7]、王立花对《时间简史》畅销[8]、王煜对《电脑报》的研究[9]，尤其需要指出的是，在期刊的个案研究中有一大批对早期科普期刊的研究，对新中国成立初期的大学学报以及《科学》[10]、《格致汇编》[11]、《少年中国·相对论号》[12]、《博物学会杂志》[13]等期刊的科技传播情况进行专门研究，这是西北大学在在姚远教授的领导下长期从事科技期刊史研究的成果，为了解早期科普期刊的科学传播与普及提供了重要资料。

（3）专题研究

这类研究中，电视多集中于气象科普节目、防灾科普节目的研究。如侯蓉、呼东燕[14]对突发性灾难事件电视科普的研究；图书多集中于少儿科普图书、医学科普图书，如张天竹[15]对少儿科普图书表现形式的研究、包红梅，刘兵[16]对蒙文医学科普图书的研究；报纸方面的研究有刘友琼[17]对报纸诺贝尔科学奖报道研究、常小婉[18]对平面媒体糖尿病报道内容分析的研究等。

3. 传播受众的研究

受众，是主动的信息接收者、信息再加工的传播者和传播活动的反馈源，是传播活动产生的动因之一和中心环节之一，在传播活动中占有重要的地位。近年来，单一的自上而下的科学传播与普及方式已经为对话、交流、参与的方式所代替，这已成为业界的共识，人们开始对传播的接受者——受众重视起来，并出现对科普受众的研究。作为大众传媒而言，虽然它是公众获取科技信息的主渠道，但只有了解受众的需要，制作符合受众需求的产品，为受众所接受才能最终实现自己的价值。这里受众的研究，主要指受众的动机、需求的研究。

邓晓芳[19]以大学生群体为研究样本，采用实证研究方法，随机抽取了西安的5所高校，通过调查和访谈了解大学生的网络行为特征、他们对网络科学知识信息的需求及特点，以及对网络科技传播与普及内容的态度。黄时进[20]通过对上海地区社区居民的调研，揭示科学传播实践如何通过网络满足受众的需要；如何提高受众通过网络获取科技发展信息需求的满意度，以及解答受众通过“因特网”获得科技发展信息的比例相当的低的原因。宋亚利[21]以及刘兵、宋亚利、潘涛、褚慧玲[22]通过对上海科技教育出版社邮购读者信息数据库的基础之上的量化研究调查以及对购书者的问卷调查，研究分析了受众喜欢什么样的科普图书和喜欢科普图书的是什么样的受众的问题。

4. 传播效果研究

传播效果是指传播主体通过传播渠道所传播的内容对受众的思想观念、行为方式产生了哪种改变，也包括对社会造成了哪些影响。效果研究是对上述四个要要素的一个总结和评定，是传播研究领域中历史最长、争议最大、最有现实意义的环节。研究者已经建立了丰富的效果研究的理论模型，为大家所熟知的魔弹论、使用与满足论、创新与扩散理论等。可以说效果研究是传播五要素中理论基础最丰富的要素，但大众传媒科技传播与普及效果的研究并未因此而变得理论性很强，研究角度丰富。我们认为，这一定程度的上是因为科技传播与普及的效果还较弱；另一方面是因为，科技传播与普及的效果很难从诸多社会因素中分离出来单独评定。

姚望[23]通过对345名学生的问卷调查及对科教节目爱好者——一名初中生的个案研究，发现电视科教节目对青少年科学素质形成的影响。蒋晶丽[24]则通过理论分析，层层深入地阐述了什么是电视科技传播效益；它能实现哪些类型的效益；它有哪些影响因子以及如何提升我国的电视科技传播效益。马明辉[25]认为科学阅读应承载强大的教育功能，科学阅读应是小学科学教育的重要组成部分，但事实上这一功能未能充分发挥。李明德等人[26]通过调查研究发现，媒体的信息传播功能没有充分发挥，农业科普期刊缺乏鲜明特色，农村电视节目资源匮乏，广播脱离农村实际，电脑普及率低影响传播效果等。王苏舰[27]等人认为我国网络科普的功能尚未完全发挥。

二、研究评述

1. 研究远未成熟

大众传媒科技传播与普及的研究成果虽然涉及了传播五要素中的全部要素，但多数研究还停留在表层研究，甚至有些方面的研究还廖若辰星，如对传播主体的研究。而实际的传播活动的要素，还涉及传播背景、传播制度建设等方面，这些研究我们都还未发现。可以说，大众传播科技传播与普及的研究还处在研究起始阶段，研究不够丰富，更远未成熟。

2. 没有形成完整的理论体系

近年来，科技传播与普及的受关注度虽然日益上升，但其至今仍未成为一个学科，没有一定的学科建制，相应的概念界定都较模糊，也没有扎实的理论基础，这使得以科技传播与普及角度进行的大众传媒的研究缺乏理论支撑，只能就事论事，难有深度。而无论从传播学、电视学等角度进行了研究，往往都会偏离科普这一核心。理论建构没有“搭”起来，很难出现有深度的研究。

3. 研究角度和方法单一

目前的研究多从现实的需要出发，认为当前大众传媒对科学传播与普及的意义重大，应给予充分的重视，并提出一系列用于提升大众传播科技传播与普及能力的对策和建议，使用的方法多是分析阐述，采用科学实证的方法较少。特别是对效果的研究，科学实证的研究方法尤其重要，仅凭个人的喜好和不科学的经验很难推及众人及社会。

4. 实践工作者的文章占大多数，专业研究人员著作少

从上文的分析可以看出，硕士研究生论文在大众传媒科技传播与普及的研究中占有相当大比例，这是一个可喜的变化，但同时也发现，未有一篇博士论文做这方面的研究。同时，这些硕士研究生对这一主题的研究往往是始于硕士论文也终于硕士论文，还未发现有进一步研究而成专业传媒科普研究人员的。而期刊的文章，除一部分是硕士论文的副产品外，其他文章的作者多数是实践工作者，比如电视从业人员、科普期刊杂志报纸的编辑等，专业从事媒体科普的研究者的文章很少。这也使得形成媒体科普理论，丰富研究角度和方法更加困难。

参考文献

[1]孙业帅．院士与媒体科学传播互动研究——基于媒介素养的视角［D］．中国科学技术大学，2009；詹正茂，舒志彪．大众传媒对院士科学传播行为的影响分析［J］．华中科技大学学报，2008，22（5）：63—67；詹正茂，舒志彪．院士媒介素养调查［J］．科学学研究，2009，27（6）：826—831.

[2]颜燕，陈玲．我国电视科普栏目的现状及发展对策［J］．中国科技论坛，2010（5）：84—90.

[3]周玲．我国科普图书发展现状分析［J］．管理观察，2009（1）：192.

[4]苏冰．我国科普网站现状与对策研究［D］．合肥：中国科学技术大学，2009.

[5]来英，周荣庭．我国报纸科学传播能力调研报告［J］．青年记者，2008（17）：59—60.

[6]张蕊．央视《走近科学》栏目研究［D］．石家庄：河北大学，2010.

[7]李媛．新浪网科技频道研究［D］．长沙：湖南大学，2010.

[8]王立花．从科学传播的视角审视《时间简史》之畅销［D］．石家庄：河北大学，2008.

[9]王煜．《电脑报》的科技新闻传播特色探析［D］．上海：复旦大学，2010.

[10]姚远，刘小燕．《科学》与其科学观念的传播［J］．商洛学院学报，2011，25（1）：3—11.

[11]杨丽君，赵大良，姚远．《格致汇编》的科技内容及意义［J］．辽宁工学院学报（社会科学版），2003（2）：73—75.

[12]白秀英，姚远．《少年中国·相对论号》的科学传播与创造［J］．西北大学学报（自然科学版），2011，41(6)：1117—1121.

[13]李楠，姚远．《博物学会杂志》与其生物学知识传播［J］．中国科技期刊研究，2011，22（6）：991—994.

[14]侯蓉英，呼东燕．突发性灾难事件的电视科普节目研究——以5·12汶川大地震央视媒体报

道为例［J］. 华北科技学院学报，2008，5（3）：119—124.

［15］张天竹. 关于少儿科普图书表现形式的调查和分析［J］. 东南传播，2009（3）：128—130.

［16］包红梅，刘兵. 蒙文医学科普图书调查研究［J］. 自然辩证法通讯，2011，33（6）：89—95.

［17］刘友琼. 报纸诺贝尔科学奖报道研究［D］. 长沙：湖南大学，2011.

［18］常小婉. 我国平面媒体糖尿病报道内容分析——健康传播学的视角［D］. 长沙：中南大学，2009.

［19］邓晓芳. 互联网时代科学传播的受众研究——基于西安大学生的实证研究［D］. 西安：西北大学，2011.

［20］黄时进. 网络时代科学传播受众的“使用与满足”——一项关于上海社区居民网络使用的实证研究［J］. 新闻界，2008（6）：54—56.

［21］宋亚利. 中高端科普图书市场受众调查［D］. 石家庄：河北大学，2009.

［22］刘兵，宋亚利，潘涛，褚慧玲. 谁是中高端科普图书的读者？——上海科技教育出版社案例研究［J］. 科普研究，2009，4（1）：10—16.

［23］姚望. 电视科教节目对青少年科学素养形成的影响研究［D］. 北京：北京师范大学，2008.

［24］蒋晶丽. 中国电视科技传播效益研究［D］. 长沙：湖南大学，2008.

［25］马明辉. 我国科普读物教育功能的缺失及解决策略——科学教育视阈下的科学阅读［J］. 出版广角，2011（4）：60—61.

［26］李明德，杨凌裕，张行勇. 农业科技传播效果分析——以科普期刊等传播媒介为例［J］. 中国科技期刊研究，2010，21（5）：5—10.

［27］王苏舰，张 微，董晓晴，吴琼. 我国网络科普信息资源配置与评价研究的基础与现状［J］. 情报理论与实践，2010，33（6）：46—48.

第十章
科普基础设施研究进展

中国科普研究所　李朝晖

科普基础设施是科学技术普及工作的重要载体，是为公众提供科普服务的重要平台，是国家公共服务体系和国家科普能力建设的重要组成部分。科普基础设施同时也是科普资源的重要组成部分，是实现科普功能的重要保障，具有鲜明的公益性特征。公众通过利用各类科普基础设施，了解科学技术知识，学习科学方法，树立科学观念，崇尚科学精神，提高自身的科学素质，提升应用科学技术处理实际问题以及参与公共事务的能力。

科普基础设施作为一个行业术语出现，主要是在《科普基础设施发展规划（2008—2010—2015）》颁布之后。在此之前，常用"科普场所"、"科普场馆"、"科普设施"等名词表达相近的含义。依据《科普基础设施发展规划》，科普基础设施主要包括科技类博物馆、基层科普设施、数字科技馆以及其他具备科普展示教育功能的场馆和设施等类型。

科技类博物馆主要指以面向社会公众开展科普教育为主要功能，主要展示自然科学和工程技术科学以及农业科学、医药科学等内容的博物馆，包括科学中心（科技馆）、自然类博物馆（自然博物馆、天文馆、地质博物馆等）、工程技术（专业）科技博物馆等。基层科普设施主要指在我国县（市、区）及乡镇（街道）和村（社区）等范围内进行科普展示、开展科普活动的科普场馆（所），包括科普活动站（活动中心或活动室）、社区科普学校、科普园区、科普宣传栏（科普画廊）、科普大篷车等设施。数字科技馆主要指运用现代信息技术，整合、开发相关网络科普资源，以互联网为平台面向公众开展科普教育活动，包括数字科技馆、科普网站、综合网站的科普频道等。其他科普设施主要指依托教学、科研、生产和服务等机构，面向社会和公众开放，具有特定科学技术教育、传播与普及功能的场馆、设施或场所，一般情况下特指科普教育基地。

本研究报告是承续《中国科普研究进展报告（2002—2007）》的研究专辑。在《中国科普研究进展报告（2002—2007）》中没有科普基础设施研究进展的专题，但设有自然科学博物馆研究进展专题。自然科学博物馆是科普基础设施与科技类博物馆的主要组成部分，因此科技类博物馆的研究仍遵循前例，研究时间跨度为 2007—2012 年；其他科普基础设施的研究时间跨度则相对较为宽松。

基于此，本研究分别以“科普基础设施”、“科普设施”、“科普场馆”、“科普场所”、“科技类博物馆”、“科技馆博物馆”、“科技馆”、“行业博物馆”、“行业科技博物馆”、“专题博物馆”、“自然博物馆”、“自然科学博物馆”、“基层科普设施”、“科普大篷车”、“科普活动站”、“社区科普学校”、“社区科普大学”、“科普宣传栏”、“科普画廊”、“网络科普设施”、“数字科技馆”、“科普网站”、“科普教育基地”、“科普示范基地”等为“题名”、“关键词”在中国期刊网全文数据库中检索、筛选出与科普基础设施有关的文章，然后选择与科普相关的研究性论文进行分析与研究。

纵观我国学者针对科普基础设施开展的研究，很大一部分是对相关实践的经验总结，另外一部分是基于实践经验总结，提出一些想法与观点以谋求指导科普基础设施更好地健康发展。对科普基础设施及其发展开展基础理论性的研究很少。这可能也是我国科普研究领域的一大特色。

一、整体性研究分析

科普基础设施作为科普场馆与设施的统称出现的时间较晚，学者对科普基础设施的整体性研究相对较少。在科普基础设施作为行业术语没有出现之前，学者主要聚焦于科普场馆如科技馆、自然博物馆等科普场馆的研究，较少将科普场馆作为科普基础设施的一个组成部分并研究科普基础设施的整体状况。

对科普基础设施的整体性研究，学者主要集中在我国科普基础设施的基本类型与功能[1, 2]、发展状况及其监测评估[3—8]、管理运行机制[9—13]、发展面临的主要问题[2—4, 7, 14, 15]及未来的对策[2—4, 7, 14, 16]。从这些学者的研究分析中可以看出，尽管我国科普基础设施的发展已经取得了不错的成绩，并仍保持着良好的发展态势。但是，不论是宏观层面还是微观层面，困扰我国科普基础设施健康发展的问题都十分突出。宏观层面表现在缺乏全局统筹规划导致区域发展不平衡、各类设施之间的发展不平衡；微观层面表现为管理机制僵化、运行经费不足、专业人员匮乏、理论研究滞后。随着我国科普基础设施的进一步发展，阻碍其健康发展的因素将会越来越深刻地影响我国科普基础设施的可持续发展。因此，这些学者也都开出了自己的“药方”，如深化管理体制机制改革，完善经费、人员的管理，积极发展网络科普阵地以适应我国信息社会的发展，等等。

二、专题研究分析

本部分将按照《科普基础设施发展规划（2008—2010—2015）》中的分类，对我国科普基础设施开展的学术研究进行专题分析。

1. 有关科技类博物馆的研究分析

科技类博物馆是我国科普基础设施的主要组成部分，是科普基础设施的“旗舰”和“领头羊”，同时因为科技类博物馆自身发展历时的悠久，这些都吸引了很多学者以科技类博物馆为对象开展研究、分析（仅以“科技馆”为主题词在“中国知网”检索2007—2012年发表在学术期刊的论文就多达1386篇）。相关研究涉及了科技类博物馆的方方面面，综合这些研究，主要集中在现状分析与研究[2—4，17—20]、建馆理念与发展趋势研究[21—26]、科学教育理念研究[27—39]、展览展品设计理念研究[40—56]、运行管理研究（包括运营、评估考核、经费支持等）[57—69]，以及由于博物馆免费开放引发了一些学者对科技馆的免费开放研究[70—72]，等等。

综合这些研究，可以得出，近些年我国科技类博物馆的发展迅速，在看重场馆规模等硬环境建设的同时，也更注重场馆内容等软环境的建设，注重场馆科普能力的实效建设。研究认为现阶段我国科技类博物馆正处于发展中的转型期，形式上逐渐转向专题馆，内容建设走向主题化，以人为本的服务理念正渐渐树立，信息技术的应用越来越普遍，开展的科普活动越来越受到欢迎，引导观众探究式学习开始兴起，公众的参与体验需求能够得到更多的满足，人文气氛也在逐渐增加。但同时也发现，有关科技类博物馆的研究虽然在数量上呈现大幅增长态势，在研究水平上也有相当程度的提升。但是，总的来说，原创性的研究较少，相关理论的突破不多。

2. 有关基层科普设施的研究分析

尽管我国基层科普设施这些年发展较快，但是针对其展开的研究却不多。目前已展开的研究，主要集中在基层科普设施的自身职能与社会职能[73—76]、如何利用社会资源共建共享[77—79]、如何有效开展科普服务[78—80]，及其展示设计[81]、传播效果[82]和运行管理的调查研究[83—85]。这其中既有典型案例的研究，也有区域性的综合分析。这些研究，几乎都是对我国基层科普设施建设实践的经验总结，还远没有上升到理论层面。

作为我国科普基础设施的第一部系列研究报告，《中国科普基础设施发展报告》从2009年版开始，连续3年对我国基层科普设施建设情况、运营状况以及发展面临的问题和将来的发展对策，都做了较为深入细致的研究[2—4]。

但是，总的来说，不论是研究视角，还是研究方法，针对基层科普设施开展的研究还很少，研究基础还很薄弱。

3. 有关数字科技馆的研究分析

数字科技馆是随着网络技术的兴起与普及而诞生的一类新型的科普设施。由于其与网络的关系十分密切，于是有学者将科普网站与数字科技馆合称为网络科普设施[2]。而在我国科普实践中，科普网站与数字科技馆之间并无十分明确的界定标准，可以视数字科技馆为一类较为特殊的科普网站。随着我国网络相关技术的快速发展和网络普及率越来越高，网络越来越成为我国公众了解和认识世界的一个重要窗口，也将日益成为一个重要的科普服务平台[4，86]。

利用网络开展科普服务，是网站在信息社会的一个天然优势，同时也是其使命。越来越多的学者认识到了这个问题并展开相关研究。总地的说，针对科普网站或数字科技馆的研究，从网站的科普功能定位[87，88]，科普内容和形式的选择[89—93]，到技术实现途径[94—97]及总体发展情况[98—102]等都有涉及。一些学者也提出了一些很好的观点和建议。

中国数字科技馆是我国科普网站和数字科技馆建设理论与实践的优秀代表，作为主要参与者，张小林对我国的科普网站和数字科技馆有深刻的认识。为此，她先后在《科协论坛》和《科普研究》上发表了4篇论文[103—106]，探讨了我国网络科普和数字科技馆的发展现状与应对之策。另外，《中国科普基础设施发展报告》系列连续3年对我国网络科普基础设施总体发展情况、内容建设情况、区域分布情况以及优秀案例等，也都做了较为深入全面的介绍[2—4]。

这些研究对促进我国科普网站和数字科技馆的快速高效发展，起到了较好的指导作用。对于促进科普服务的均等性、全国公民科学素质的整体提升，也都起到了较好的推动作用。

4. 有关科普教育基地的研究分析

科普教育基地是一类混合类型的科普基础设施，是利用社会相关设施开展科普服务的一种社会化模式。由于科普教育基地的科普工作没有受到足够的重视，针对其开展的相关研究工作也比较少（科普教育基地的一个重要组成部分是科技类博物馆，已列入科技类博物馆的研究分析中，故在此不再计入）。总结起来，对于科普教育基地的研究，主要集中在如何更有效地开展科普工作[107，108]，发展情况、面临的问题及发展对策[109—116]，以及人才队伍建设[117，118]等方面。这其中，既有区域性的研究，也有行业性的研究，同时也有典型案例的研究。

通过这些研究可以看出，我国科普教育基地目前处在一个较好的发展时期，但是面临的问题也较为突出，专项科普经费的不足和专业科普人员的匮乏导致科普教育基地的科普服务能力提升缓慢，已经事实上制约了科普教育基地科普活动的开展。目前亟需出台更为灵活更符合实际需要的政策法规，引导科普教育基地科学的管理规范建立，促进其可持续发展。此外，《中国科普基础设施发展报告》系列连续3年对我国科普教育基地的总体发展情况、分布情况及其科普能力建设情况等，做了较为深入全面的分析和研究[2—4]。

三、研究评述

由于我国科普基础设施发展的不平衡，导致了对其研究的比例也呈现严重不平衡状态。科技类博物馆一直深受研究人员的重视，对其的研究视角和方法几乎全覆盖；而扎根广大基层的科普设施却没能随着其大发展的趋势，大步进入研究人员的视野；科普教育基地也因为其特别的身份致使对其的研究不多；科普网站和数字科技馆因为当前网络技术的迅猛发展与网络的快速普及，而受到了研究人员越来越多的关注，其重视程度堪可比肩科技类博物馆。这可能也从另一方面表明，科技类博物馆仍然是我国主要的传统型科普基础设施，而科普网站和数字科技馆将是我国未来主要的新型科普基础设施。

就研究本身而言，总的来说，对我国科普基础设施的研究，实践层面的研究居多，理论层面的研究较少；低水平的研究居多，高水平的研究较少，而具有独创性的研究和理论突破性的研究则少之又少。这些研究虽然在一定程度上促进了我国科普基础设施的建设，起到了较好的指导作用。但是，我国科普基础设施的理论研究已严重滞后于其实际发展。现阶段，亟需大力加强我国科普基础设施的理论研究，形成更为丰富的理论体系、更符合实际需要的理论思想指导我国科普基础设施的实践建设，使其全面、协调、可持续发展。

参考文献

[1] 任福君，翟杰全. 科学传播与普及概论 [M]. 北京：中国科学技术出版社，2012.

[2] 任福君. 中国科普基础设施发展报告（2009）[M]. 北京：社会科学文献出版社，2010.

[3] 任福君. 中国科普基础设施发展报告（2010）[M]. 北京：社会科学文献出版社，2011.

[4] 任福君. 中国科普基础设施发展报告（2011）[M]. 北京：社会科学文献出版社，2012.

[5] 李朝晖，任福君. 从规模、结构和效果评估中国科普基础设施发展 [J]. 科技导报，2011，29（4）：64—68.

[6] 李朝晖. 从公民科学素养调查结果看我国科普基础设施的发展 [C] // 中国科普研究所. 中国科普理论与实践探索——2011《全民科学素质行动计划纲要》论坛暨第十八届全国科普理论研讨会文集. 北京：科学普及出版社，2011：245—250.

[7] 谢起慧. 我国科普场馆建设的现状与思考 [J]. 海峡科学，2012(3)：92—94.

[8] 李朝晖，郑念，任福君，刘孝廷. 科普基础设施建设监测评估机制构想 [C] // 中国科普研究所. 中国科普理论与实践探索——2009《全民科学素质行动计划纲要》论坛暨第十六届全国科普理论研讨会文集. 北京：科学普及出版社，2009：128—133.

[9] 李朝晖. 科普基础设施专业人才建设机制刍议 [C] // 第十三届中国科协年会第 21 分会场——科普人才培养与发展研讨会论文集. 2011.

［10］吴金希，彭锐．我国科普基础设施管理运行机制中存在问题分析［J］．科普研究，2007，2（6）：52—57．

［11］吴金希．改善我国科普基础设施管理运行机制的几点政策建议［J］．科普研究，2009，4（1）：36—41．

［12］李健民，刘小玲，张仁开．国外科普场馆的运行机制对中国的启示和借鉴意义［J］．科普研究，2009，4（3）：23—29．

［13］孙莹．科普场馆教育功能的类型及其实现机制［J］．理论导刊，2012（2）：99—102．

［14］朝晖，任福君．我国科普基础设施建设存在的问题与思考［J］．科普研究，2011，6（2）：17—21．

［15］李朝晖．我国科普基础设施发展面临的挑战［J］．科协论坛，2012（1）：45—46．

［16］李朝晖．我国科普基础设施健康发展的对策［J］．科协论坛，2012（6）：39—40．

［17］我国科技类博物馆现状及发展对策研究课题组．我国科技类博物馆现状调研报告［J］．科普研究，2009，4（4）：36—40．

［18］谢莉娇，徐善衍．我国科技类博物馆发展的现状分析和问题思考［J］．科普研究，2010，5（4）：35—40．

［19］郑念．全国科技馆现状与发展对策研究［J］．科普研究，2010，5（6）：68—74．

［20］孟庆金，杨德礼．中国大陆地区自然博物馆现状及发展趋势［J］．中国博物馆，2009（1）：72—81．

［21］梁兆正．对科技馆建设理念和建馆模式的探讨［J］．科普研究，2010，5（1）：53—57．

［22］梁春花．关于科技馆可持续发展的几点思考［J］．科普研究，2010，5（2）：66—71．

［23］吴建国．建设可持续发展科技馆的几点思考［J］．科普研究，2010，5（4）：40—44．

［24］李瑞宏，方家增．科技馆建设理论与实践的探索［J］．科普研究，2010，5（5）：49—54．

［25］楼锡祜．自然保护区的自然博物馆刍议［J］．中国博物馆，2008（4）：31—35．

［26］徐善衍．关于科技馆发展趋势和特点的思考［J］．科普研究，2007，2（4）：15—20．

［27］钱雪元．美国的科技博物馆和科学教育［J］．科普研究，2007，2（4）：21—28．

［28］钟琦．我国自然科学博物馆科学教育活动案例研究［J］．科普研究，2008，3（3）：50—80．

［29］郭耕．一个科普场馆的人文追求［J］．科普研究，2010，5（3）：33—35．

［30］谢娟，尚修芹．关于科技博物馆教育活动开发的若干思考［J］．科普研究，2009，4（3）：39—43．

［31］宋娴，赵佳然．科技馆科学教育三维目标模型的构建［J］．科普研究，2011，6（2）：28—31．

［32］续颜，冯永忠，王丽华．浅论自然博物馆的学习功能［J］．中国博物馆，2008（2）：99—104．

［33］杨秋，张春梅．自然博物馆科普教育的内涵［J］．中国博物馆，2009（6）：142—144．

［34］褚凌云．在科技博物馆中展示生命科学的思考［J］．科普研究，2008，3（1）：19—26．

[35] 龚剑. 科技馆的实验教育 [J]. 科技传播，2012(4)(下)：3—4.

[36] 施佳. 科技馆如何发挥对成年人的科普教育功能 [J]. 大众科技，2012(3)：153—155.

[37] 郭寄良. 浅析科技馆的展览教育功能 [J]. 科协论坛，2011(10)：43—45.

[38] 黄体茂. 现代科技馆核心教育理念与常设展览教育 [J]. 科普研究，2012，7 (2)：51—58.

[39] 陈运发. 自然类博物馆“十字星”价值体系与科普教育功能管理 [J]. 科普研究，2012，7 (4)：32—26.

[40] 方家增，陈四敏. 科技博物馆展示设计的探索 [J]. 科普研究，2009，4 (1)：46—51.

[41] 李小瓯，盛业涛，陈志杰，等. 浅谈国内科技馆传统科普展品的改进和提高 [J]. 科普研究，2010，5 (4)：67—74.

[42] 宋乃亮，特荣夫，冯甦中. 虚拟现实技术在科普教育中的研究与实现 [J]. 科普研究，2010，5 (5)：29—33.

[43] 赵洋，王恒. 科技博物馆公共空间利用初探 [J]. 科普研究，2009，4 (3)：34—38.

[44] 李岚. 现代展陈设计理念在行业博物馆中的运用 [J]. 山西煤炭管理干部学院学报，2012，25 (1)：100—102

[45] 黄体茂. 关于科技馆展项创新的若干认识问题 [J]. 科普研究，2011，6 (1)：76—82.

[46] 王可炜. 论科技馆展项创新的内涵及本质——兼与黄体茂先生商榷 [J]. 科普研究，2011，6 (6)：63—69.

[47] 朱幼文. 创新展品的设计思路与制度性制约因素题 [J]. 科普研究，2011，6 (2)：71—76.

[48] 廖红. 从展品研发角度谈科普展品创新 [J]. 科普研究，2011，6 (2)：77—82.

[49] 宋娴. 浅谈自然博物馆展示中几个有效的结合 [J]. 科普研究，2012，7 (1)：67—71.

[50] 吴晓明. 论构建人与自然和谐社会时期的自然类博物馆展示 [J]. 科普研究，2010，5 (4)：75—79.

[51] 齐欣，赵洋，朱幼文. 我国科技馆转变展览设计思路必要性、可行性的探讨 [J]. 科普研究，2012，7 (3)：70—77.

[52] 杨溪. 科技类博物馆展览如何激发观众参观兴趣 [J]. 科普研究，2012，7 (3)：64—69.

[53] 马昱. 科技博物馆创新展示形式研究 [D]. 武汉：武汉理工大学，2009.

[54] 王守玉. 科技馆体验设计研究 [D]. 武汉：华中科技大学，2007.

[55] 张睿. 中国现代科技馆展示新理念初探 [D]. 武汉：武汉理工大学，2009.

[56] 洪菁遥. 自然博物馆展示阵列的数字化设计 [D]. 长沙：湖南师范大学，2011.

[57] 张慧红. 试探科技馆长久经营的成功之道 [J]. 博物馆研究，2008(2)：3—8.

[58] 谌德军，陈冲. 科技馆运营规律略探 [J]. 重庆与世界，2011，28 (1)：61—63.

[59] 朱才毅，萧文斌. 科技馆运营管理系统的探索 [J]. 科技管理研究，2011(9)：185—190.

[60] 叶洋滨. 浙江省科技馆科普展览业务营销策略研究 [D]. 杭州：浙江工业大学，2011.

[61] 谭芩. 基于公共服务的科技馆绩效评估模型研究 [J]. 经济研究导报，2010(8)：179—181

［62］郑念，廖红．科技馆常设展览科普效果评估初探［J］．科普研究，2007，2（1）：43—46.

［63］张玉静，王晶莹．绿色视角下科技类博物馆绩效评价指标体系设计［J］．博物馆研究，2012(1)：9—17.

［64］安庆红．科技馆员工绩效考核体系设计［D］．天津：天津大学，2011

［65］彭涛，柏坤，齐婧，等．我国科技类博物馆资金多渠道投入问题及对策研究述评［J］．科普研究，2011，6（4）：74—80.

［66］田英．浅议基金会如何在科技馆事业中发挥作用［J］．科普研究，2011，6（6）：70—74.

［67］刘妤．公共政策下科技馆资金运行研究［D］．贵阳：贵州大学，2008.

［68］梁蕊．陕西科技馆提高客户满意度的方案研究［D］．西安：西北大学，2011.

［69］周振涛．浅析科技馆中观众的事故行为［D］．武汉：华中科技大学，2007.

［70］陈善蜀．科技馆对社会公众实行免费开放的思考［J］．科普研究，2009，4（3）：30—33.

［71］王琴．科技馆向社会免费开放的若干思考［J］．群文天地，2012(5)：30—33.

［72］王睿．对科技馆免费开放的几点思考［J］．海峡科学，2012(3)：97—98.

［73］冯帅将，邢金龙，刘卫庄．国内科普大篷车形式及功能［J］．专用汽车，2009(11)：33—36.

［74］吴海玲．科普大篷车下乡重要意义浅析［J］．海峡科学，2011(8)：73—74.

［75］任闽榕，何红艳，杨慧，张妍．浅谈社区科普大学在构建和谐社区建设中的作用［C］// 中国科普研究所．中国科普理论与实践探索——2009《全民科学素质行动计划纲要》论坛暨第十六届全国科普理论研讨会文集．北京：科学普及出版社，2009：381—386.

［76］陈永光．科普大学是提升公民科学素养的有效途径［J］．海峡科学，2012(3)：16—17.

［77］覃文．以科普大篷车为例推进科普资源共建共享的几点思考［J］．科协论坛，2009(8)：16—17.

［78］黄丹斌，苏晓生．科普活动站的品牌示范和创新效应［J］．学会，2011(2)：57—59.

［79］黄丹斌，苏晓生．多元建设科普宣传栏为农村奉献科普大餐［J］．学会，2010(7)：57—59.

［80］吉松林．以科普大篷车为载体创新学校科普宣传新形式［J］．科协论坛，2012(6)：16—17.

［81］田蕊．浅谈科普画廊的展示设计［C］// 中国科普研究所．中国科普理论与实践探索——2010科普理论国际论坛暨第十七届全国科普理论研讨会论文集．北京：科学普及出版社，2010．698—703.

［82］齐超，李志红．农村科普宣传栏传播效果研究［J］．科普研究，2009，4（5）：57—62.

［83］信春芳，马立谨．沈阳市科普画廊建设及使用情况调查［J］．地方财政研究，2012(5)：73—75.

［84］花蕾．发展科普大篷车事业 增强科普基础设施实力［C］// 中国科普研究所．中国科普理论与实践探索——2009《全民科学素质行动计划纲要》论坛暨第十六届全国科普理论研讨会文集．北京：科学普及出版社，2009：94—99.

[85] 朱效民. 从“最后一公里”看我国社区科普内容建设 [J]. 科普研究，2010，5（2）：18—23.

[86] 沈林兴，刘英. 数字科普是数字化时代科普的主流 [J]. 科普研究，2011（2）增刊：66—70.

[87] 孙爱民. 科普网站评价标准研究 [J]. 科普研究，2012，7（4）：20—24.

[88] 杨红珍，沈佐锐，李湘涛，等. 昆虫数字化博物馆科普功能分析 [J]. 科技创新导报，2010（3）：606—610.

[89] 曾敏. 国内外典型科普网站的交互性应用分析 [J]. 科技传播，2009（8）（上）：81—84.

[90] 甘晓，莫扬. 中美六家科技类博物馆网站科学传播内容分析 [J]. 科普研究，2011，6（1）：44—50.

[91] 何丹，胥彦玲. 浅析我国数字科技馆科普形式的创新 [J]. 科普研究，2011（2）增刊：26—28.

[92] 董阳. Web2.0 时代的维基网络科普新模式 [J]. 科普研究，2011（2）增刊：46—49

[93] 秦婉. 我国两类科普网站的比较研究 [D]. 天津：河北大学，2010.

[94] 王京玺，陈亮，颜景浩. 数字科技馆建模探析 [J]. 科协论坛，2012（7）（下）：92—94.

[95] 赵彬，王若冰，李双斌. 中国数字科技馆集成方法研究 [J]. 科技导报，2008，26（21）：94—98.

[96] 吴奇. 交互漫游技术在虚拟科技馆中的应用研究 [D]. 重庆：重庆大学，2008.

[97] 王顺玲. 铁路数字科技馆构建方案与实现技术研究 [D]. 北京：北京交通大学，2007.

[98] 张振克，田海涛，魏贵红. 中国科普网站调查研究 [J]. 科普研究，2007，2（5）：52—58.

[99] 吴晨生，董晓晴，谢小军，等. 科普网站——科学文化传播的重要阵地 [J]. 科技智囊，2012（2）：62—75.

[100] 腾艳霞. 浅谈数字科普的发展 [J]. 科普研究，2011（2）增刊：82—85.

[101] 李智强，陈庆新. 广东数字科普资源建设及可持续发展的研究 [J]. 科技创新导报，2010（16）：10—11.

[102] 苏冰. 我国科普网站现状及对策研究 [D]. 合肥：中国科学技术大学，2009.

[103] 张小林. 在新的起点上推进数字科普事业的发展 [J]. 科协论坛，2010（9）：2—5.

[104] 张小林. 关于互联网科普的若干问题——以中国数字科技馆一期工程为例 [J]. 科普研究，2010，5（3）：51—56.

[105] 张小林. 互联网科普作品质量控制体系建设——关于互联网科普的若干问题之二 [J]. 科普研究，2010，5（4）：5—15.

[106] 张小林. 互联网科普之惑：原创与著作权——关于互联网科普的若干问题之三 [J]. 科普研究，2010，5（5）：5—12.

[107] 黄震. 提升科普教育基地服务能级的思考 [A]. 见：中国科普理论与实践探索——2009《全民科学素质行动计划纲要》论坛暨第十六届全国科普理论研讨会文集 [C]. 北京：科学普及出版社，

2009. 105—110.

［108］罗兆建，李霞．科普教育基地资源的集成与共享［C］// 中国科普研究所．中国科普理论与实践探索——公民科学素质建设论坛暨第十八届全国科普理论研讨会论文集．北京：科学普及出版社，2011：156—161.

［109］倪飞凤．科普教育基地运营及管理模式研究［D］．上海：华东师范大学，2006.

［110］曾庆江．青少年科普基地的建设研究［D］．济南：山东师范大学，2011.

［111］朱明，邵新贵，高振江．山东农村科普示范基地研究报告［J］．科协论坛，2005(8)：29—33.

［112］郭立新，蔡炳城，梦梦，等．全国野生动物科普教育基地科普工作状况调查［J］．野生动物，2010，31（4）：215—217.

［113］朱涉也，刘道强．江西省青少年科普教育基地发展对策研究［J］．科技经济市场，2011（11）：78—80.

［114］王丽慧．大教育观引领青少年科普教育基地发展［J］．科普研究，2010，5（2）：56—59.

［115］张义忠，汤书昆．社会知识化转型中我国国家科普教育基地的可持续发展审视［J］．中国科技论坛，2008(11)：85—88.

［116］洪兆春．科普教育基地免费开放出现的问题和对策研究［J］．科普研究，2009，4（5）：35—39.

［117］曾庆江，张婷．济南市科普教育基地人才队伍建设的现状与反思［J］．济南职业学院院报，2011(1)：10—13.

［118］林爱兵，刘颖．全国科普教育基地人才队伍建设现状及发展策略研究［J］．科普研究，2007，2（4）：6—12.

第十一章
高校科普研究进展

中国科普研究所　高宏斌

科普是高校的社会责任，高校开展科普工作有着独特的优势和特点。我国2002年颁布《中华人民共和国科学技术普及法》[1]（以下简称《科普法》）中明确规定高校应当将科普作为素质教育的重要内容，组织学生开展多种形式的科普活动。高等院校应当组织和支持教师和学生开展科普活动，鼓励结合本职工作进行科普宣传，应当向公众开放实验室、陈列室和其他场地、设施，举办讲座和提供咨询。国务院2006年发布的《全民科学素质行动计划纲要（2006—2010—2020年）》[2]（以下简称《科学素质纲要》）中多处提到高校要在重点人群科学素质行动做好培训和教材开发、开放实验室和陈列室等场地设施、培养科技传播与普及专门人才。高校作为我们的教育高地、人才高地、研究高地、知识高地，应当开展科普工作和科普研究工作。高校科普研究工作作为高校科普工作的指导和总结，通常起到指导提高总结提升的作用。

一、文献收集

本研究通过设定关键词检索国内期刊、报纸和博（硕）士学位论文数据库，得到与高校科普相关的文章达200余篇，包括理论研究文章、时间研究论文、相关事件和人物报道等。经过筛选共有研究论文150余篇。这些文献基本反映了我国高校科普研究的现状。通过分析发现高校科普研究的不足和未来研究的重点方向。

设定的关键词有高校科普、大学科普、大学博物馆、大学图书馆、高校、博物馆、高校图书馆、高校标本馆、高校科协、大学生科普、大学科普创作、高校科普教育基地、高校科普人才。

检索的数据库主要包括中国期刊网（CNKI）全站数据库、万方数据库。

使用摘要中所述高校科普的定义作为主要判别标准，通过阅读和分析文献与高校科普研究的相关关系，决定该文献是否属于高校科普研究文献。

二、高校科普主要研究内容及发现

通过对高校科普研究文献的分析整理和分类后，得出高校科普研究主要集中在实践层面，理论研究较为少见。实践研究多是从高校科协科普工作、高校博物馆（标本馆）开放、高校科普教育基地建设工作和面向高校学生开展科普工作等内容的重要意义等内容。高校科普基础理论研究的文章较少，主要体现在高校科协建设理论、高校科普的实施策略以及机制等方面。

1. 高校科协相关研究

高校科协是高校党政领导下的科技群众团体是学校党政领导发展教育事业和科学技术事业的助手，是学校党政领导联系教师和科技工作者的纽带，是学校教师和科技工作者之家[3]。

高校科协是在"20 世纪 80 年代改革开放中应运而生的新生事物，她的发展，经历了许多年曲折而艰辛历程"。1988 年，中国科协下达"关于成立高等学校科学技术协会联合会筹备委员会的批复"，同意筹建"全国高等学校科协技术协会联合会"，之后，又更名为"全国高校科协工作研究会"。靳萍等人将其发展沿革，可概括为"三个历史发展阶段以及两个黄金时期"[4]。根据《教育统计年鉴》，截至 2007 年底，全国普通高等学校共计 1908 所，已经建立科协组织的高校有 274 所，占比不足 15%。其中，全国 112 所" 211 工程"重点大学中，约占 33%；全国"985 工程"重点大学 38 所中，已建立高校科协组织的有 18 所，约占 47%[5, 6]。

高校科协研究主要是高校科协的功能和职能研究较多。高校科协不仅要做好学校和科技工作者之间的桥梁和纽带作用[7]，同时还要在服务高校科技工作者方面多做工作，在服务高校群体科学素质提升和全民科学素质提升方面承担更多的责任。高校科协要做好人才评价奖励和技术咨询开发工作[8]。同时科协也要发挥科普主力军的作用[9, 10]。高校科协的建设对新农村建设[11]、为地方经济文化服务[12]、促进高校科研发展[13]、促进科技创新[14]。

高校科协发展面临的问题主要有认识不足、发展不平衡、人员不足、经费无法保证等问题[15]。

对于高校科协建设，有研究者对高校科协建设要注意领导模式创新、组织模式创新、自身模式创新[16, 17]、工作职能创新、人才举荐创新[18]等方面提出了建议。也有学者提出要适时成立全国高校科协联合组织[19]和高校科协研究联合会[20]。针对高校科协现在的发展形势，中国科协发展研究中心何国祥等人设计了高校科协组织治理结构[21]。科协在坚强建设的同时也要加强自身发展规律的研究[22]。

高等院校人才荟萃、设备精良、技术齐全、成果累累，而高校科协以其与学术团体和科技人员密切联系的天然优势开展科技咨询服务，更能发挥学校教学、科研实力雄厚、信息灵通、情报源广的优势，把高等院校与经济建设紧密联系起来。科技活动方面发挥重要作用。在高校中积极支持指导大学生、研究生参加多种形式的学术交流、科技活动，对高校优化育人环境、促进学风、校风建设，培养青年学生勇于探索、开拓进取、培养德、智、体全面发展人才具有重要意义。

2. 高校博物馆（标本馆）开放研究

高校博物馆（标本馆）不仅具有培养专业人才、科学研究、藏品丰富等方面的优势，承担着服务高校教育教学、培养各类人才的任务。同时，还具有社会博物馆的功能和特点，对促进社会进步，提高全民科学文化素质具有积极作用。根据高校博物馆专业委员会统计，截至2007年，我国已经建成103座高校博物馆，包括了人文艺术类、地球科学类、生命科学类、工程科技类、医药科学类、综合类，形成了学科门类齐全、藏品丰富的高校博物馆体系。高校博物馆在高校专业教学、社会科普教育、中小学素质教育等方面发挥了积极作用，充分显示了高校博物馆以科普和教育功能为主的特征[23]。高校博物馆（标本馆）作为高校科普的重要阵地，发挥着重要的作用,1999年，由中国科协组织评选并命名的首批200家“全国科普教育基地”中，有22所高校博物馆（标本馆）在列[24]。高校博物馆（标本馆）具备开展科普教育的环境资源、人力资源、实物资源、电子资源等，同时其具备浓厚的教育氛围[25]。

高校博物馆（标本馆）主要通过面向社会开放来实现其科普教育功能。高校博物馆（标本馆）开放有利于提升学校知名度和影响力，同时通过面向公众的开放提高公众科学意识和环保意识，培养科学精神和科学态度[26]。开放的对象包括教师、研究生、本科生、中小学生、学龄前儿童、市民、农业科技人员、林业科技人员、进出口贸易工作人员、自然资源管理人员、药物开发人员、保护生物学家、生态学家、国外友好人士、专家学者等。

高校博物馆（标本馆）通过开放实现科普教育功能过程中也需要一些策略。首先，高校博物馆（标本馆）科普知识教育内容要与馆展标本的整合，从教育设施上，不断增加有价值的动植物标本，管理人员要改变单一的通过动植物标本讲解，而用计算机管理动植物标本，使参观者能利用计算机查询每一目、每一科、每一种的动物或植物，并可查到动物或植物标本在标本馆的位置及它们的生境、保护级别及濒危状态等，同时运用声音系统模拟动物的声音，使动物标本更加形象，更加逼真；从教育手段上更新，改变教师的单纯讲为教师与学生的共同参与，为青少年的科技活动提供更多的条件，如制作各类动物剥制标本、昆虫标本，特别是蝴蝶标本，让学生自己采集、自己制作[27]。其次，必须建立一整套完善的管理规章制度，如安全制度、来访人员登记制度、管理员岗位职责、保洁卫生制度、来访人员参观规则。再次，要利用好各种节日，与政府相关部门和相关企业联合开展科普教育活动[28]。最后，要重视博物馆开展科普教育工作的多种定位转变，包括变专业为通俗、变封闭为开放、变传统为现代[29]。

3. 高校图书馆开展社会化科普服务

根据《中国教育统计年鉴（2010)》的统计结果，我国现有高校2358所[30]。图书馆作为高校必备基础设施之一，几乎每所高校都有一个图书馆，甚至有些高校由于分校区等原因，有多个图书馆，据统计，截至2010年我国高校图书馆建筑总面积约为3665万平方米。

高校图书馆开展社会化科普服务是高校图书馆社会化服务的重要功能之一。

高校图书馆具有丰富的信息资源优势和人力优势开展社会化科普服务[31]。高校图书馆通常通过科技信息检索与咨询、科普讲座和展览[32]、科普文献的宣传和导读服务[33]、开辟专门的科普文献收藏室[34]、开展科技下企业和科技下乡活动[35]等形式。

高校图书馆在发挥社会化科普服务职能时要注重把科普教育与馆藏建设相结合、使研究与普及相结合、把科普教育与读者队伍建设相结合；处理好核心用户与社会用户的关系、处理好“主业”与“副业”的关系、处理好同行业的关系[36]等问题。

4. 高校科普教育基地建设研究

科普教育基地主要是指依托教学、科研、生产和服务等机构，面向社会和公众开放，具有特定科学技术教育、传播与普及功能的场馆、设施或场所[37]。经统计，在中国科协公布的《全国科普教育基地（2010—2014 年）认定名单》中有 20 所高校与科普教育基地，其中有高校教育和实习基地 3 个、高校博物馆 8 个、高校活动中心 2 个、高校标本馆 3 个、高校国家重点实验室 3 个、高校科普馆 1 个。在中国科技部命名的两批“全国青少年科技教育基地”中共有 8 所高校在列，其中有 2 所是高校整体为基地，有 3 所是高校博物馆，有 2 所是高校标本馆，有 1 所是高校科普教育中心。

高校拥有各个行业的专家及先进实验设备等资源，充分利用这些宝贵资源加入到科普宣传活动中来，是高校科普教育基地对社会应尽的义务和回报。高校作为科普教育基地有双重任务。对内使校内广大师生了解各学科各专业的科学技术最新进展和发展方向；对外向社会公众宣传科学技术在各领域的成果及对生产技术和经济全面的影响。宣传科学思想和科学观念[38]。

高校利用科普教育基地可以开放实验室、举行报告会、编制科普教材和深入厂矿企业和社区进行科普教育活动[38]。另外也可以作为科普人才培养的摇篮，通过建立科普人才培养课程体系和理论教学与实践指导相配合的方式培养科普人才[39]。

5. 面向高校学生开展科普的研究

科技素质教育是高校培养适应 21 世纪经济科技发展和社会进步需要的高素质人才的需要，科普教育是提升大学生科学文化素质的关键，加强大学生科普教育有利于推进高校大学生科技创新[39]。

高校学生或称大学生开展科普的方式有传统的将科普当成素质教育的重要内容融入学校科技创新教育[40]，也有提利用社会实践过程提升学生科学素质[41, 42]，还有研究者提出要对大学生设立高级科普课程，即综合性科学教育课程体系[43]，也有研究者认为大学生科普主要应该加强科学技术史的宣传和教育[44]。也有一些研究是涉及对大学生开展关于生活和生存知识技能方面的科普实践研究工作，例如大学生生殖健康科普需求研究[45]，环保、中医、气象、天文、防灾减灾、心理健康等科普内容在大学的实施方式和策略研究等。

三、高校科普研究特点与展望

通过文献的收集和分析发现，关于科普实践研究的文献较多。这与高校科普研究相对其他科普形式的研究起步较晚、覆盖面有限有关。高校科普基础理论研究的文献相对较少。在科普实践研究中，主要是高校开展科普工作的重要意义、现存问题和方式方法研究较多，对于开展实施科普工作的策略、效果评价和机制研究较少。

高校的高知化集中、硬件资源丰富、人力资源丰富等特点与科普作为高校重要社会责任和职能体现需要高校科普研究在高校科普整体现状、高校科研和科普结合、高校科普功能的优化实现、高校科普实施策略、高校科普的效果评价以及高校开展科普工作的机制研究方面有研究内容和研究成果。

科学普及工作的不断发展和国家与社会对科普正式程度不断加强可以从公众对科技信息的关注度逐步提升和国家针对科普的一系列政策法规中体现出来。如何发挥高校的科协组织作用、高校如何培养科普人才、高校实验室和博物馆的常态化开放、高校科技工作者科普工作评价与激励机制等相关研究内容不仅是政策制定者据需要了解的内容，也应该成为高校科普研究的重要方向。

高校科普研究应该树立大科普的观念，研究者在认清科普工作的重要性后，还必须探索切实可行的科普工作新途径和新方式。高校科普研究要分配好理论研究和实践研究的比例，实践研究需要理论研究的指导，理论研究需要实践支撑，在实践中检验理论的正确性，并根据我国的社会、文化和政治背景不断修正理论，真正实现研究与普及相结合。

参考文献

[1]中华人民共和国科学技术普及法［Z］. 2002-06-29.

[2]中华人民共和国国务院. 全民科学素质行动计划纲要（2006—2010—2020年）［Z］. 2006-02-06.

[3]姚力建，何继善，方思诚. 不断强化和完善高校科协的基本职能［J］. 有色金属高教研究，1995，7（2）：42—44.

[4]靳萍. 论高校科协的发展与责任［J］. 中国科技论坛，2008，23（4）：18—21.

[5]彭涛，何国祥. 高校科协基层组织建设制约问题研究［J］. 中国科技论坛，2010，25（9）：117—123.

[6]孙诚，吕华. 我国高校科协组织建设与发展的调查研究［J］. 大学，2009，4（10）：37—41.

[7]程晓红，葛万锋. 高校科协对促进科技发展的作用探析［J］. 合肥工业大学学报（社会科学版），2007，21（5）：47—50.

[8]张经强. 发挥高校科协的作用促进学校整体的提高［J］. 学会，2007，24（3）：38—40.

[9]潘丽，赵苏. 发挥高校科协作用 促进高校科技发展[J]. 学会，2009，26（4）：34—36.

[10]张承军，孔文. 高校科协在高等教育中的作用探析[J]. 沈阳教育学院学报，2002，4（4）：80—81.

[11]杨友文，叶敏. 高校科协在新农村建设中的作用及其发挥[J]. 科技经济市场，2007，23（12）：19.

[12]永川区科协. 重庆文理学院科协 高校科协植根地方显活力[J]. 学会，2011，29（7）：60—61.

[13]王敏，姚力健，江建新. 论高校科协对促进学校科研工作的作用[J]. 现代大学教育，2003，28（2）：106—109.

[14]许红星，袁彤. 论高校科协在科技创新中的地位与作用[J]. 武汉科技学院学报，2003，16（3）：104—106.

[15]吴丹，曹桂华. 高校科协发展困境分析及对策研究[J]. 学会 2009，26（9）：33—36.

[16]李逢春. 高校科协的性质、任务和作用及运行模式研究[J]. 科技信息，2009，26（36）：17—18.

[17]徐秀荣. 浅谈新形势下高校科协工作的创新[J]. 科协论坛，2007，22（10）：103—104.

[18]靳萍. 高校科协工作规律与实证研究[J]. 学会，2007，24（10）：47—51.

[19]彭涛，何国祥. 高校科协基层组织建设制约问题研究[J]. 中国科技论坛，2010，25（9）：117—123.

[20]湖北省科协. 加强高校科协组织建设促进科协事业发展[J]. 科协论坛，2010，25（10）：54—55.

[21]彭涛，柏坤，何国祥. 高校科协组织治理结构理论研究[J]. 中国科技论坛，2011，26（6）：107—111.

[22]靳萍. 立足高校优势探索科协工作规律[J]. 学会，2007，24（7）：37—40.

[23]李初一. 高校博物馆教育功能研究[D]. 成都：西南大学，2010：1.

[24]任有福，徐世球. 高校博物馆在科普工作中的作用及发展思考[C]//公众理解科学——2000年中国国际科普论坛. 北京：科学普及出版社，2000：110—115.

[25]蔺光. 浅析高校博物馆的科普功能[J]. 长三角，2008，5（7）：95—96.

[26]阮桂文，罗洁梅，蒙丽，等. 地方高校动物标本馆建设与开放的研究[J]. 玉林师范学院学报，2010，31（2）：94—98.

[27]黎红辉，范均山. 科普教育与馆展动植物标本资源整合的探讨[J]. 中学生物学，2006，22（4）：63—64.

[28]郑伟，齐永安. 为普及地球科学知识努力奋斗——河南理工大学地球科学馆的建设与思考. http://d.g.wanfangdata.com.cn/Conference_7348762.aspx.

[29]朱玉杰，刘雪松，陈军. 新时期我国高校博物馆的教育功能及其发挥[J]. 教育探索，2011，31（8）：95—96.

[30]中华人民共和国教育部发展规划司．中国教育统计年鉴（2010）[M]．北京：人民教育出版社，2011：2.

[31]黄继东．高校图书馆情报服务社会化探讨[J]．科技情报开发与经济，2004，13（10）：25—26.

[32]郭腊梅．科普教育是图书馆的重要使命[J]．晋图学刊，2005，26（3）：58—60.

[33]徐立纲．图书馆开展科普教育探析[J]．科技情报开发与经济，2011，21（1）：19—20.

[34]刘昆雄．图书馆应加强科普文献信息的开发与服务[J]．大学图书情报学刊，2003，21（3）：83—84.

[35]刘振西．在科普宣传中充分发挥高校图书馆的主阵地作用[J]．中南林学院学报，2004，24（6）：110—112.

[36]刘娟．试论高校图书馆开展社会化服务[J]．农业网络信息，2009，26（2）：54—56.

[37]林爱兵，刘颖．全国科普教育基地人才队伍建设现状及发展策略研究[J]．科普研究，2008，3（1）：6—12.

[38]刘新福，蒋石梅，战英民，宋敏茹．高校作为科普教育基地如何承担科普重任[J]．河北工业大学成人教育学院学报，2000，15（3）：44—46.

[39]金浩，曲家惠，王曦，李桂春．高校科普基地课程体系建设的构想[J]．长春理工大学学报，2011，6（9）：188—189.

[40]廉澄．高校大学生科技创新与科普教育．科学大众，2009，73（1）：101—102.

[41]刘克彩．在社会实践中培养大学生的科技素质[J]．社科纵横，2005，20(1)：160—161.

[42]廖洪元，邱煌明，胡新华．高校科普的思考与实践[J]．湖南工业职业技术学院学报，2002，2（3）：48—50.

[43]许志峰．论高校大学生的高级科普内容与形式[J]．科普研究，2007，2（4）：47—51.

[44]石新明，谢辉．论大学科普教育[J]．高等理科教育，2001，8（6）：10—13.

[45]周远忠，张玫玫，尹平．北京市大学生对生殖健康、避孕教育及服务需求的调查[J]．中国计划生育学杂志，2009，17（2）：74—77.

第十二章 科普人才研究进展

中国科普研究所 任福君 张义忠

一、科普人才研究的进展状况

我国学界对科普人才的研究多年来一直在持续不断的进行，研究内容不断深化和拓展。从中国知网的数据来看，截至 2012 年 11 月 22 日，以关键词“科普人才”检索，总计有 209 篇文章。从“CNKI”论文的数据库分布来看，中国学术期刊网络出版总库 55 篇，中国优秀硕士学位论文全文数据库 4 篇，中国重要会议论文全文数据库 27，中国重要报纸全文数据库 108，中国年鉴网络出版总库 15 篇；从论文的文献来源来看，报纸居多，学术期刊除了《科普研究》外，很少有学术期刊刊发科普人才类的研究文章，具体如下：《大众科技报》17 篇，《科技日报》16 篇，《科普研究》10 篇，《中国中医药报》7 篇，《广东科技报》7 篇，《科协论坛》（上半月）6 篇，《科学导报》4 篇，《健康报》4 篇，《福建科技报》4 篇，《上海科技报》3 篇，《中国科技产业》3 篇，学会 3 篇，《光明日报》3 篇等。这些研究成果为我国近年来科普人才的发展和相关科普人才项目的实施提供了的重要的决策参考，其主要研究状况综述如下。

1. 科普人才的内涵界定

科普人才内涵界定是科普人才的基础理论研究，是科普理论与实践界近几年关注的重要问题之一。在《中国科协科普人才发展规划纲要（2010—2020 年）》（以下简称《科普人才规划》）颁布实施之前，学术界和科普实践界对科普人才的概念没有明确的界定，相关的科普政策文件也有科普人才的明确界定。

《科普人才发展规划》的起草和编制推动科普人才内涵界定的研究，其间学术界和科普界围绕着科普人才的内涵形成了四种观点：[1]观点一，科普人才是具备一定科技专业知识和科普技能，实际从事科普实践的劳动者；观点二，科普人才是指具备一定科技知识和科普专业技能，实际从事科普工作和活动，做出较大贡献的组织者、管理者和志愿者；观点三，科普人才，是指具有一定科普专业知识或技能，实际从事科普事业，并在科普实践中进行了创造性劳动，为科普事业做出积极贡献的人。科普人才包括实际从事科普事业，具有中专以上学历、初级以上专业技术职称的各类人员及具有一定的知识或技能，在科普实践中起示范带头作用的劳动者；观点四，科普人才是指具备一定科技知识和科普技能，实际从事科普实践并进行创造性劳动、做出积极贡献的劳动者。

以上四种观点，强调了科普人才的社会性、专业性，相对于以学历论人才、以职称论人才等观点来说，有其科学的一面。但是，上述界定也各自有些偏颇。观点一对科普人才的界定简明扼要，但过于宽泛，对科普人才的科学素质要求和业绩要求注意不够。观点二注意到了科普人才的主要种类和科普实践中较大的贡献。但用“较大贡献”来界定科普人才的业绩在实践中很难操作和认定，也不利于广泛调动科普人才参与科普的热情与积极性，当然，与观点一同样，观点二对科普人才的科学素质要求注意不够。观点三注意到了科普人才在科普实践中“进行创造性劳动”和“做出积极贡献”的特殊属性，但其后面的表述又陷入了“学历论”和“职称论”的局限，其对科普人才的科学素质要求注意也不够。观点四同样注意到了科普人才在科普实践中“进行创造性劳动”和“做出积极贡献”的特殊属性，也没有陷入“学历论”和“职称论”的局限，但其对科普人才的科学素质要求同样注意不够。这些关于科普人才界定的争论表明，加强科普人才队伍建设必须明确科普人才内涵界定理念与定位。

随着“人才强国战略”的提出和实施，党的十七大对人才工作提出了新要求和新任务，要求要更加注重人才的“专业性”、“资源性”和“价值性”。在2003年全国人才工作会议提出的人才概念的基础上，2010年颁布实施的《国家人才规划》将新的人才概念定义为：“人才是指具有一定的专业知识或专门技能，进行创造性劳动并对社会做出贡献的人，是人力资源中能力素质较高的劳动者。人才是我国经济社会发展的第一资源。”这一界定进一步明确人才的内涵与外延：内涵有三个质的规定性，一是具有一定的专业知识或专门技能；二是能够进行创造性劳动；三是对社会做出贡献（产生新增价值）。外延主要界定两方面内容，一是人才与人力资源的关系。人才包含在人力资源中，是人力资源中能力素质较高的劳动者；二是人才在经济社会发展中的定位。人才是我国经济社会发展的第一资源。科普人才作为当代人才的一个重要组成部分，其内涵界定理应以科学人才观为指导，体现科学人才观的要求。基于这种思路，任福君教授领导的中国科普研究所科普人才“十二五”规划研究报告课题组对科普人才做了更为明确和合理的界定：科普人才是指具备一定科学素质和科普专业技能、从事科普实践并进行创造性劳动、做出积极贡献的劳动者。[2]这一界定被中国科协《科普人才规划》采纳。

2. 科普人才的分类

人才理论与实践的发展表明，人才分类是人才资源开发管理的基础，科学合理的人才分类是实现有效开发与管理各类人才的关键。人才分类的标准不同体现了不同的人才队伍建设需要和理念，如果将相应的人才分类转化为人才资源的运行过程，就会形成不同的人才资源管理体制、人力资源使用、评价机制和管理方式，并形成不同的人才资源管理效应。

我国科普理论界对科普人才的分类有了一定的研究，科技部编著的《中国科普统计》按照从事科普工作时间占全部工作时间的比例以及职业性质，科普人员可以分为科普专职人员、科普兼职人员和科普志愿者。中国科学院研究生的莫扬教授认为，按照从事科普工作的具体工作，科普人员主要类别可以分为：科普管理工作者，科普创作人员（包括科普研究和科普作品及展品的策划、创作、设计制作人员等），大众媒体科技记者编辑、中小学科技辅导员，各类科普场馆的相关工作人员，参与科普活动的志愿者，等等。[3]

任福君、张义忠结合我国科普人才建设工程的实际，从不同的维度对科普人才做了分类，[4]他们认为，科普人才分类要有包容发展的理念，对一些新兴科普重点领域的科普人才要予以足够的重视。从不同的维度构建具有包容发展理念的科普人才分类十分必要，科普人才队伍建设的实践中要注重科普人才标准的多维度性和包容性、科普人才的适用范围的广泛性、科普人才组织层级功能的合理性及相应的科普人才科学合理的分类。

根据科普人才的职业化程度可以将科普人才分为专职科普人才和兼职科普人才。这一划分的意义重大：一是有利于科普人才的执业制度建设，有利于建立规范、有序的科普人才执业制度和管理机制；二是通过相应的职业激励，有利于广泛动员和调动更多的科技工作者积极投身科普；三是有利于形成科普事业发展的社会合力，建立包容广泛的科普人才吸纳和利用机制。

根据我国科普工作的组织层级将科普人才分为基层科普人才和中高层科普人才。这一划分有利于明确科普人才工作或直接服务的组织层级，有利于彰显科普人才服务的对象的基层化和服务层级的基础化，更有利于贯彻实施国家引导人才向农村基层和艰苦边远地区流动政策，推动科普人才的布局和科普人才流动的合理化和良性化。

根据科普人才科学素质和科普专业技能的高低及其对社会的贡献的大小可以将科普人才分为高端科普人才和中低端科普人才。这种分类有利于塑造科普人才发展引领机制，形成高端科普人才造就和培养的带动与辐射效应。

根据科普人才所具有的专业知识和专门技能的属性不同，可以将科普人才分为各类科普专门人才：科普场馆人才、科普创作与设计人才、科普研究与开发人才、科普传媒人才、科普产业经营人才和科普活动的策划与组织人才。这种对科普人才的专门科学分类最重要的意义在于明晰各专门科普人才的适用范围，明确各专门科普人才的功能定位与分工，进而促进各专门科普人才真正脱颖而出，也为高端和专门科普人才的培养体系的建设指明了相应路径和方向。

综上所述，科普人才的分类依据有职业化程度、科普工作的组织层级、科普人才的科学素质和科普专业技能的高低及其对社会的贡献的大小和科普人才所具有的专业知识和专门技能的属性等因素，这种多维度的科普人才分类依据体现了科普人才队伍建设的包容发展理念和取向。为了充分发挥和有效调动各类科普人才的积极性和创造性，要积极探索和创新适合时代社会发展的科普人才分类方法，建设涵盖全面、广泛适用、切实可行的科普人才分类原则及分类依据，促进各类科普人才脱颖而出，统筹协调发展。

3. 科普人才发展面临的问题

分析科普人才发展面临的问题是近几年科普理论界和实践界关注的焦点，他们从不同的角度和层面分析科普人才发展面临的问题。这些问题分析对于研究我国科普人才队伍建设的对策具有重要学术价值和实践应用价值。

张义忠、汤书昆教授较早地注意到了我国科普教育基地的科普人才问题，并根据对全国科普教育基地的调研，从科普教育基地可持续发展对科普人才的需求的角度分析了全国科普教育基地科普人才资源缺乏持续保障的问题。[5]第一，人员学历层次不高。全国科普教育基地本科、研究生等高学历人员所占的比例偏小，不足40%，在一定程度上制约基地的发展力。第二，科普主题策划人员严重不足。全国科普教育基地策划人员的比例仅为3.8%。第三，一线学科专业人才严重短缺。第四，专业人才资源的持续开发严重不足。在调查统计的全国科普教育基地中，近三年有组织员工参加学历教育的基地占59.1 %，在组织中长期培训的占54.3%，但仍然有愈四成的基地近三年都未开展相关的中长期教育与培训，缺乏必要的科普人才持续成长与建设机制。

郑念研究员对我国科普人才发展中存在的问题做了深入分析，并阐述了产生这些问题的原因。[6]他认为，总体上看，我国的科普人才队伍存在数量庞大、质量不高的现象。我国的科普人才队伍的作用远没有发挥，局部地方面临的形势还十分严峻。主要表现在以下6个方面：①科普创作人才极度缺乏已经成为制约科普事业发展的瓶颈，②专业技术人员比例偏低袁高素质人才偏少，③专业技术人员中缺少复合型人才，④体制制约科普人才未能发挥应有作用，⑤科普事业单位人才难留，⑥科普单位成了休养之地而不是人才的用武之地。造成这种状况的主要原因在于：①人才培养体制上缺乏对科普人才培养的专业设置，②科普系统内部的人才调控机制与在职培训体系尚未形成，③科普人才管理体制落后，④科普基础理论建设薄弱。

中国科普研究所所长任福君教授在第十四届中国科协年会上结合《科普人才规划》的实施和科普人才建设工程对科普人才发展面临的问题做更为系统深入的分析，[7]他认为，我国科普人才的状况可以概括为：专职科普人才数量不足，水平不高；兼职科普人才队伍不稳定，作用没有充分发挥；面向基层的科普人才短缺；科普创作与设计、科普研究与开发、科普传媒、科普产业经营、科普活动策划与组织等方面的高水平科普人才匮乏；科普人才短缺已经成为制约我国科普事业发展的瓶颈。科普人才短缺突出地表现为以下几个方面：一是基层科普人才不足。主要有四个不足：①农村科普人才不足。②城镇社区科普人才不足。③企业科普人才不足。④青少年科技辅导员不足。二是高端科普人才不足。分类别讲，主要是科普创作与设计、科普研究与开发、科普产业经营、科普策划与组织等方面的高端科普人才，不能满足全民科学素质建设和科普事业发展的需求，与国家人才强国战略的要求有差距。目前感觉最为缺乏的科普人才是：①企业科普人才；②科普策划与组织人才；③科普创作人才。三是整体科普人才队伍结构失衡。预算长期的计划经济形成的体制加之事业单位机构改革严格控制编制，造成科普人才缺乏断档、青黄不接现象，从业科普人才的素质有待提高。具有创新意识的文化产业经营管理人才、专业人才和复合型人才更是匮乏。新的人才无法引进，老的骨干挽留困难，“事业留人、感情留人、待遇留人”的生动局面的形成有待时日。这种情况导致科普人才队伍的整体结构严重失衡。

4. 科普人才培养

科普人才资源存量的增加、增量的保证和整体素质的提升都有赖于完善而有效的科普人才培养体系的建设，这就必然要求要加快构建科学有效的科普人才培养体系。对此，这几年科普界对科普人才的培养问题也展开了较为广泛深入的研究。

莫扬教授较早地对对我国科普人才培养的问题开展了研究，[8]她对我国高校科技传播专业的建设状况做了全面深入的调查，从培养目标、课程设置、招生、学位授予等方面，分析了我国“211 工程”等重点高校科技传播专业建设的现状，指出了我国高校科技传播专业人才培养存在的问题：①各校的科技传播专业多属于科技哲学或新闻传播学的子学科，培养方式多样，培养方案有待成熟。②培养目标主要集中在传媒和科技传播理论高级人才上，科博、科普展陈等专业建设滞后于需求。③师资队伍比较薄弱，缺乏成熟的教材。针对这些问题，借鉴国外相关经验，莫扬教授提出了我国高校培养科技传播人才的建议：①在 10 所以上的重点大学和师范院校设立学科体系、教学方法、培养方案等各方面都比较成熟的多层次、细化专业方向的科普相关专业。②在 20 所以上高校理工科学生中增设科技传播方面的选修课程。③加强科技传播师资队伍建设。

中国科技大学的杨俊鹏硕士在王希华教授的指导下，开展了《美、英、澳大学科学传播教育发展现状及其对中国的启示》的研究，[9]论文结合美、英、澳等国家科学传播教育的比较研究，剖析了我国科学传播教育存在的问题。教育体制的问题、管理体制问题和母体学科的发展成熟度问题，并结合这些问题的分析对中国的科学传播教育的发展提出以下建议：①国家要加大对科学传播的支持力度，鼓励高校参与科学传播活动，成立跨学科的科学传播中心。②明确科学传播的学科地位。③以硕士教育为核心，向本科和博士阶段扩展，适当进行专业细分，构建科学传播人才培养体系。④高校应根据自身的资源和学科发展情况，借鉴国外相对成熟的培养模式，进行跨学科的科学传播人才培养。

任福君、张义忠教授结合我国科普人才建设工程的实施，对打造高效的科普人才培养体系做了相应的研究，[10]分析了我国当前科普人才培养体系建设面临的学科专业瓶颈、师资队伍瓶颈、培养基地瓶颈和机制创新瓶颈等主要问题，系统梳理了解决这些问题的思路，并提出了建立我国科普人才培养体系的对策和建议[11]：①积极推动科普人才培养的学科专业建设；②以当代科普实践教育为导向，加强科普人才师资队伍建设；③扎实有效地开展科普人才培养基地建设，带动和推动科技传播专业研究生培养改革；④创新机制，积极支持科普人才培养体系建设；⑤实施研究生科普能力提升项目，以项目引领扩展科普人才的培养空间。

5. 科普人才建设工程的实施

在中国科协发布实施的《科普人才规划》中明确提出实施科普人才建设工程。这两年围绕科普人才建设工程的实施具体理论与实践问题学术界展开了一些研讨。中国科普研究所科普人才规划课题组在对实施科普人才建设工程的相关理论问题展开较为全面、系统的研究，[12]实该课题组研究了实施科普人才队伍建设工程的政策基础，提出《国家中长期人才发展规划纲要（2010—2020 年）》为科普人才建设工程提供了宏观指导，实施科普人才建设工程是全民科学素质行动计划的重要举措，《科普人才发展规划》为实施科普人才建设工程提供了明确具体的指导。实施科普人才队伍建设工程是国家发展的战略要求、形势需要和政策安排。分析了实施科普人才队伍建设工程的理论依据，我国科普人才队伍的建设是把我国人力资源大国建设成为人力资源强国，进一步建设成为人才强国的重要步骤和关键一环。其关系模型可以用简单线性和系统关系加以揭示。实施科普人才建设工程的具有重要的现实意义：①实施科普人才队伍建设工程是建设创新型国家的保障性工程；②实施科普人才建设工程可以更好地促进科普资源发挥作用；③实施科普人才建设工程可以撬动更多科教投入发挥效用；④实施科普人才队伍建设工程可以克服制约我国科普事业发展的人才瓶颈。在此基础上，该课题组结合提出了实施科普人才队伍建设工程的路径与布局，整个科普人才建设工程路径与布局概括如图 1 所示。

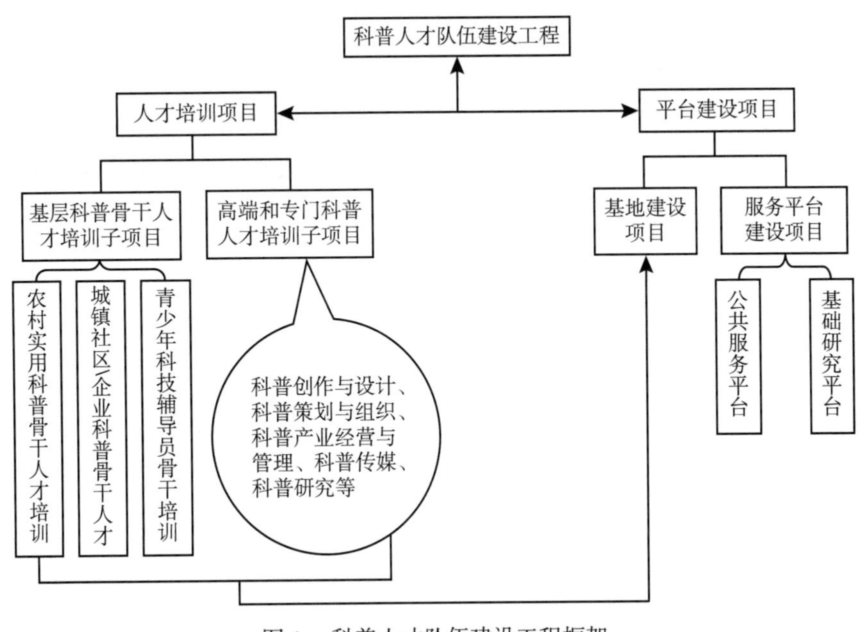

图 1　科普人才队伍建设工程框架

中国科普研究所任福君教授结合《科普人才规划实施》的实践，对科普人才建设工程的实施路径做了系统的研究，认为科普人才建设工程具体路径可以结合科协的科普工作实际着力在以下几个方面加以实施：[13]一是科普项目带动。主要是利用科普惠农、社区益民、科普示范县建设、科普站栏员建设等带动科普人才队伍建设。二是科普活动造就队伍。主要通过科普日活动、企业"讲、比"活动、"三下乡"活动、"大手拉小手"活动、青少年科技创新大赛等带动青少年科技辅导员队伍的建设与发展。三是科教资源整合与利用。通过高校科普教育基地、科研院所国家重点实验室、社区科普大学、企业职工教育机构等来培养科普人才。四是科普组织建设。通过志愿者组织、基层科普组织、社区科普组织、企业科协组织、高校科协组织建设等来实现科普志愿者队伍建设的目标。五是公共服务平台建设。通过网路服务、基地建设、科普研究平台、国际交流平台、媒体互动平台、科普人才数据库建设、机制建设与创新，来建立科普人才评价体系、激励机制、转化支持机制、资源整合机制、部门联动机制等。

6. 科普人才培训

类型多样、体系健全的科普人才培训是贯彻和落实《科普人才规划》的重要内容，也是提高科普人才素质的重要手段，更是培养和造就各类科普人才的重要保障。我国对科普人才的培训早有开展，但关于科普人才培训的相关研究一直滞后于实践。在实施科普人才建设工程中，相关的科普人才培训研究也开始活跃。

任嵘嵘副教授、郑念研究员、孙红霞在对我国2010年全国科普统计数据进行分析与挖掘的基础上，对我国科普专职人才队伍建设中的培训问题做了系统深入的研究，[14]他们认为，当前科普专职人才队伍建设还必须依靠在职培训和继续教育来完成。目前的科普专职人才队伍培训现状与科普事业发展很不适应，主要表现在以下四个方面：①培训活动组织松散、缺乏力度，科普专职人才培训组织体系极不健全，没有相关机构与部门对科普专职人才的培训予以规范化与系统化。②培训体系缺乏有效性和针对性。培训体系建设缺乏总体战略指导各级培训机构在科普专职人才培训中一直处于行政支援的角色；培训体系未着眼于科普专职人才的核心需求，是头疼医头、脚疼医脚的"救火工程"；缺乏多层次、全方位的培训体系，科普专职人才的培训体系比较单一，将培训内容和培训方式限定在了单一的体系以内，很难得到外延的拓展；培训体系未充分考虑科普专职人才职业生涯发展的需要。③培训需求分析与评估工作不足。④培训成果评价与存在转化困难。基于对上述问题的分析，他们提出以《中国科协科普人才发展规划纲要》为战略目标，提出了政府、高校、人才所在单位三位一体的科普专职人才队伍培训体系建设的对策与建议。

7. 科普人才队伍建设的相关机制

科普人才队伍的建设离不开相应的机制建设和创新，莫扬教授对建立科学的科普人才队伍建设的相关机制做了全面的探讨。她认为，要建立科普人才的评价使用和激励机制[15]，评价使用和激励机制引导科普人才发展方向，激发人才活力，鼓励人才成长。应坚持改革创新，努力形成科学的科普人才评价和使用机制，加强激励机制建设，着力营造有利于优秀人才大量涌现、健康成长的良好氛围，形成鼓励人才干事业、支持人才干成事业、帮助人才干好事业的社会环境。第一，要建立以能力和业绩为导向的科普人员评价机制。第二，要加快科普事业单位人事制度改革。以推行聘用制和岗位管理制度为重点，促进科普事业单位由固定用人向合同用人、由身份管理向岗位管理的转变。第三，建立科普技术职称评定制度完善职业发展通道。第四，加大对优秀、创新科普人才及其团队的奖励力度。

任福君教授结合科普人才规划的实施深入分析了科普人才队伍建设的机制创新。[16]他认为，科普人才队伍建设要和实施科普人才规划密切地结合起来。在这方面，最核心的还是要机制创新，这是一个核心点，主要可以从以下方面入手来开展这方面的工作：第一，创新科普人才的培养机制，完善科普人才的培养体系。以用为本，建立和完善各类科普人才的教育、培训体系，注重在科普实践中发现、培养、造就科普人才。第二，创新科普人才的使用机制。贯彻以用为本的理念，围绕公民科学素质行动和基础工程，用好、用活各类科普人才，结合公民科学素质建设的实践造就各类科普人才、引进优秀科普人才，创造机会和条件使各类科普人才各尽其能。第三，创新科普人才质量评估体系，对高质量的科普人才实行政策保护，在工作环境、工资待遇、成果出版等方面给予支持，使其发挥更大的作用。对于做出重要贡献的科普人才，进行不同级别的奖励，并与工资待遇挂钩。第四，推动科普人才队伍职业化建设，逐步设立科普系列的职称评审制度，形成科普专业技术职务的考核激励机制，激励不同层次科普人才的成长，同时，构建多层次、结构合理的科普人才发展激励体系及相应的科普人才认证制度。第五，创新科普人才评价机制，探索建立科普人才多元评价机制，研究建立以科普工作业绩为核心，以服务社会发展为主要内容的科普人才评价指标体系。第六，健全科普人才的社会化举荐机制，创新科普人才激励机制。建立以政府奖励为导向和社会力量奖励为主体的科普人才奖励体系和激励机制。发挥经济利益和社会荣誉的双重激励作用，促进更多的科技人才转化为科普人才。

二、科普人才研究展望

我国正在实施“人才强国”战略，为了落实国家人才强国战略的部署，国务院办公厅发布实施的《全民科学素质行动计划纲要实施方案（2011—2015年）》、科技部颁布实施的《国家科学技术普及“十二五”专项规划》、中国科协发布实施的《中国科协科普人才发展规划纲要（2010—2020年）》均明确提出要实施科普人才建设工程，在科普人才建设工程的全面推进和实施过程中，必定会有众多的理论问题和实践问题亟待破解，这些必将推动科普人才研究的全面深入开展，未来科普人才的研究也将围绕科普人才建设的相关理论需求、政策需求和实践期待深入展开。

1. 国外科普人才培养、培训的比较研究亟待全面深入展开

在现有科普人才研究中，对国外科普人才培养培训的还处于起步阶段，更多的研究只是局限于国外科技教育、科学传播人才的培养介绍，对国外科技传播人才培养、培训的研究亟需全面深入开展，未来的研究应在以下几个方面深入展开：其一，国外科普人才的培养模式、培训体系。研究国外科普人才的培养模式、培训体系的构成、运行支撑、运行特征和运行的质量控制等，分析国外科普人才培养模式、培训体系对我国的借鉴意义；其二，研究国外科普人才培养、培训的课程体系、教材开发、实践案例，为我国科普人才培养、培训的课程体系、教材开发提供可供借鉴和参考的课程方案、课程体系及相关教材；其三，国外科普人才培养、培训的政策支持体系。研究国外科普人才培养、培训的公共服务支持政策、经费来源和资金支持政策、社区科普人才开发、企业科普人才开发、产业科普人才发的激励机制等；其四，研究国外科技人才如何将科研与科普相结合，进而培养和造就科研型科普人才的鼓励、支持机制。

2. 科普人才培养、培训模式亟待研究

国家实施科普人才建设工程的政策指向已经非常明确。然而，不同类型、不同层级、不同领域、不同地区的科普人才如何培养、培训需求、对科普人才的要求也各不相同，按照什么样的模式开展科普人才的培养、培训亟需深入开展研究。尽管国内相关高校、相关研究机构对科普人才培养、培训模式的研究已经开始实践探索，但相关理论研究和实证研究尚未系统开展，未来，学术界和科普人才培养、培训的相关单位将会围绕着不同类型、不同层级、不同领域、不同地区的科普人才培养、培训需求和实践开展相关培养模式、培训模式的理论和实证研究，关于培养模式、培训模式的建立基础、运行体系、实施机制、质量监控、经费使用与保障、人才培养和培训的过程管理等会有所突破。

3. 科普人才的培养、培训的课程体系和教材体系亟待开发

课程体系和教材体系的开发与建设时科普人才培养、培训质量的重要保障，也影响培养、培训人才的知识结构优化和技能的提升。在科普人才建设工程的实施过程中，如何有针对性地结合不同类型、不同层级、不同领域的科普人才的培养、培训需求开发科学实用的课程体系、教材体系是一个亟待解决的理论难题和重要实践课题。我国科普学界已经对此开展了一些探索，如针对青少年辅导员的培训已经开发出一些基本教材，但这还远远不够。未来随着科普人才建设工程在高等院校实施的规范化、制度化，随着各地科普人才建设工程的深入实施，科普人才培养、培训的课程体系开发、教材体系开发必将会全方位、多层次、多领域的深入展开。更多的科普人才培养方案、课程设置方案和教材体系将会在实践的推动下逐步开发和建立起来。

4. 科普人才的职业化建设亟需全面深入研究

职业化是指某种社会活动被社会认定为是一种职业，并逐步得到发展的过程。这种社会认可在现代社会表现为政府管理部门的职业认定，其认定以社会的需要、该职业技术与服务的特殊性及不可替代性为基础。科普人才职业化建设就是通过科普工作形态的标准化、规范化和制度化建设，促进科普人才在知识、技能、观念、思维、态度、心理上符合职业规范和标准。随着知识经济的发展，科普内容和科普服务方式不断创新，科普职业及其从业人员出现了新的转型。科普产品生产和科普服务提供的专业知识、专业技术含量在提升，科普工作的专业化程度在提高，科普服务的规范化、标准化要求越来越高，科普从业人员的职业认同和规模日渐稳定，加快科普人才职业化建设的必要性和紧迫性日益凸显。

目前，国内开展科普人才职业化的研究已经开始启动，国家劳动人事科学研究受中国科协委托正在开展此项调研与研究，未来科普人才职业化的启动与发展迫切需要相关研究能够给予支撑，一方面科普人才职业化的条件、社会基础、职业精神、职业伦理等基础理论急需开展相关研究；另一方面，科普人才职业化的相关时间问题也亟需开展研究。如科普人才职业化中职业分类、岗位分类、职业认证体系、职业化的规范和制度建设等等急需开展研究。

5. 国家重大人才政策在科普人才队伍建设中的适用亟待研究

《国家中长期人才发展规划纲要（2010—2020年）》明确了国家若干重大人才政策，科普人才队伍建设中应当着力用好用足，应当加快推动国家重大人才政策在科普人才队伍建设中的适用，加强科普人才建设工程适用现有国家重大人才政策的推进力度，尤其要加强与国家人才规划等重大人才政策和重大人才工程的衔接，形成科普人才建设工程协调一体推进格局。

未来科普人才队伍建设中相关国家重大人才政策如基层人才政策、农村实用人才政策、人才推至优先保证的财政金融政策、产学研合作培养创新人才的政策等人才政策，如何切实有效的适用到各类科普人才队伍的建设中亟需开展相关研究。

6. 科普专门人才的培养与培训如何与国家相关人才工程结合、协同推进亟需研究

实施科普人才建设工程要充分发挥中国科协大联合、大协作的优势，宏观谋划，统筹布局，跳出部门、行业思维和利益的局限，用改革创新精神扎实推进落实，在加快推动国家重大人才政策在科普人才队伍建设中的适用的同时，加强科普人才建设工程与现有国家重大人才政策的衔接，尤其要加强与国家科技人才、卫生人才、农业人才规划等重大人才工程和重大人才行动的衔接，形成科普人才建设工程协同推进格局，为各类科普人才的统筹协调发展打造良好制度生态和政策生态基础。目前这方面的研究尚属空白，实际上国家相关部门已经出台众多的部门人才规划，这些部门人才规划中均设置一些部门人才的工程，很多领域与科普人才有交叉、关联。科普人才工程实施过程中如何与这些工程有效结合、协同，结合的切入点，协同的推进机制，结合、协同的政策支撑、项目支撑、经费支撑等亟需开展相关研究提供决策参考。

参考文献

［1］任福君，张义忠．科普人才内涵亟需界定［N］．学习时报，2011-07-15.

［2］中国科普研究所．科普人才发展“十二五”规划研究报告［R］．2010.

［3］莫扬．科普人力资源建设研究报告［R］．2010.

［4］任福君，张义忠．科普人才结构如何合理［N］．学习时报，2012-01-08.

［5］张义忠，汤书昆．社会知识化转型中我国国家科普教育基地的可持续发展审视——基于对全国科普教育基地的调查研究［J］．中国科技论坛，2008（11）：85—88.

［6］郑念．我国科普人才队伍存在的问题及对策研究［J］．科普研究，2009（2）：10—18.

［7］任福君．人才匮乏成“短板”，科普队伍路在何方［［EB/OL］．http：//discovery．hebei．com．cn/system/2012/08/25/012044490．shtml.

［8］莫扬．我国高校科技传播专业建设现状分析及建议［J］．科普研究，2006（2）：31—35.

［9］杨俊鹏．美、英、澳大学科学传播教育发展现状及其对中国的启示［D］．合肥：中国科学技术大学，2009.

［10］任福君，张义忠．打造高效的科普人才培养体系［N］．学习时报，2012—02—06.

［11］任福君，张义忠．科普人才培养体系建设面临的主要问题及对策［J］. 科普研究，2012，7（1）：11—18.

［12］郑念，张义忠，孟凡刚．实施科普人才队伍建设工程的理论思考［J］．科普研究，2011（3）：20—26.

［13］任福君．人才匮乏成“短板”，科普队伍路在何方［EB/OL］．http：//discovery.hebei.com.cn/system/2012/08/25/012044490.shtml.

［14］任嵘嵘，郑念，孙红霞．科普专职人才队伍建设研究［J］．科普研究，2012（5）：70—76.

［15］莫扬．科普人力资源建设研究报告［R］．2010.

［16］任福君．人才匮乏成“短板”，科普队伍路在何方［EB/OL］．http：//discovery.hebei.com.cn/system/2012/08/25/012044490.shtml.

第十三章 科普评估研究进展

中国科普研究所　张志敏

评估是现代管理的核心工具之一，其历史可追溯至150年前，并在20世纪60年代以后被视为一门成熟的专业[1]。80年代评估被引入我国并最早用于房地产等经济领域的项目评估。在20世纪末，我国学者开始正式将评估运用到科普领域。

在中国语境下，科普是一项系统的社会工程。它是在特定政策环境下，由相关机构、组织和人员借助一定的手段或实施一系列项目，促进公民科学素质的提升的行为和过程。相对应地，科普评估就是对科普领域中这些要素的评估，包括科普政策、科普组织、科普人才、科普手段、科普设施等的评估。

笔者将“科普”一词和“评估”、“评价”、“监测”三个词语分别组合，形成文献搜索关键词组“科普 评估”、“科普 评价”、“科普 监测”，在“中国知网”的期刊、博硕士论文、会议论文、报纸4类文献中进行搜索，共搜索到相关研究论文58篇，学位论文1篇。与此同时，笔者通过文献研究、调研、网络搜索等方法，搜索到科普评估方面的专著5部。在上述文献的基础上，本文综述20世纪90年代以来我国科普评估领域的主要研究进展。

一、我国科普评估的主要研究进展

1. 发端于20世纪90年代，当前处于初步发展阶段

20世纪90年代是我国科普评估的发端时期，期间出现了3篇科普评估论文。首个谈及科普评估的是一篇题为《加速农业科技成果转化的有效措施——高等农业院校主办农业科普期刊效用的评估》的论文，1990年发表在《高等农业教育》上。在这篇文章中，作者通过“办刊内容、办刊层次、办刊目标”三方面的指标阐述与案例剖析，论述了高校开办的农业科普期刊是宣传推广农业技术新成果的有效途径[2]。应该说，该文对科普期刊评估指标的界定、

阐述是不充分的，也没有讨论评估指标的运用，但在当时却体现出了较为前瞻性的评估意识。1991 年，《科协系统科普工作效益评价体系研究》一文刊出，首次提出了运用投入产出方法评估科协科普工作的效益，并尝试开发了评估的指标体系（文中称作“模型”）[3]。从该文的研究思路看，明确了评估目的，并从方法论上讨论评估，因此可以视作首个深入讨论科普评估的研究成果。1994 年，论文《科普读物的模糊学评价》运用模糊评判方法，首次讨论科普读物质量评估标准[4]，开了科普作品评估的先河。

随后的 1995—2001 年，科普评估研究处于停滞状态，7 年间没有出现任何相关研究成果，反映出当时起步阶段科普评估研究发展缓慢。

进入 21 世纪，随着我国科普事业进入快速发展时期，科普评估研究也随之升温，步入初步发展阶段。初步发展阶段的科普评估研究具有以下四个表征。第一，不断有新的研究成果涌现。2001—2012 年间，各类科普评估研究成果纷纷亮相，共有研究论文 54 篇、科普评估著作 5 部和学位论文 1 篇。第二，研究者来源较广。分析来看，科普评估的关注者和研究者分布于高校、科研院所、科协等系统，显示出科普评估领域的日渐兴起与研究力量的充实。第三，科普评估研究的理论化水平有提高。这一时期出现了几篇从理论层面上系统探讨科普评估制度化建设、科普评估体系的文章，将科普评估的内涵、分类、体系、指标做了比较深入的阐释[5]，对于科普评估形成有共识的理论基础起到了促进作用。第四，研究领域不断扩展。这一时期的科普评估研究内容日渐宽泛，相继出现了以科普展览、科普活动、科普网站、科普作品、科普期刊、科普设施为研究对象的评估研究论文（见表），也出现了科普项目、科普展览、科普活动评估的专著。其中，有见地的讨论和新发现层出不穷。

2001 年以来科普评估研究论文的内容分类表

研究内容	论文数量	研究内容	论文数量
科普评估制度化建设	6	科普期刊	4
科普网站评估	3	科普资源	1
科普创作评估	3	区域科普能力	2
科普活动评估	30	绩效评估	2
科普设施评估	2	其　他	3
科普项目*评估	3		

*此处，科普项目专指具体的科普工程或干预项目，诸如“科普惠农兴村计划”、“社区科普益民计划”等。

2. 理论与实践研究并行，探讨科普评估方法论

（1）理论与实践研究并行

评估是一门实践性比较强的学科，因而，科普评估的研究成果更多地体现出理论与实践的

特点。

科普评估研究的成果中，多数是基于评估实践的研究和探讨，但其中也不乏理论研究成果。例如，有 8 篇研究论文偏重于理论层面的探讨，如《我国科普评估体系探析》、《政府主导型科普项目的评估方案框架》等。另外，现有的 5 部著作也是既对科普评估的理论做出系统的梳理和构建，又有丰富的评估实证研究作为支撑，体现出理论实践结合的特点。例如，《科普效果评估理论和方法》探讨科普系统及效果评估、科普效果评估的理论和方法、科普效果的指标体系设计及试评估，并介绍国外科普效果评估的历史与发展，是理论研究与实践研究结合的典范。[6]《科普项目管理与评估》从理论层面上系统阐述科普项目评估管理提点、任务、原则、技巧，并重点探讨科普项目效果的评估的方法——指标体系法，同时也呈现了若干科普项目评估的案例[7]。此外，相当一部分论文本身也是评估指标、方法探讨与具体评估实践案例的融合体。例如，论文《地区科普力度评价指标体系构建与分析》在国家科普统计指标体系的基础上，构建了地区科普力度评价指标体，设计了指标权重的获得方法和评价方法，并以 2006 年度科普统计数据为基础进行了科普力度指数测算，并做了数据分析[8]。

（2）科普评估方法论探讨热烈

在科普评估研究成果中，从方法上讨论科普评估的研究成果比例较大。这方面的著作包括研究论文中，研究者一般基于对某类评估对象的特征分析与评估的意义讨论，提出一种评估的模型或者指标体系。例如，《我国科普评估体系初探》讨论科普评估的理念，并构建科普评估的体系和框架；文章提出在科普项目中实现绩效评估制度化是当务之急，要加强对科普机构的评估，要加强实现科普战略规划的自我评估，促进科普机构内部评估机制的形成等，这些见地颇具战略眼光[9]。还有的研究更具体一步，针对政府主导的科普项目提出的评估框架，其中包括评估原则包括、评估指标、评估主体、评估方法的讨论[10]。除此之外，许多研究者都把精力投入对具体科普项目的评估方法研究之中。比如，有针对科普活动评估的研究，例如《科技馆常设展览科普效果评估初探》和《科普展览巡展社会效益评估指标体系研究》都对科普展览这类活动形式效果评估提出了评估的指标和方法；有对科普设施评估方法论的研究，例如《从规模、结构、效果评估中国科普基础设施的发展》提出了我国科普基础设施评估的“规模、结构、效果”指标框架；还有对科普网站评估的研究方法探讨，提出了“导航指标、效果指标、技术指标、内容指标、服务指标”为一级指标的评估框架体系，并通过案例验证了评估模型的有效性[11, 12]。还有针对地区科普能力的评估方法的研究。而科普期刊评估方面，现有研究成果虽然对 1994 年公布的《科普期刊质量评估标准》中的不足之处进行了讨论，但还没有建立起新的科学的评估指标和框架，缺乏跟进研究。

总之，这些研究成果，极大地充实并丰富了我国科普评估的方法论研究，为今后科普评估形成规范的标准与方法提供了丰富的素材和实践。

3. 科普效果评估普遍关注的热点话题

按照评估所处的不同阶段，科普评估可以分为预评估、形成性评估和效果评估[13]。从现有研究成果来看，研究者更关注的是效果评估，对预评估和形成性评估鲜有涉及。

科普效果评估方面的研究成果包括专著3部，研究论文40篇。科普效果评估的研究成果大致可以分为两类。

一类探讨科普绩效评估。《关于上海开展科普工作绩效评估的若干思考》基于上海市科普工作绩效评估，对科普工作绩效评估的指标体系和基本理念做了初步设想[14]，2012年发表的《科普项目支出绩效评价体系研究》则在前人研究基础上更近了一步，立足于科普项目支出绩效评价工作，提出了科普项目支出绩效评价指标的构建原则、方法，评价标准设定的原则与方法，以及评价指标权重的设置问题等，构建了一套财政绩效评价体系[15]。

另一类探讨科普活动效果评估。共有研究论文21篇；这其中，比较早的是2003年对科技馆常设展览的效果评估，学科领域比较集中的是医学科普活动的效果评估，有15篇论文。从内容上看，科普活动效果评估研究成果主要体现为个案研究、大型活动如全国科普日北京主场活动评估[16]、小型活动如对某个讲座的评估等。当然，也有对科普活动监测评估的偏理论的一般性探讨，例如有科技馆常设展览效果评估指标体系的构建[17]，有对科普巡展社会效益评估的指标体系的构建[18]，还有的研究提出公众、组织及服务者、专家、媒体宣传四个角度结合的综合评估模式[19]，硕士学位论文《大型科普活动评估方法研究》研究了大型科普活动的评估模型[20]。总体来说，科普活动评估领域的研究发展较快，已经形成了相对稳定、为多数认可的指标体系和评估模型。

二、科普评估研究的评述

综观20余年来中国的科普评估研究，经历了从无到有、从开荒到精耕的历程。经过学者和科普工作者的不断实践与发展，20年来，我国科普评估研究者对科普评估的本质、目的、对象、性质、基本原则、基本过程、主要类型及其功能与特点、指标体系和评价标准、组织与制度、方法等进行了较为广泛的探讨。这其中，比较突出的进展有两点。其一，关于科普效果评估的框架与指标体系逐渐明晰。其二，关于科普评估目的问题的认识与进展，从鉴定走向发展。这些研究进展为形成具有中国特色的科普评估思想和理论奠定了基础。

然而，我们也要看到，科普评估的发展还远远跟不上科普事业发展的需要，而科普评估的滞后与科普评估研究的不发达存在直接的联系。因而，今后的科普评估研究仍旧任重道远。

1. 科普评估的外延研究有待于丰富与充实

经过20余年的发展，科普评估的内涵研究和外延研究取得了明显进展。比较而言，科普评估的内涵研究探讨深入，有关科普评估的内容、指标、功能等逐渐趋于明晰，为科普评估研究理论体系的建立初步奠定了基础。在科普评估的外延研究中，横向比较来看，各分支的研究发展还不平衡。科普项目评估的发展最快，这其中又以科普活动评估发展最突出。研究者对不同类型科普活动的评估都有一定关注，科普活动评估的理论基础与实践应用研究呈现齐头并进之势。而科普评估的其他外延分支，如科普设施评估、科普组织评估、科普人才评估、科普政策评估等发展都十分缓慢。尤其是科普政策评估、科普人才评估研究几乎处于空白状态。因而，期待今后能有研究关注这些领域。

2. 多着眼于科普评估的发展性和决策性功能

我国的科普评估工作仍处于开展初期，偏重于发挥评估的鉴定功能，主要表现为描述科普效益和结果，或是按评价结果排名次、分档次等。实际上，科普评估结果可以作为国家相关科普、科学教育组织和机构决定经费投入、项目实施的依据。随着科普评估的进一步发展和中国科普事业发展的需要，科普评估的激励改进功能在各种科普活动中日益显现出来。为了更好地、更科学地管理科普事业，准确把握科普的未来，科普评估为决策服务的功能将被广大科普工作者所关注，特别是科普决策部门会越来越重视发挥这个功能。因而，未来的科普评估研究也需要找准着眼点与落脚点，注重科普评估的发展性和决策性功能研究。

3. 加强形成性科普评估研究

科普评估依据评估阶段与评估功用的不同，可以分为形成性评估、过程评估和结果评估。我国现有的科普评估研究成果中，绝大多数探讨的是科普效果评估，亦即科普结果评估。对科普形成性评估，也就是科普的预评估鲜有关注。而形成性科普评估对于科普项目的设立、科普政策的制定等都堪称必要，因为形成性评估是从源头上部为科普决策、科普投入、科普项目把关的管理环节。因而，今后的科普评估研究应加强对形成性科普评估的研究。

参考文献

[1]彼得 · 罗希，马克 · 李希曼，霍华德 · 弗里曼. 评估：方法与技术[M]. 邱泽奇，等译. 重庆：重庆大学出版社，2007：6—8.

[2]钟天明. 加速农业科技成果转化的有效措施——高等农业院校主办农业科普期刊效用的评估[J]. 高等农业教育，1990（5）：50—51.

[3]李浩志，郑铁梅，杨慧. 科协系统科普工作效益评价体系研究[J]. 河北工业学院学报，1991，20（1）：82—90.

[4]范震威，叶承华. 科普读物的模糊学评价[J]. 黑龙江水专学报，1994（4）：80—82.

[5]史路平，安文. 科普项目评估制度化探析[J]. 科普研究，2010：5（1）：48—52.

[6]中国科普研究所《中国科普效果研究》课题组. 科普效果评估理论和方法[M]. 北京：社会科学文献出版社，2003：2—3.

[7]郑念，张平淡. 科普项目的管理与评估[M]. 北京：科学普及出版社，2008.

［8］佟贺丰，刘润生，张泽玉．地区科普力度评价指标体系构建与分析［J］．中国软科学，2008（12）：54—60.

［9］张风帆，李东松．我国科普评估体系初探［J］．中国科技论坛，2006（3）：69—73.

［10］毛发青．政府主导科普项目的评估方案框架［J］．生产力研究，2006（10）：155—157.

［11］吴琼，李楠欣，张鲁冀，吴晨生．北京地区科普网站评估指标体系的设计研究［J］．今日科苑，2011（16）：177—178.

［12］吴琼，张鲁冀，李楠欣，董晓晴．某馆科普网站评估分析研究［J］．今日科苑，2011（18）：172—173.

［13］张风帆，李东松．我国科普评估体系初探［J］．中国科技论坛，2006（3）：69—73.

［14］李健民，杨耀武，张仁开，全利平．关于上海开展科普工作绩效评估的若干思考［J］．科学学研究，2007：25（增刊）：331—336.

［15］俞学慧．科普项目支出绩效评价体系研究［J］．科技通报，2012，28（5）：210—217.

［16］雷绮红，张志敏．2007 年全国科普日北京主会场活动评估主要结果对大型科普活动策划与设计的启示［C］// 中国科普研究所．中国科普理论与实践探索——2008 全民科学素质行动计划纲要论坛暨第十五届全国科普理论研讨会文集．北京：科学普及出版社，2007：12—18.

［17］郑念，廖红．科技馆常设科普展览效果评估初探［J］．科普研究，2001（1）：43—47；65.

［18］张志敏．科普展览巡展的社会效益评估指标体系研究［J］．科普研究，2010，5（29）：45—49.

［19］张志敏，雷绮红．对大型科普活动进行综合评估的角度及相关探讨［C］// 中国科普研究所．中国科普理论与实践探索——2009 科普理论国际论坛暨第十六届全国科普理论研讨会论文集．北京：科学普及出版社，2009：501—504.

［20］黄小勇．大型科普活动评估方法研究［D］．哈尔滨：哈尔滨工业大学，2006.

第十四章 科普产业研究进展

中国科普研究所　任福君　张义忠

一、科普研究的进展状况

1. 科普产业的界定

在科普产业的研究中，科普产业的概念界定是绕不过的一个基本理论问题，由于研究视角不同，对其界定也有不同的观点。目前学术界对科普产业的界定主要从科普文化产业、科普产业两个研究角度界定，主要观点如下：

劳汉生从文化产业的视角将科普文化产业定义为：满足社会中人们的科普文化需要、科普文化消费需求而产生的一种产业。这种产业的主要功能就是满足人们的科普文化消费需求，满足人们科普文化需求的目的就是提高人们的生活质量[1]。这一界定突出强调了科普产业是基于公众的科普文化需要满足和科普消费需求满足而产生的一种产业，凸显了科普产业的社会公众需求基础。

基于对科普产业特征的分析，任福君、张义忠等将科普产业界定为：科普产业是以满足科普市场需求为前提，以市场机制为基础，向国家、社会和公众提供科普产品和科普服务的活动，以及与这些活动有关联的活动的集合；它是以一定文化基础的科普内容和科普服务为核心产品，由科普产品的创造、生产、传播和消费四个环节组成，为社会传播科学知识、科学思想、科学精神和科学方法，并创造财富、提供就业机会、促进公民科学素质提升的产业[2]。这一界定较为全面展现了科普产业的市场需求基础、市场运行机制、构成环节、产业发展的内容与宗旨。

2. 科普产业的特征

科普产业的特征是科普产业的特有属性，然而事物的属性是多方面，可从不同的角度进行多方层面的研究和分析，这种研究有助于更加清楚地厘清科普产业与相关产业的关系，有助于从不同的维度认识和分析科普产业。

任福君、张义忠等从科普产业的服务产业、文化产业和知识产业的属性出发，研究科普产业的相应的特征[3]，从科普产业的服务产业特征来看，科普产业还根本目的在于改善和提高人民群众的精神和物质生活质量，说到底就是为公众服务；从科普产业的文化产业特征来看，科普产业是基于丰富多样的科技文化元素，为满足社会的科普需要、科普消费需求而产生的一种产业。从科普产业的知识产业特征来看，科普产业的核心过程是通过产品的研发、生产和相应的服务，实现科学知识、科学方法、科学思想、科学精神的传播。

李黎、孙文彬、汤书昆等分析了科普产业的功能，对其相应表现出的社会性和产业性两方面特征进行了深入研究[4]。科普产业具有社会功能、经济功能和政治功能，而其表现出的特征包括社会性特征（公平普惠性、战略支撑性、意识形态性、文化创新性、知识趣味性、现代服务性）和产业性特征（牵引辐射性、交叉渗透性、高附加值性、环境友好性、系统循环性、媒介参与性）。前者体现出科普产业的社会效益（包括政治效益），它反映出科普产业的公益性和战略性属性；后者则更多体现出科普产业的经济效益，它反映出科普公益性以外的经营性一面。

3. 科普产业的分类

科学合理的科普产业分类不仅有利于科普的相关数据统计，也有利于将科普产业的发展状况纳入国家相关统计口径，我国学术界对科普产业的分类有了初步探讨。

周建强等从科普产业业态的角度，按照现有的科普企业及科普产品种类，将科普产业分为科普展教、科普出版、科普教育、科普玩具、科普旅游、科普网络与信息六种业态[5]。劳汉生根据科普文化产品的公共性与非公共性，将科普文化产业划分为公益性科普文化产业领域、准公益性科普文化产业领域和商业性科普文化产业领域[6]。

任福君、张义忠等结合国民经济分类中文化产业的分类，认为科普产业分类可以我国现阶段的科普发展状况和发展方向为依据，以国民经济行业分类为产业基础，以科普活动的同质性和科普的自身特征为原则来进行。在考虑到科普产业的文化产业属性，参照国家文化产业分类的基础上，对科普产业作相应的分类[7]。依据科普产业的核心产品形态将科普产业分为四大类：科普内容产品产业、科普服务产品产业、科普内容产品相关产业、科普服务产品相关产业。

4. 经营性科普产业和公益性科普事业的关系

学术界对经营性科普产业和公益性科普事业的关系作了相应的探讨。任福君、张义忠等从科普事业和科普产业的功能、属性、目的和任务等方面探讨了科普事业与经营性科普产业的关系。[8]认为，科普事业是指承担国家交办或鼓励支持的公益科普职能，不以营利为目的、面向公众提供科普公共服务（包括产品）的科普活动；科普产业则是指以满足国家、社会、个人的科普需求为前提，通过市场运作和营利的手段，向科普消费者提供科普商品和服务的科普性活动。科普事业的根本任务，应是坚持公益性、公平性、均等性、普惠性、便利性的原则，以政府为主导，以公共财政为支撑，以公益性科普事业机构为主体，以未成年人、农民、城镇职工、社区居民、领导干部与公务员等重点公众人群为重点，鼓励全社会积极参与，构建的覆盖全社会的公共科普服务体系，科普事业为公民提供基本的公共科普服务，保障公民基本的科普权益；科普产业的根本任务，是通过市场机制，优化配置科普资源，细分和繁荣科普服务市场，丰富科普产品和服务，提高科普产品和服务效能和品质，弥补公共科普产品和服务的不足，促进科普事业的发展，切实满足人民群众多层次、多方面、多样化的科普需求。二者是相互促进、共同发展的要把科普事业和科普产业有机结合起来，一方面要解决科普事业的发展问题，同时要解决科普产业的社会效益问题，为我国科普发展的注入新的活力。科普事业是科普公益性和社会效益最集中的体现，目前面临的主要问题是如何解决多年来由政府组织实施的各类公益性科普事业的成本、效率的问题。科普产业要注重社会效益，这是科普产品和人们的科学生活相关的特殊性所决定的。科普产业须社会效益优先，这是科普内涵的最低标准和基本准入条件，它不能够具有反科学价值的内涵，以及对青少年、未成年人而言，它要有利于未成年人成长的科学健康内容，或者说不能有和这个科学健康相对立的负面的内容。

古荒、曾国屏引入公共产品理论，对科普事业为何需要与科普产业结合发展，二者结合何以可能等相关问题加以分析，明晰了二者结合发展的学理基础[9]。认为，无论是在科普资源，还是在科普文化产业相关产品的准公共产品序列中，我们都可窥见政府与市场、事业与产业协同作用，共同推动科普繁荣发展的各类结合方式。如在科普事业中，政府举办科普节，企业积极参与提供展品，便是产业协助事业向公众供给“科普节”这一公共产品属性较强的科普事业产品；又如在科普产业中，企业主导产品的提供与生产，但政府通过税收等政策积极加以引导扶持，同样体现了产业与事业的结合；还如由市场主导供给、企业生产制作的科幻娱乐作品，能够有效补充事业性科普产品在文化性、娱乐性、生活性上的劣势，从而形成更为完整、更受大众欢迎的科普产品序列，这便是科普事业与科普产业在更宏观层次上的结合。如作细致区分，上述几例科普事业与科普产业的结合在本质上是有所差异的。一类是将事业与产业作为两种方法，分别在科普事业与科普产业的内部实现方法性的结合（以下简称内部结合，上述第一例与第二例属于此类）。在“科普事业中的内部结合”上，科普事业产品不单纯由政府实现供给，而是在政府主导的前提下，充分调动市场等社会力量，提高科普服务水平。在“科普产业中的内部结合”上，营利性科普产品虽由企业、市场主导供给，政府同样通过引导、扶持等方式体现了事业性的考量。在此，科普事业与科普产业的结合实质上是作为两种方法，在公益性科普事业或是经营性科普产业的内部实现了共赢合作。另一类是将事业与产业作为两种对象，实现科普事业与科普产业的外部结合（以下简称外部结合，上述第三例属于此类）。在这类结合中，科普事业与科普产业可被看作两类性质不同的对象，公益性科普事业及其产品由政府主导供给，经营性科普产业则由市场发挥主导配置作用。二者相互补充、相互促进，形成结合发展的态势。基于以上分析，他们认为，在推动科普事业与科普产业的结合中，需要根据产品在公共产品属性与营利诉求上的不同特征选择不同的供给策略。

5. 科普产业发展的需求分析

需求是科普产业发展的原动力。对此，学术界从不同的层面做了分析，任福君、谢小军认为没有科普需求，科普产业的发展便没有意义，找不准科普需求，科普产业发展就是无的之矢[10]。社会的知识化发展产生了巨大的科普需求。这种科普需求由三种需求组成：国家的科普需求、社会的科普需求、公众的科普需求，三种科普需求既相对独立又相互联系和交叉，其所形成的需求合力是科普产业发展的原动力[11]。

国家、社会和公众的科普需求集中形成的市场张力和利益张力，表现为科普的市场需求，并形成科普产业的市场容量及相应的经济利益，从而产生科普产业发展的推动力。这既是科普产业市场主体的竞争动力之所在，也是科普产业市场主体的利益机制之所在。近几年，我国公民科学素质建设的发展正孕育巨大的科普市场，政府科普产品的采购和共享力度不断加大；科普场馆设施的快速发展，存在大批科普产品和服务“缺口”；科普产品和服务创新的需求强烈。对于这种市场需求预测也相应地成了学界关注的话题。周建强领导的安徽省科协联合中国科学技术大学相关科研力量组成的课题组预测，仅“十二五”期间，六大业态就孕育着千亿元的市场。科技馆形成的科普产品市场就价值数百亿元；到 2015 年，科普出版业的总产值将达到 1470 亿元；科普玩具总产值将达到 324 亿元，消费将达到 1002 亿—1452 亿元；科普教育等投入将达到 100 亿元；科普旅游、科普游戏、科普网络与信息也将实现产值数千亿元的市场潜力。中国科普研究所任福君所长领导的课题组估算，科普基础设施每年对科普产业贡献的市场规模至少 140 亿元。整个“十二五”期间，科普基础设施的投入和需求达到 680 多亿元[12]。

6. 科普产业的主要业态

由于科普与众多产业形成了交叉渗透、融合发展的态势，科普产业也由此出现了多种业态。对于科普产业的主要业态学界给予了广泛关注。

中国科普研究所所长领导的课题组以科普产品和科普服务为主要依据，将科普产业的主要业态分为：科普展教品业、科普图书出版业、科普动漫产业、科普影视产业、科普游戏产业、科普玩具业和科普旅游业等七大业态，并对七大业态的发展现状和存在的问题做了初步分析[13]。

杨铭铎领导的团队对从科普与旅游结合的角度对科普旅游产业相关问题做了研究[14]，他们分析了科普与旅游结合的必要性和可行性，阐述了科普旅游产业的特征与意义。在此基础上，杨铭铎还对旅游科普模式做了探讨，提出三种模式：观光型科普旅游、体验型科普旅游和研究型科普旅游。

肖云等对手机科普产业发展现状与趋势研究作了研究[15]，他们分析了移动通信产业链的结构特点和手机媒体传播的特点，剖析了手机科普产业的发展现状，对青少年、农民工、白领三个不同的手机用户群体进行了需求分析，指出当前的移动通信渠道垄断是阻碍手机科普产业发展的重要问题，明确“需求牵引、市场导向、技术推动”是目前手机科普产业发展的运作规律，手机终端技术及应用的发展、三网融合的趋势、民营资本进入电信领域等因素或将为手机科普产业发展带来新的机遇。

刘玉花、费广正等对科普网游产业的发展做了研究[16]，他们通过文献研究、网络问卷调查、走访调研网游企业等方法收集资料，研究分析当前科普网游的现状及问题，阐述大力发展科普网游产业的必要性，提出了促进科普网游产业发展的政策措施建议。

姚义贤、武丹等对科普动漫产业的发展做了研究。他们对中日科普动漫发展做了比较研究，从发展模式、品牌建设、内容创作和人才培养等方面分析了我国科普动漫与日本的差距，提出了相应的经验借鉴[17]。他们还深入分析了我国科普动漫的现状，认为与发达国家相比我国科普动漫产业发展相对滞后，主要表现在：科普动漫作品数量较少，创作质量相对较低，科学性和艺术性的结合相对欠缺，产业链尚不成熟、尚未形成稳定的盈利模式。目前我国发展科普动漫存在的主要问题是：缺乏政策支持、企业对科普动漫的创作关注较少、传播媒介利用不充分、资金短缺、人才匮乏等。为此，他们提出，促进科普动漫产业发展的主要任务有三：一是建立良性的研发环境，二是形成良性的融资机制，三是搭建人才发展的平台。政府应从政策支持、体制松绑，完善产业链，建立盈利模式，建立高端人才培养机制，促生动漫精品等宏观政策上给予大力支持，支持并引导科普动漫产业尽快走上可持续发展轨道[18]。

7. 科普产业发展的动力系统

任何产业的发展均离不开一定的动力，而且这种动力还不是单一的，往往是一个动力系统。科普产业的发展也是如此。

任福君、张义忠等较为深入地研究了科普产业发展的动力系统。他们认为，科普产业发展的动力系统由原动力、推动力和驱动力三个动力系统构成。需求是科普产业发展的原动力，市场（经济利益）是科普产业发展的推动力，创新是科普产业发展的驱动力。国家、社会和公众的科普需求集中形成的市场张力和利益张力，表现为科普的市场需求，并形成科普产业的市场容量及相应的经济利益，从而产生科普产业发展的推动力。知识创新促进科普产业成长和持续发展，国家、社会、公众的科普需求，只有通过科普产业的知识创新，才能得到不断实现，由此科普产业发展才能有驱动力，科普产业的每一步发展、每一个品种、每一个环节都是知识创新的成果。服务创新拓展科普产业的领域与发展空间，文化创新提升科普产业发展的软实力[19]。

8. 科普产业发展存在的问题

问题研究的目的在于发现问题、分析问题，追寻问题产生的成因，以便为问题的解决提供思路和对策建议。在科普产业研究中，科普产业发展存在的问题成了众多学者关注的研究热点，他们或从调研中发现问题、或从案例剖析中发现问题、或从政策分析中提出问题、或从比较研究中寻找问题，由此，对科普产业发展存在的问题也有多个维度的探讨。

杨冠楠从影响经营性科普产业发展的因素，结合山东科普教育基地的实际分析了科普产业发展存在的问题[20]。认为，目前我们的经营性科普产业还远远滞后于市场需求。现在人均年科普图书发行量仅0.02册，科普图书平均发行量约相当于全国图书平均发行量的1/8。全国科普期刊有400余种，但其中每期发行量能超过20万册的不到5%，超过40万册的只有3种，年盈利能达到50万元以上的不足10%，许多科普期刊处于亏损状态。目前全国科普旅游馆（园）约有80家，但大多数都强调娱乐、猎奇和刺激性，有的还有伪科学、庸俗的内容存在，而科学内涵和教育功能不足。究其原因，大概包含以下几个方面：①对于经营性科普产业的观念认识不够；②支持科普产业发展的政策协调相对滞后；③支持科普产业发展的财政金融税收政策亟待完善；④支持科普产业发展的人才激励机制尚未形成。

金彦龙从影响科普产业市场化运作的因素的角度分析了我国科普产业发展在市场化运作方面存在的问题。[21]认为，目前影响我国科普产业市场化运作的因素有以下五个方面：一是运作主体、企业及科普创作群体对科普产业市场化运作尚存在一定的认识障碍；二是存在科普产业市场化运作主体缺乏、科普经费的使用监督不健全、考核评价指标体系不清晰等方面的体制障碍；三是满足不同层次公众需求的各类科技馆、博物馆不足，为科普提供各种服务的中介机构（如评估机构等）缺乏；四是用于资助公益性事业的各类基金会几乎没有，科普社会资金投入总体缺乏；五是科普创作人才、科普产业市场化运作人才和管理人才缺乏。

任福君、张义忠等在分析我国科普产业整体现状的基础上，较为系统地梳理我国科普产业发展存在的主要问题[22]。认为，我国科普产业市场化程度不高，整体上没有形成规模化、集约化、专业化的发展格局；科普产业组织形式还处于“散、缓、小、弱”的状态，缺少“龙头”企业；整个科普产业结构中传统科普展教品业的比重较大，现代新兴科普产业发展不够。制约科普产业发展的深层次问题没有解决，主要表现在以下七个方面。①观念滞后。突出的表现为，不愿意承认相关的“科普”产品或科普服务可以是一种产业；②创新不足。内容创新、服务创新和产业业态创新不足；③相关政策法规不配套、不完善。《科普法》等涉及科普产业发展的政策法规不健全、不完善，操作性差，执行力弱。文化、创意等相关产业发展的法律对科普产业发展关照不够；④相关体制、机制创新不够。导致指导科普产业发展的管理主体缺位；⑤相关制度基础缺失。科普产业认定和认证制度不健全、不完善；科普知识产权保护缺少明确的制度保障；科普产品技术规范和标准体系没有建立起来；科普产业发展所需的市场准入机制没有建立起来；⑥亟需的高素质经营管理人才匮乏。最缺乏的就是爱科普、懂市场、会经营的科普产业经营管理人才；⑦相关理论研究严重滞后。

9. 促进科普产业发展的对策措施

多管齐下，采取有力措施促进科普产业发展是学术界科普产业发展研究的重点，由于对问题和影响科普产业发展因素的认识不同及研究的视角不同，学者们提出了促进科普产业发展对策。

劳凯声在定义科普文化产业化的基础上，将科普文化产业分为公益性、准公益性和商业性三个领域，并系统阐明了科普文化产业化发展中的10大关系，提出了科普文化产业微观和宏观两种不同发展模式，及18条发展科普文化产业的对策建议[23]：①坚持以经济发展为中心，满足人民日益增长的物质文化生活需要和科学的生活需要；②以市场为中心，塑造科普文化市场的经营主体；③完善科普文化市场的游戏规则，健全知识权保护体系，加大对侵权盗版的打击力度；④建立合理有效的政策服务体系和办事机构，推动出口导向型企业发展和产品生产；⑤建设科普文化产业网和科普文化产业示范基地；⑥加强宏观调控，制定总体规划；⑦以“做大做强”为目标，建立、健全大型文化产业集团；⑧广纳资金，建立多元融资渠道；⑨推出“科普文化产业人才培训工程”；⑩制定相应政策、法规保护民族科普产业；⑪组建行业协会，增强行业的自我管理和有序竞争机制；⑫推动科普文化产业的研究与开发；⑬推动国有经营性科普文化单位的改革；⑭逐步放宽市场准入政策；⑮扶持发展具有示范性、导向性的重点科普文化产业项目；⑯科普文化产业与旅游业相结合；⑰加快文化产业中的现代流通企业的建设。

周建强在分析我国科普产业政策环境的基础上提出了7大科普产业支持政策和保障措施[24]：①加强组织领导，积极营造有利于产业发展的政策环境；②加强科普产业资源共建与共享，优化产业结构；③制定科普产业市场准入政策，加强对科普产业的市场监管；④加大投入力度，拓宽投融资渠道；⑤建立和完善科普产业激励机制；⑥实施有利于科普产业发展的税收政策；⑦推动科普产业人才队伍建设。

任福君、张义忠等在分析我国科普产业发展面临的主要任务的基础上，提出了促进科普产业发展的9大对策建议[25]：①正确定位，转变理念。发展科普产业必须要转变观念，强化科普产业服务意识，将科普产业的发展从根本上转向服务公众的科普需求、服务公民科学素质建设的轨道上来。②支持研发，鼓励创新。出台优惠政策，支持科普企业和服务机构开展科普研发工作，鼓励科普企业和服务机构开展科普创新。持有条件的科普企业设立企业技术中心或工程技术中心。③推动相关政策法规的制定与实施，建立健全科普产业的准入制度。④完善统筹机制，加强组织协调。完善科普产业发展统筹机制，加强科普产业发展组织协调，形成科普产业发展的协同推进机制。⑤加大财政资金支持力度，拓宽融资渠道。建议设立科普产业发展专项资金，对符合政府重点支持方向的科普产品、服务和项目予以扶持。⑥采取有力措施拓宽科普服务领域，拉动科普市场需求。充分发挥科普组织的网络优势，培育辐射国内外的科技界、科普界和全社会科普产业营销网络体系。鼓励经营性科普设施打破分割，发展新兴科普业态，发展科普产品和科普服务的现代市场营销系统。⑦建立健全市场体系，积极推动科普产业优化资源配置。选择全国科普资源富集、科普产业发展基础好的地区认定一批科普产业集聚区。科学规范地认定一批重点科普企业，鼓励重点科普企业承担科普产业的共性技术研发、市场推广等公共服务平台的建设。⑧加强研究工作，强化科普产业发展的理论支撑。应当加强科普产业的科普需求调研，定期发布科普产业发展报告，适时引导科普产业发展。⑨加强知识产权保护，强化对科普创新和科普创作的知识产权激励。采取有力措施建立科普知识产权许可和利益共享机制，保护科普人才创新、科普创作的合法权益，建立科普知识产权的救济机制。

10. 科普产业相关案例研究

案例研究方法是从微观的角度，通过具体的分析、解剖，更加深入地了解产业运行具体情况。

马蕾蕾、曾国屏通过对科普文化产品的经典之作《铁臂阿童木》的成长之路的回顾，从产业化和社会文化综合效应来剖析了其成功之处，进而对科普与文化产业的结合进行再思考。[26]认为，《铁臂阿童木》的成功之路彰显了其作为科普动漫成功的四大法宝：从传统文化吸取营养，对科学发展的未来想象；从漫画到动画，技术创新开拓成功之路；从工作室走向广阔社会，商品化计划推动产业发展；走向国际舞台，成为文化和产业的代言人。其对中国科普动漫业的深刻启示在于：尽管中国的传统文化博大精深，我们需要发扬优秀的传统文化，但是，我们不能仅仅“坐吃”传统文化，而应当与时俱进，融入对未来的前瞻，融入科技前沿展望。

周立军以 2011 年 9 月举办的首届北京科学嘉年华为案例研究对象，分析了这次活动举办的给科普活动带来的启示[27]。首届北京科学嘉年华实践表明：使全民参与科普的关键是匹配科普资源，科普资源的建设、开发、配置、共享以及利用等方面最有效的机制就是市场化。

周荣庭、潘琳以芜湖科普园区的建设为研究对象，分析科普园区建设发展中面临的问题，提出了科普园区建设发展的一些策略[28]。认为，芜湖科普产业园的建设面临诸多困难和问题，集中表现为以下几点：①缺乏园区管理机构；②产业集聚效应不明显；③科普展览对接平台数量少。针对这些问题，他们提出了推进科普产业园区的发展策略：①发挥产业集聚效应，打造龙头企业；②完善政府支撑体系，开拓市场渠道。完善社会化服务体系建设，为企业创业与发展提供良好的服务环境。加大对科普产业园公共服务平台和研发平台的投入；③创新宣传推介方式，形成产业集群；④加快园区组织建设，推进科学管理。

二、科普产业研究展望

上述 10 个方面的科普产业研究进展表明：科普产业的研究在我国已经从多个研究维度和研究层面广泛展开，取得一批研究成果，根据对中国中知网的学术文献统计，以科普产业作为主题词的学术文献已达 40 篇（截至到 2012 年 10 月 18 日），在近几年的科普产业研究中，据不完全统计，各类研究机构为相关政府部门决策提供的科普产业发展咨询研究报告也有近 10 份、约 50 万字。这些研究有力地支撑了政府发展科普产业决策。但是，我们也应当看到，现有的科普产业研究远远不能满足国家发展科普产业的需要，远远不能满足公众对科普产业发展的强烈需求。展望未来，科普产业研究将在以下几个方面深化发展。

1. 国际比较研究将会全面展开

随着产业界和科普界国际交流的深入、相关国际合作研究的开展，以及国内外相关科普国际会议交流平台的搭建，科普产业国际比较研究将会迎来难得的发展机遇。不同的国家，在产业分类、产业组织形式、产业发展政策体系、产业服务体系、产业园区等方面会有各自的特色，比较他们的差异，探寻其中的共性问题和产业成长规律，揭示各国科普产业发展的有效机制和有效政策支持，无疑是科普产业国际比较亟待开展的研究课题。这对于我国发展科普产业，借鉴国外的成功经验，无疑具有重要的意义。

2. 科普产业的基础理论研究将会进一步深化

现有的研究成果对科普产业做了界定、进行了分类，并对科普产业的动力系统、科普产业的业态等相关基础理论问题做了初步研究。但仅仅有这些研究还不足以为科普产业的发展提供切实有效的理论支撑。科普产业发展亟需在科普的基础理论上有所突破。科普产业的构成要素需要进一步的细化研究，各个要素在科普产业发展的地位和作用如何需要进一步的明晰；科普产业的产业链构成及科普产业的产业建设、创新链建设、产业链优化的路径如何、科普产品和服务的价值链有哪些环节组成等基础理论亟需开展研究；科普产业的分类如何进一步细化，如何融入国家的国民经济分类体系中，如何融入国家的国民经济统计体系中，如何为科普产业开展科学合理的统计提供理论指导也是亟需研究的重要基础理论问题；科普产业的组织形式及组织建设、科普产业发展的行业自治机制如何建立、科普产业的产业联盟如何建立也是科普产业发展亟待解决的基础理论难题。

3. 文化大繁荣、大发展背景下科普产业与文化产业的融合发展研究将会广泛开展

《中共中央关于深化文化体制改革推动社会主义文化大发展大繁荣若干重大问题的决定》的颁布实施，进一步推进文化产业的大发展、大繁荣，推动科技与文化融合已经成为国家文化产业发展的重要任务和重要内容。发展科普产业本来是文化产业发展题中之义，但是在我国由于多种原因，科普与文化的融合并不深入，科普产业融入文化产业发展的大格局还有诸多理论问题亟待破解。科普与文化融合的基础、科普产业与文化产业融合发展的内在机理、科普产业与文化产业融合发展的机制与路径、科普产业发与文化产业融合发展的组织体系建设、技术创新中科普产业与文化产业融合发展组织创新、制度创新等亟需广泛开展研究。

4. 科普产业的量化研究将会有所开展

目前学术界对科普产业的相关量化研究仍是空白，究其原因，一是研究力量严重不足，二是科普产业发展起步晚，相关产业的数据积累时间短，而且不完整，难以开展相关数据分析，更谈不上建立相关数学模型。随着国家和地方对科普产业发展的重视，科普产业的相关统计已经引起重视，有了相关的数据之后，相信学术界对科普产业的相关研究会逐步引入定量分析的方法。

5. 科普产业的需求预测和市场分析将会引起业界和学界的关注

科普内容和科普服务的创新必然会催生科普产业主要业态的形成和发展，科普产业市场容量也会随之扩大，加之创新型国家建设中对公民科学素质要求，科普产业必然会有诸多市场发展机遇，这就会引起决策者和市场主体对科普产业需求预测和市场分析的巨大需求，目前国内尚没有开展科普产业的年度市场需求预测和行业市场分析报告的研究，随着科普产业发展决策科学化、细化的要求和市场主体发展科普产业对细分市场了解的迫切要求，科普产业的需求预测和市场分析将会引起业界和学界的关注。

6. 扶持、支持科普产业发展的具体政策措施研究将会广泛深入开展

尽管学术界已经开展了一些相关的政策研究，但很分散、凌乱，也不成体系，在国家文化产业发展的大背景下，发展科普产业需要一整套体系化的政策措施扶持、推动，这就需要系统梳理我国已有的科普产业发展政策、已有的文化产业发展政策及相关政策措施，科学合理评价现有政策的实施效果，进而审视现有政策对科普产业发展的支撑、支持能力。这就需要广泛深入开展扶持、支持科普产业政策的理论研究和实证研究，如科普税收优惠制度、科普基金制度、科普专项制度、科普产业示范基地建设制度、科普产业园区建设制度、科普产业准入制度、科普产业的投融资制度、科普产业创新支持制度、科普产业认证、认定、科普产业的相关标准、规范、科普产业的知识产权制度等。

7. 科普产业案例研究和案例库建设将会全面展开

案例研究在科普产业研究已有所展开，但远远不够。随着科普产业的发展，案例研究将会在科普产业的各个业态中全面展开，一方面业界对这种问题诊断式的研究十分需要，另一方面，政府决策也需要这种问题诊断式的研究作支撑，以使决策更加符合科普产业发展的具体实施。

参考文献

[1] 劳汉生. 我国科普文化产业发展战略（思路和模式）框架研究［J］. 科技导报，2004（4）：55—59.

[2] 任福君，张义忠，刘萱. 科普产业发展若干问题研究［J］. 科普研究，2011（3）：5—13.

[3] 任福君，张义忠，刘萱. 科普产业发展若干问题研究［J］. 科普研究. 2011（3）：5—13.

[4] 李黎，孙文彬，汤书昆. 科普产业的功能分析及特征研究［J］. 科普研究，2012，7（3）：21—29.

[5] 任福君，张义忠，周建强，等. 中国科协科普产业发展“十二五”规划研究报告［R］. 2010.

[6] 劳汉生. 我国科普文化产业发展战略框架研究［J］. 科学学研究，2005(2)：213—219.

[7] 任福君、张义忠、刘萱. 科普产业发展若干问题研究［J］. 科普研究，2011（3）：5—13.

[8] 任福君，张义忠，周建强，等. 中国科协科普产业发展“十二五”规划研究报告［R］. 2010.

［9］古荒，曾国屏．从公共产品理论看科普事业与科普产业的结合［J］．科普研究，2012，7（1）：23—28．

［10］任福君，谢小军．发展科普产业的三个“不能忽视”［N］．学习时报，2011-02-21（7）．

［11］任福君，张义忠，刘萱．科普产业发展若干问题研究［J］．科普研究，2011（3）：5—13．

［12］任福君，张义忠，周建强，等．中国科协科普产业发展“十二五”规划研究报告［R］．2010．

［13］任福君，张义忠，周建强，等．中国科协科普产业发展“十二五”规划研究报告［R］．2010．

［14］杨铭铎，等．基于科普与旅游相结合的科普产业发展的初步思考［Z］．第十九届全国科普理论研讨会论文集，2012．

［15］肖云，王闰强，王英，毕宏宇．手机科普产业发展现状与趋势研究［J］．科普研究，2011，6（7）：90—97．

［16］刘玉花，费广正，姜珂．科普网游及其产业发展研究［J］．科普研究，2011，6（6）：34—38．

［17］武丹，姚义贤．中日科普动漫发展状况比较研究［J］．科普研究，2011，6（1）：22—26．

［18］龙金晶，郭晶，武丹．中国科普动漫产业发展存在问题及对策研究［J］．科普研究，2010，5（5）：13—18．

［19］任福君，张义忠，刘萱．科普产业发展若干问题研究［J］．科普研究，2011（3）：5—13．

［20］杨冠楠．经营性科普产业的发展问题分析及对策研究——由科普教育基地现状引发的思考［J］．科普研究，2010，5（z1）：15—19．

［21］金彦龙．我国科普产业运作机制研究［J］．商业时代，2006，8（36）：77—78．

［22］任福君、张义忠、刘萱．科普产业发展若干问题研究［J］．科普研究，2011（3）：5—13．

［23］劳汉生．我国科普文化产业发展战略框架研究［J］．科学学研究，2005（2）：213—219．

［24］周建强．科普产业发展研究［R］．2010．

［25］任福君，张义忠，刘萱．科普产业发展若干问题研究［J］．科普研究，2011（3）：5—13．

［26］马蕾蕾，曾国屏．对科普文化产品经典之作《铁臂阿童木》的回顾和思考［J］．科普研究，2009，（3）：44—50．

［27］周立军．科普产业如何走向市场——首届北京科学嘉年华引发的思考［J］．科普研究，2012，7（1）：29—31．

［28］周荣庭，潘琳．科普产业园发展及对策研究——以安徽芜湖为例［J］．科普研究，2012，7（3）：60—63．

第十五章
科研与科普结合研究进展

中国科普研究所　梁　琦

为了更加有效地提升我国的科普能力，刘延东国务委员在2011年听取纲要实施情况汇报会上指出："要建立科研与科普结合机制。要将科普工作作为国家重大科技创新任务的有机组成部分，在不涉及保密的情况下，使公众能够及时了解科研的最新发现和科技创新的最新成果。国家重大工程项目、科技计划项目和科技重大专项，可以考虑在立项时增加相应的科普任务，验收时要对科普效果进行评价。"这既是国家对科研与科普相结合工作的具体要求，也是我们当前推进该项工作的难得机遇。中国科协韩启德主席在对未来五年科协工作的要求中提出，要"把推动科普资源共建共享作为服务提高全民科学素质的关键，在广泛普及科学技术方面更加务实高效"。《全民科学素质行动计划纲要实施方案（2011—2015年）》、中国科协《2011年全民科学素质工作要点》等也明确指出，要"建立完善科研与科普结合的机制"，"推进科技成果转化为科普资源"，"选择若干国家重大工程项目、科技计划项目和科技重大专项，在立项时增加相应的科普任务，验收时对科普效果进行评价，推进中央和地方政府各级科研项目成果的传播和普及工作，提高公众对国家重大工程项目、科技计划项目和重大科技专项产生的创新成果的关注度和知晓率。"

科研与科普相结合在我国仍是一个新出现同时又十分复杂的问题，业界尚缺乏系统和有深度的研究成果。为更好地服务于国家推进科研与科普相结合工作的需要，中国科普研究所成立课题组，对若干科技先行国家及地区科研与科普结合的相关政策、规定、指南和具体做法进行了全面系统的梳理研究，深入探讨了科研与科普之间的关系，调研了我国科研与科普相结合的现状，深入分析了当前该项工作开展中存在的主要问题，并探索了相应的解决方案与建议，形成具有重要意义的研究成果，对指导我国的科研与科普结合的实践工作提供了重要的理论支撑。

一、典型国家与地区（国际组织）的相关政策与实践

1. 欧盟委员会促进科研与科普相结合的政策解析

欧盟自 1984 年开始实施连续的科学研究政策，这方面的政策主要通过“欧盟科研框架计划”(European Union’s Framework Programme for Researchand Technological Development，FP)开展，至今已有 7 个框架计划。欧盟科研框架计划是目前世界上最大的官方科技计划之一，是由欧盟委员会发起、欧盟成员国广泛参与的重大科技合作计划。该计划除对欧盟成员国开放外，还倡导世界范围内的多领域合作，已逐步成为内容丰富的全球性科技合作与开发计划之一，其研究以国际前沿和竞争性科技难点为主要内容，具有研究水平高、涉及领域广、投资力度大、参与国家多等鲜明特点。欧盟框架计划在近 30 年执行中取得了大量的科研成果，为欧洲的经济和社会发展起到了重要的作用。欧盟框架项目中非常重视科学传播内容，希望通过强化科学传播内容来提升科学研究在公众中的影响，促进公众更好地理解科学研究的现状和进展。欧盟框架项目对科学传播内容的重视主要体现在两个方面：一是在框架项目中设置独立的科学传播项目；二是在科研项目中嵌入科学传播内容。

(1)政策内容分析

① 设置独立的科学传播项目。第六框架计划在第二部分“构建欧洲研究区”中设置了专门的科学传播项目，主题为“科学与社会”，研究预算为 0.8 亿欧元。这个主题下的所有项目旨在促进科学与社会和谐关系的发展和开展欧洲创新，为科学家的“批判性见解”和对社会关心的问题的反映提供帮助。项目侧重促进科学与社会之间的对话。第七框架计划在四大研究计划之一的“研究能力建设计划”中设置了科学传播板块，主题为“社会中的科学”，总预算为 2.8 亿欧元。这个主题下的项目强调科学作为社会的一个重要组成部分，科学家与公众要互动，公众要对科技项目知情并参与进来。社会中的科学主题在“能力建设计划”中承担重要的作用，主要目标是建设更加有效和民主的欧洲知识社会，加强科学家与广泛大众之间的深入联系。社会中科学主题是以往框架项目科学传播工作的重要拓展。

②其他科研项目中嵌入科学传播内容。除了单列的科学传播项目，欧盟框架项目另一推动公众参与和了解科学研究项目的措施是在科研项目中嵌入科学传播内容。嵌入是全程式的，从项目申请、项目执行、结题评审以及成果宣传都要有科学传播的内容。欧盟把研究成果与公众交流作为申请欧盟框架计划项目的条件之一，倡导的科学传播形式包括多媒体、展览、教学与教学材料、公众辩论、研讨会等。在项目执行过程中，项目参与人要在适当的时候与科研界之外的广大公众就科学事宜和研究成果进行对话和讨论，与政策制定者和社会团体就科学相关事宜进行对话和讨论；在各层面开展教育合作；开展活动以促进科学研究的社会影响。框架计划资助项目成果评估时要求项目承担人在项目完成 60 天之内提交相关报告，报告中要对项目的

广泛社会效应，特别是公众的广泛参与、扩大影响以及成果的使用和宣传计划等进行详细描述。框架计划对科研项目成果的社会影响有较高的要求。要求项目承担人积极开展专项宣传项目成果；通过 CORDIS（欧共体研发信息服务网页）服务，以易用的方式促进知识的传播和研究成果的利用；推动与更广泛的大众，包括民间社会组织，而不局限于研究界，就科学事宜和研究成果展开对话与讨论。

（2）政策背景、实施基础以及实施效果分析

① 政策背景。2001 年，第六框架计划（FP6）的“科学与社会行动计划”被欧盟委员会采纳以及欧洲委员会研究网络计划的实施，标志着欧盟已经投入到促进和鼓励科学与社会间的对话中。欧盟委员会的目标之一即是在科学团体中培养一种科学传播的文化，希望能够拉近科学与公众的距离，促进公众对科学研究的理解。在第六框架中，欧盟委员会对大型项目给予了支持（50—100 名合作者）。在这样的背景之下，研究成果的传播就成为参与欧盟 FP6 计划所支持的研究活动的一种契约性义务。这一条款的特殊目的在于促进知识的共享、公众了解、透明度和教育。欧盟委员会的传播策略尤其注重通过“大众媒体”的传播（电视、广播和报纸媒体）。此外，随着网络的迅速发展，传播中还涉及网络。

② 政策实施基础。在欧洲实施基础研究与科学传播相结合不但受到广大公众的欢迎，同时也得到科学家的支持，政策实施基础有如下几点：首先，欧洲公众希望更多地了解科技信息和科学研究。“欧洲晴雨表（Eurobarometer）与公众意见调查报告表明，78% 的欧洲公众表示对“科学新发现”非常有兴趣或者有兴趣。相比 1992 年的调查，2005 年的调查中公众希望从“科学新发明”和“科学新发现”中获取信息的比例分别提升了 2% 和 1%。不管是对科学技术很了解的人还是不了解的人都同意“参与科技政策的制定过程非常重要”。

其次，欧盟委员会积极参与到资助项目的成果向公众和媒体开展的科学传播活动中。欧盟委员会对项目执行人开展科学传播活动给予很多支持，一方面是给予经济支持，比如资助项目开设自己的网站定期公布研究进展，另一方面对项目团队给予很多针对性的帮助，使他们能够掌握必要的科学传播的技巧，使得成果得到更广泛的传播和最大化利用。

第三，欧盟委员会特别希望框架计划资助项目的参与者认识到自身也有公众传播层面的内容，不断让参与者认识到他们有能力改善科技以及科学家在公众中的形象。越来越多的科学家认识到让非专业人士了解他们的科研成果能够增强公众对科技发展的理解，有助于科技政策的成功实施。科学家对如何开展科学传播的兴趣和需求都愈加强烈。

③ 政策实施效果。欧盟框架计划对科学传播项目的投入增长很快，预算成倍增长，研究目标愈加明确，研究主题不断具体化。欧盟委员会对框架计划评估发现，设置独立科学传播板块产生了比较好的科学传播效果。欧盟委员会于 2007 年公布了对第六框架中“科学与社会”主题的中期评估，报告显示项目取得了较大的成果，主要包括：这个主题的研究已经确立了考核欧盟科学与社会问题的讨论框架和背景——在科学技术研究相关问题上提供反思性的活动。

“科学与社会”主题的研究在扩大科学团体的范围上做出重大的贡献，特别是科学家与公众之间开展的活动数量的增长是显而易见的，可以说，单列的科学传播研究板块对整个欧洲社会的文化和能力建设起到重要的作用。

网络对于科研项目宣传其科研成果和让公众了解更多的信息方面也有很好效果。欧盟第七框架中期监测报告中有数据表明：欧盟委员会研究网站（EUROPA）2008 年有 26000 个页面，月访问量已经超过 125000 人。EUROPA 随时更新欧洲研究的最新决策和最新进展。2008 年，有将近 8500 万访问量，直接产生了 16200 万的浏览。

2. 英国研究理事会（RCUK）推动科研科普相结合的政策

（1）将面向公众的科学传播与普及纳入国家创新政策体系当中

英国各届政府对科学传播工作日益重视，国家层面的科学传播工作由英国商务、创新和技能部（BIS）进行整体规划，并逐渐明确和丰富了政府的责任：向公众解释科学技术与日常生活的相关性；激发青年人对科技的兴趣，鼓励他们投身科技事业；给公众提供条件，让他们了解最新科技发展动态，并就相关问题展开广泛讨论；保障科技界和公众对话渠道的畅通，特别是那些涉及道德和社会的问题；提高公众科学素养的水平，使公众能够更好地与科学家进行对话交流，同时加强和促进科学家对公众的关注和了解。

1993 年 5 月，英国政府发表了题为《实现我们的潜力》的科技白皮书。在这份引导英国科技走向 21 世纪的纲领性文件中，英国政府首次明确提出要增强公众对科学、工程和技术重要性的认识。白皮书阐述了英国政府科技发展的总体战略，并将促进公众对科技的理解作为科技发展战略之一。为此，贸工部（DTI）下的科学技术办公室（OST）成立了公众理解科学技术与工程（PUSET）领导小组，指导全社会公众理解科学活动、管理公众理解科学计划。根据科技白皮书的要求：英国政府在面向公众的科学普及中要实现两个目标：①通过科普活动，激发青少年对科学、工程和技术的兴趣，吸引更多的优秀青少年追求科学、工程和技术职业；②提高公众了解科学、工程和技术知识的水平，使公众能就科技领域产生的一些公共议题进行更有效的公开辩论，从而强化民主决策。为实现上述目标，按照白皮书的要求，英国政府于 1994 年 1 月启动了公众了解科学、工程和技术计划，并授权贸工部科技办公室负责管理和实施。资助经费逐年增加，1997 年公布了 1998 财年资助经费为 12 万英镑；2005 年经费为 1998 财年至 2006 经费为 1998 财年，资助经费从每年 425 万英镑增长到 900 多万英镑，增幅超过 50%。从 2010 年英国商务、创新与技能部的《2011 至 2014 科技投入预算书》中可以看出，从 2011—2014 年，每年的“科学与社会”项目投入均为 1300 万英镑，总计为 5200 万英镑。2004 年 7 月 12 日，英国 3 个科技关键部门联合发布了《英国 10 年（2004 部门联合）科学和创新投入框架》，将英国未来的战略目标分解成 6 大项。其中第 6 项是：增加英国社会对科学研究和创新应用的信心和理解。要采用各种方式改善公众对科学的认识和理解，加大媒体宣传，扩大科学家和科技决策者与大众的沟通和交流，引导公众对科学的态度，建立对科学的信心。

英国政府现行的科研计划包括：政府制定的各科技计划和政府各行业管理部门制定的科研计划。主要有技术预测计划、“发挥我们的潜能”奖励计划、科学与工程合作奖励计划、“联系”计划、小型企业研究与技术奖励计划和公众认知计划等。公众认知计划就是一个科普计划，主要用于提高人们对科学、工程与技术为英国经济繁荣和生活水平提高所起作用的认识水平；提高公众对一些科学术语、概念和事物等的理解水准；同时鼓励年轻一代从事与科学和工程相关的职业。该计划主要是支持并资助英国科技促进协会（BA）等组织的有关活动。2008年3月，英国政府出台《创新国家》白皮书，强调创新对英国未来的繁荣和应对气候变化的挑战至关重要，旨在把英国打造成为世界上最适宜创新企业和创新公共服务发展的地方。白皮书制定了一系列措施，以确保英国企业和人民从创新需求产生的机遇中受益。在最新的白皮书中，“科学与社会”作为一个主要的独立模块，英国政府组成了5个顾问团队，分别针对“科学与社会”的5个层面的问题做专门的政策研究，并为政府制定相应的行动计划。目前，这项工作正在进行当中。英国政府的科普与科研结合战略产生了巨大的社会和经济成效，英国公众对科学技术持积极态度的比例从2000年的76%增长到2008年的82%，极大地推动了英国创新国家建设的进程。

2008年，在英国商业、创新和技能部的倡导下，多家民间组织、大学和科研机构共同发表《公众参与宣言》，承诺积极承担面向社会公众的科普责任。在英国高等教育基金管理委员会（HEFCE）、英国研究理事会（RCUK）和英国维康信托（Welcome Trust）的资助下，投资950万英镑建设公众参与国家协调中心（NCCPE），以实施为期4年的“公众参与指导”项目，该项目旨在建立一个跨文化的高等教育界研究氛围，以大学为基础，在基金帮助支持下，奖励和发展研究机构的科学传播能力。

其中，英国研究理事会下设的7个专业理事会等相关机构，同样也将科普作为独立板块，纳入其整体的科研计划中。例如：①英国科学技术设施理事会（STFC）专门设立了“科学与社会”类项目，设置不同规模的资助基金来支持科研人员直接开展科普工作，并鼓励科研人员将前沿的研究成果普及给公众；②英国工程与自然科学研究理事会（EPSRC）直接设立“公共传播培训”项目，鼓励发展公众科学传播的技能，并提供经费支持科研团队的科普技能培训。

（2）英国科学基金会在科研项目管理的各阶段均明确科普任务和要求

英国研究理事会要求在科研项目各个环节中嵌入科学传播目标和工作内容，科研计划和项目中涉及立项、执行、验收及成果发布等的规章制度里，都对其有明确的要求。

① 科研项目立项中的科学传播与普及要求。英国研究理事会在其《研究理事会资助条款（2010年）》中，对受资助的项目有明确的科普要求，即项目承担者应积极向公众传播研究内容、提升公众对科学研究作用的认知，并且受资助的研究组织和研究者有责任开展对公众感兴

趣科技事件的研究。研究理事会还特设专门计划，为这些活动提供额外的支持。除此之外，研究理事会的 7 个子理事会也根据自身科研项目的科学传播特点，在此基础上做了更具体的要求。英国生物技术和生命科学研究理事会（BBSRC）在项目申报书中明确要求，受资助者应该促使其研究成果广泛传播，要求申报书中对研究者投入科普活动的时间、活动内容和实施方案都要有详细的设计。BBSRC 要求申请人在项目申请时需提交一份说明其研究目的和研究本质的简明摘要，供公众理解和阅读；制定一份公众参与的活动计划，计划中应涵盖其拟开展科学传播活动的目标受众和主要内容；在项目申请书中明确每年有 1—2 天用于完成申请书中已制定的科学传播活动；项目申请者须向 BBSRC 提交其面向公众开展科学传播活动的内容及方式。除此之外，BBSRC 要求项目承担者面向公众传播自身研究情况，并推荐运用多种传播方式开展科学传播与普及工作，包括在适合的科学杂志上发表文章，或在 BBSRC 的科学传播部门协助下与企业和学校联合开展科学传播活动；BBRSC 要求项目承担团队开展展览、新闻发布会等公共活动以传播自身的研究成果。

② 科研项目执行与验收时的科学传播与普及要求。从 2001 年开始，英国研究理事会的科研项目评审工作开始使用规范的表格来考查科普和其潜在效果指标的影响程度。RCUK 的专业理事会也在评估时重视科普活动的考察。例如：英国医学研究理事会（MRC）将科普工作细化为评估指标进入评估环节，具体要求如是否在科研执行中按照项目申报节，具体要求如是否在科研执行中按照项目申报书所述开展了面向公众理解科学的活动，以及开展程度和效果如何等。英国科学和技术设施理事会要求其各委员会增进科学界与公众之间的相互沟通与了解。鼓励接受资助的机构和个人将资助资金的 1% 用于相关扩展工作。同时，该委员会还提供基金，专门资助公众理解科学的各类项目。英国自然环境研究理事会（NERC）要求项目承担人在项目进展过程中，及时汇报与媒体接触的情况，理事会的传播团队也为项目承担人提供开展各类科普活动所需的策划、培训等帮助，研究理事会还提供研究生的媒体技能培训。经济与社会研究理事会（ESRC）试图在研究工作的每一过程吸引用户的参与，资助金额的 5% 将用于针对非学术群体的外延项目和传播活动。

二、我国目前科研与科普相结合情况现状

1. 相关政策

在当前的情况下，能够使科研和科普紧密结合起来的最主要且最有效的推动力量还是各项相关政策文件，这些相关的政策文件大致可以分为几类。

首先是宏观层面的科技和科普政策法规文件。主要包括:《中华人民共和国科学技术普及法》、《全民科学素质行动计划纲要（2006—2010—2020 年）》、《中华人民共和国科学技术进步法》、《国家中长期科学和技术发展规划纲要（2006—2020 年）》、《国家“十二五”科学和

技术发展规划》、《国家中长期科技人才发展规划（2010—2020年）》等。

其次是一些政策指导性意见。主要包括：《关于加强科学技术普及工作的若干意见》、《关于加强国家科普能力建设的若干意见》、《关于深化科技体制改革加快国家创新体系建设的意见》等。

最后是从具体层面涉及科研与科普结合的一些规定。主要有中国科学院制定的《中国科学院科学传播中长期发展规划纲要（2006—2020年）》等。

2. 科技机构科研与科普相结合的现状

（1）科研院所和大学等科技机构向社会开放

科研院所和大学等科技机构向社会开放是实施《国家中长期科学和技术发展规划纲要（2006—2020年）》、《全民科学素质行动计划纲要（2006—2010—2020年）》、《科研机构科普》的重要举措。开放范围包括由各级政府举办的各类从事自然科学、工程科学与技术研究的单位和相关高等院校的实验室、工程中心、技术中心、野外站（台）等研究实验基地；各类仪器中心、分析测试中心、自然科技资源库（馆）、科学数据中心（网）、科技文献中心（网）、科技信息服务中心（网）等科研基础设施；非涉密的科研仪器设施、实验和观测场所；科技类博物馆、标本馆、陈列馆、天文台（馆、站）和植物园等科普场馆。

（2）依托科技机构，建设科普基地

为充分调动社会各方面科普工作的积极性，发挥社会科普资源的作用，面向公众开展科普教育活动，积极推进科普工作的社会化、群众化、经常化，国家及全国各地依托科技机构丰富的科技资源建立了大量的科普基地。自1999年国家科协开展创建全国科普教育基地工作以来，截至2010年，国家科协共认定公布了“全国科普教育基地”共有406家。其中，依托高等院校和科研机构建设的“科研院所类”和依托高科技园区和高新技术企业等企业类单位建设的“生产设施类”科普教育基地均为84家，两者之和占全部科普教育基地总数的41.4%。实践证明，把高校、科研机构、企业的科技场馆科普化，是促进全社会科研与科普相结合的有效途径。

（3）开设科普专业，培养科普专业人才

专业人才聚集是科研机构的重要特征，也是科研机构参与科普工作的独特资源。近年来，在国家政策的引导下，中国科技大学、中科院研究生院、北京大学、北京师范大学、北京理工大学、中国农业大学、湖南大学、复旦大学、清华大学等近10所重点高等院校陆续建立了与科技传播相关的专业或研究中心，培养专业人才、推进理论研究、开展对外培训，成为高等院校参与科普工作的重要形式。除了开设科学传播专业外，高等学校在课程设置方面，也为学生接受科普提供了更多选择，包括建立科普或科技传播相关的研究中心，开设科普类的通识课、选修课，成立科普社团或兴趣小组等，成为高校面向在校生进行科学教育和开展科普活动的重要方式。

3. 科技人员参与科普工作的基本情况

(1)科技人员参与科普工作的主要形式及其程度

① 为企业提供科技咨询或服务。随着企业逐渐成为国家的创新主体、及产学研合作的加强，为企业提供科技咨询与服务已成为科技人员发挥自身优势参与经济和社会建设的重要方式之一。第二次全国科技工作者状况调查的结果显示，在为企业提供科技咨询或服务、举办科普讲座或培训、下乡（利用专业知识为农村、农民服务）、为政府部门提供决策咨询、为科普场馆提供服务、接受大众媒体采访等6种科技人员参与科普的方式中，“为企业提供咨询服务”是我国当前科技工作者参与科普工作的最主要形式，参与的比例达36.0%。“院士专家企业行”等机制的构建，为科技人员以项目论证、制定实施计划、技术咨询、技术诊断、技术攻关、技术培训、专题报告等多种形式服务业企业自主创新发挥了桥梁作用。2009年，科技部等7部委联合发布了《关于动员广大科技人员服务企业的意见》，为科技人员更好地服务企业营造了良好环境。

② 举办科普讲座或培训。科普讲座是我国当前最主要的科普活动形式之一。全国科技工作者调查的结果显示，“举办科普讲座或培训”是当前我国科技人员参与科普的第二种最主要方式，在过去的一年中，参与过该种形式科普活动的科技人员比例为35.3%。目前，科普讲座的组织主体十分广泛，各级科技和科普管理部门、各专业科普机构、大学（科研院所）等科研机构、各级各类学会（协会、研究会）等每年都组织了大量的科普讲座。中国科技馆当前也设有公益性的科普讲座活动——科学讲坛，每期邀请1—2名中外著名科学家，就某个科学选题进行专题科普报告。数量繁多的科普讲座为科技人员参与科普工作创造了大量机会，成为当前科研与科普相结合的一种重要方式。

③ 科技人员参与科普活动的其他形式。除了以上述三种方式参与科普活动外，“下乡（利用专业知识为农村、农民服务）”也是我国科技人员参与活动的一种较为重要的方式。来自2011年第二次全国科技工作者状况调查的结果显示，科技人员参与“下乡”的比例为27.9%，成为仅次于为企业提供科技咨询、科普讲座（培训）之外的第三种方式；特别是农技人员，参与过科技下乡的比例更是高达88.7%，成为“下乡”的最核心力量。从学历来看，最是相对较低学历的大专科技人员，成为参与“下乡”比例最高的群体，在过去的一年中有31.4%的参与比例，而博士学历科技人员的相应比例则仅为21.2%。

此外，“为政府部门提供决策咨询”、“为科普场馆提供服务”、“接受大众媒体采访”也是科技工作者发挥专业优势、施行科研与科普相结合的重要形式，在过去的一年里，参与相应活动的科技工作者比例分别为19.6%、17.2%和12.2%，成为支撑相关科普活动的重要专家资源。

4. 推动科研和科普相结合经费情况

在资金的支持上，很多科研机构或者团队本身缺少经费来支持科普活动。科普经费的短缺在一定程度上不是科研团队没有资金，随着我国科研经费投入力度的逐年增大，很多科研团队在科研经费上非常宽裕，但是目前的经费使用都有着严格的规定，在经费使用规定中并没有用于科普的这一项目，所以科研经费虽然充足但是很难从中划出一部分来用于面向公众的科普活动。另外还有科研团队可以申请专业科普经费，例如国家自然科学基金的科普专项经费。但是在我们的调研中申请到该项经费的团队表示该经费的额度较小，希望能够增加经费支持力度。

（1）自筹经费

对于各个单位参与科普活动来说，一方面是国家在这方面有相关的要求，有一些公共的科普活动必须要各个研究机构和单位配合参与；另一反面科研机构参与科普活动也是一种宣传本专业领域科学知识，提高本单位的社会知名度和影响力的有效手段。对于各单位处于公益目的自行组织的很多面向社会的科普活动中，其经费来源一般来自于本单位的行政办公支出，这部分支出不是很固定，数量也不是很多，也就导致从经费角度讲这类科普活动也不会开展过多。

（2）科普专项经费

各单位除了自筹的用于科普活动支出的经费外，还有一部分经费来自于国家的科普专项经费。首先是上述提到的国家统一组织的大型或者固定向公众开展的科普活动，例如“科技周”、“科普日”等会有相关部门划拨一些专用经费来组织这些活动的开展；其次是来自于各级科协的科普项目，这些项目面向科研机构的申请，申请通过就可以利用这些专项经费开展相关的科普工作；第三是在一些国家科研为主的规划中有一部分专项资金是用于科普研究的，例如国家自然科学基金委的科普专项，但是对于基金委来说只能将有限的资金用于科普工作，通过我们调研收到的一些承担该项目的团队反馈也认为该项目资金比较有限，希望能提高资助力度。

5. 目前科研和科普结合的主要形式

（1）科技周和科普日

为了更好地实施科教兴国战略，2001 年 3 月，国务院批复从 2001 年起，每年 5 月的第三周为全国“科技活动周”，具体工作由科技部会同有关部门组织实施。另外在 2004 年，为了积极落实《科普法》和《全民科学素质纲要》中国科协在每年 9 月第三周公休日举办全国科普日。科技周和科普日的连续举办已经成为有影响力的面向公众的科学传播和普及活动，得到了各级政府和机构的支持。

（2）实验室开放

实验室和实验装置对外开放参观是目前科研机构直接和公众交流的方式之一，但实验室的开放一般采用预约参观以及在固定公众接待日的方式进行。以中科院为例，“中国科学院公众科学日”就是以开放实验室参观为主，前来参观的观众以事先预约联系好的中小学生团体为主，在公众科学日这一天，研究院所会组织一定数量的实验室对外开放，并抽选一些研究人员和在读研究生作为科普志愿者为前来参观的观众做引导员和讲解员。实验室开放的好处就是可以使公众有机会身临其境地直接接触了解科研第一线的工作条件和成果，感受科研人员真实的科研气氛，观看实验仪器和设备。但是实验室的开放目前只能在有限的时间开展，受众面小，科普的效果不足。

（3）面向公众的演讲与报告

面向公众的科学演讲和报告是最方便开展的科普方式，既能把公众请进来听报告，专家学者也能够走出去给各层次各类受众做丰富多彩的报告。以中科院为例有各类科普演讲团，包括院士报告团，都做了非常多的科普演讲工作，内容丰富，涉及的学科广泛。演讲、报告这种形式最重要的就是发动科研人员的科普热情，但就目前的科研体制和考评机制来说，大部分科研人员对科普工作都缺乏热情和动力，很少能够主动参与到科普活动中。

（4）出版科普图书，发表科普文章

科普图书和文章的撰写、发表、出版是另外一个传统的但是最有成效的科普手段。但是就科普图书的出版情况来看，大部分书店出售并比较受欢迎的科普图书还是通过翻译来的国外的科普出版物，不过其问题是引进数量和版权时间受限制，另外翻译的水平也参差不齐。撰写科普文章的作者也比较少，科研第一线的科学家和工作者很少有投入精力到撰写科普文章中，其原因是一方面科研压力过大导致科学家没有精力写科普文章，还有我国科研人员的公共科普意识也比较弱，另外科研体制的考评机制也不鼓励科学家做科研工作以外的事情。

（5）建设科普网站

随着时代的发展，信息越来越通过网络传播，对于科普来说，利用网络传播也是最适合和最有效的方式，目前我国科研机构和单位都有自己的公共网站，但是仅有一小部分开辟了科学传播和普及专栏，在开设科普专栏的网站中大部分也都形式单一，内容简单，无法引起公众的兴趣。造成这一情况的原因可能有几方面，一是机构和实验室本身不重视网站的科普栏目建设；二是多样化的网络科普手段需要相应的网络建设技术手段，科研人员本身不具备这样的能力；三是经费中没有相应的项目来资助科研单位聘请专业的人员来辅助完善网站建设等。

（6）科学博客等新兴媒介的参与

近几年，随着博客技术的发展和日臻成熟，科学博客浮出水面，逐渐形成了一股蓬勃发展的在线科学群体力量，在科学公共领域发挥着一定的影响。一方面，科学博客的出现改变了传统的科学传播方式，使科学家进入科学传播的媒介系统，成为科学传播的主体，显示了“自媒体”越来越大的传播潜力；另一方面，它以其开放性、互动性、高效性，成为科学传播的一个便捷、高效的载体，为公众提供了一个新的获得科学知识和科技信息的渠道，继而影响着公众对科学的理解和对科学技术的态度，同时科学博客也有利于科学家进行学术交流、整理和启发思路、提高写作能力，等等。尽管科学博客想取代大众传播媒介还为时过早，但科学博客与专业媒体的汇流趋势已经在科学传播的变革中逐渐凸现。

三、问题与建议

1. 研究制定具有操作性的科研管理机制

有力的政策措施制度是推动科研和科普有效结合的关键，建议在进一步研究的基础上，健全重大科技项目中增加科普任务的管理规范。在重大科技计划项目中增加“科技传播与普及”工作任务，并在适宜承担科普任务的科技项目中加以明确。例如，明确科普任务的经费比例要求，作为项目立项和结题的重要考核指标，科普经费占总项目支出的1%—3%。还要明确项目承担单位和科研人员的科普义务，规定增加科普任务的计划项目范围；在规定项目的申请书、任务书、中期报告、验收报告中，设置科普栏目和具体要求，建立项目科普任务执行情况和科普绩效的考核评价体系，强化项目承担者的科普主体作用；鼓励项目承担单位将科普活动纳入科研人员的考核范围，调动科研人员开展科普活动的积极性。

2. 研究建立科学研究成果面向公众发布的机制体制

建立和完善科研成果面向公众发布和普及的机制，以保证及时将科研最新成果和科技创新最新进展向公众传播普及。学习并借鉴科技先行国家构建科技报告体系的成熟经验，加快推进中国科技报告体系建设，将国家重大科学研究计划等主要科技计划项目研究成果定期向公众发布，建议同时推动中国科技报告“面向公众的科技进展模块”数字化发布平台建设，及时公布国家主要科技计划项目执行过程的信息和成果，提高公众对于国家科技发展的理解和参与程度。

现阶段国家科技计划项目中科普任务的主要形式有：①开展科普宣传。开展面向公众的科普网页建设、成果展览、即时新闻报道和科普文章发表等对科技成果的科普宣传；②开展科普创作。充分调动科技工作者投身科普工作的积极性，支持他们结合所承担的项目开展科普创作，将科技计划项目成果转化为科普文章、科普挂图、科普音像制品、科普展品等多种形式的科普资源；③开展科普活动。组织开展科学沙龙、科普讲座、科学家与公众对话、科普咨询、科技教育活动等形式的科普活动，大力宣传科技计划项目相关领域科普知识；④开放场所设施。开放适合面向公众参观科研和工程场所设施、参与相关科研活动，将适宜向公众推广的科技成果、科研过程向公众传播普及等等。同时，将科普作为专项内容列入国家重大科研计划。在目前科研与科普分离的状况下，建议支持中国科协等专业科普组织积极参与到基础研究中，加大对科普与科研相结合计划、项目的投入，尽快促成两个领域的有机结合。

3. 研究完善将科学传播任务纳入科研工作评价体系

将科普工作绩效正式纳入科技评价体系。一方面，建议推进科技管理制度改革，将科普工作加入科技项目成果评估体系。另一方面，推动研究并制定科研人员参与科普工作绩效的认定、考核及评价办法，将科研人员参加科普工作纳入科技人才专业技术等级评定范畴。

4. 加强科学传播专业团队建设

要实现国家重大科研项目成果的科学传播，必须对科研人员实施培训。多数科研人员在其专业领域具有很强的专业知识，但是对如何向公众开展科学传播工作缺乏技巧，因此，项目主管部门可以为项目承担者提供必要的培训。通过多元的途径、丰富的形式和专业的团队能够实现科研与科普的相互促进。建议在科研项目中开辟多元的途径、采取丰富多彩的形式，在科研（科普）管理部门设立专门的机构和组织、培养和训练专业的科普团队。

5. 研究设立重大基础研究专项计划的“科学传播与普及专项”

虽然《关于加强国家科普能力的若干意见》中规定“国家重大工程项目、科技计划项目和重大科技专项”实施过程中，逐步建立健全面向公众的科技信息发布机制。但是要求的整体性较强，不够明确和具体。特别是没有对经费情况予以明确规定，没有解决根本性问题。而建立重大基础研究专项计划中的“科学传播与普及专项”是一种有效办法。专项基金的经费来源可以采用两种方法：一是可以从项目管理费中提出一部分，由基础研究项目发布方实施管理和统一使用，二是基础研究发布方也可以在编制预算时直接将“科普专项基金”作为一个申请板块发布。“科学传播与普及专项”的经费设置金额可以先实施小规模试点，待时机成熟再增加。

6. 构建科研人员参与社会科普工作的公共服务平台

除了在科研项目中提出科普绩效指标，从而有组织地强制推动科研人员参与科普。还应促进科研人员自觉参与社会科普工作，这个过程中应该解决三个关键的问题，就是意愿、能力和渠道。“意愿”需要调动科学家参与科普的积极性，这需要在社会上广泛宣传那些积极参与科普的科学家，增强他们的荣誉感，带动广大科学家的责任意识，促进科学共同体科学传播文化的形成。当然，制度上的合理安排能推动这一进程，正如前所述，像重视科研成果一样对待科普成果。“能力”则需要为多数科学家提供胜任科普工作的培训，“渠道”则需要为科学家参与科普提供畅通的途径。通过构建科学家参与科普工作的公共服务平台，为科学家与社会需求之间搭建桥梁，有组织地尽力解决科学家参与社会科普的培训和渠道问题。

参考文献

[1] 任福君，翟杰全. 科技传播与普及概论［M］. 北京：中国科学技术出版社，2012.

[2] 任福君. 关于科技资源科普化的思考［J］. 科普研究，2009，(3)：60—65.

[3] 任福君，谢小军. 应高度重视科普资源建设［N］. 学习时报，2010-10-04.

[4] 任福君，张香平. 基础研究与科学传播相互作用探析［J］. 科普研究，2012，(5)：11—17.

[5] 张香平，刘萱，梁琦. 国家创新体系中科学传播与普及的政策设置及路径选择——英国研究理事会的科学传播政策与实践的案例研究［J］. 科普研究，2012(1)：5—10.

[6] 李秀菊，张超，任福君. 欧盟框架计划中基础研究与科学传播结合的政策分析与启示［J］.

中国科技论坛，2012（6）：144—147.

［7］邢亚珍. 科学研究的制度化及其影响［J］. 自然辩证法研究，2008（3）：88—91.

［8］周敦文. 公众参与是科技政策的内源性动力［N］. 湖北日报，2009-12-11.

［9］关健，刘立. 欧盟框架计划的优先研究领域及其演变初探［J］. 中国科技论坛，2008（1）：136—140.

［10］中华人民共和国科技部. 中国科学技术发展报告（2010）［R］. 北京：科学技术文献出版社，2011.

［11］张九庆. 对科技资源科普化的五点认识［C］// 国家科普能力建设北京论坛. 2010：58—61.

［12］姜联合，袁志宁，马强. 我国科技计划项目科普化模式和实施过程初探［J］. 科普研究，2010（12）：5—13.

［13］佟贺丰，张泽玉，刘润生. 围绕国家科技计划项目开展科普工作的相关调研［C］. 国家科普能力建设北京论坛. 2010：66—67.

［14］全国科技工作者状况调查课题组. 第二次全国科技工作者状况调查报告［M］. 北京：中国科学技术出版社，2010.

［15］Qi Liang，Fujun Ren. Studies on Scientists' Public Outreach and Engagement Activities in China：Policies，Status and Characteristics［C］. In：Technology Management for Emerging Technologies（PICMET），Proceedings of PICMET 2012. 2012：68–71.

［16］BIS. The Allocation of Science and Research Funding，2011/12 to 2014/15［EB/OL］. 2010–10［2012–12–10］. http：//www.bis.gov.uk/assets/biscore/science/docs/a/10–1356– allocation– of– science– and– research– funding– 2011–2015. pdf.

［17］Department for Innovation，Universities&Skills. Public Attitudes to Science 2008：A Survey［EB/OL］. 2008–03［2012–12–10］. http：//www.rcuk.ac.uk/documents/scisoc/pas08.pdf.

［18］NCCPE. The Engaged University：A Manifesto for Public Engagement［EB/OL］. 2010–01［2011–12–10］. https：//www.publicengagement.ac.uk/sites/default/files/Manifesto%20Sign%20Up%20sheet. pdf.

［19］RCUK. Terms and Conditions of Research Council FEC Grants［EB/OL］. 2009–10［2011–12–12］. http：//www.rcuk.ac.uk/documents/documents/tcfec.pdf.

［20］BBSRC. The Cross Council Research Grants Terms and Conditions［EB/OL］. 2010–04［2011–12–11］. http：//www.bbsrc.ac.uk/web/FILES/Guidelines/research–grants–terms–conditions.pdf.

［27］European commission. Fp7 Basic Content［R/OL］. 2001–11–18［2012–10–11］http：/ /cordis. europa. eu /fp7 /find–doc_en. html.

［28］European Commission. Regulation（EC）no 1906 /2006 of the European parliament and of the council of 18 December 2006 laying down the rules for the participation of undertakings，research centers and universities in actions under theseventh framework programmeand for the dissemination of research results（2007–2013）com（2005）705 final［R/OL］. 2011–01［2012–12–10］. http：/ /cordis. europa. eu /fp7 /find–doc_en. html.

[29] European Commission. Mid-term Assessment of Science and Society Activities: 2002 -2006 [R/OL]. 2007-03 [2012-12-10]. http: //cordis.europa. eu /fp7 /find-doc_en. htm.

[30] European Commission. Council decision of 19 December 2006concerning the specific programme "cooperation" implementing the seventh framework programme of the European community for research, technological development and demonstration activities (2007 to 2013)[R/OL]. http: //cordis. europa. eu /fp7 /find-doc_en.html.

PART 2

下 篇
中国科协科普研究资助项目成果简介

Introduction to the Science Populaniation Reseach Project Funded by CAST.

课题名称

2010年度科技类博物馆公益性与经营性及其关系研究

课题编号：2010-BWG-01

承担单位：清华大学

课题负责人：曾国屏

课题所属项目：2010年度促进科技类博物馆能力提升课题

本课题的研究意义在于提升科技馆的“造血”能力与可持续发展能力，为推动科技馆的发展及能力的提升提供理论依据及决策参考。

本课题立足《全民科学素质行动计划纲要（2006—2010—2020年）》与《科普基础设施发展规划（2008—2010—2015年）》的基本要求，在文献分析的基础上，选取中国科技馆、天津科技馆、上海科技馆、广东科学中心、芜湖科技馆、苏州社区科普场馆进行案例调研并加以梳理分析，尝试厘清科技馆公益性与经营性的关系，并探索二者结合运营的机制。

本课题的研究方法包括：案例研究：五个不同类型的科技馆，包括中国科技馆、广东科学中心、安徽芜湖科技馆、苏州社区科普场馆和天津科技馆；资料收集；文献分析。

通过研究，课题组得出的结论和建议包括：第一，通过概念辨析与理论探讨，课题组认为“公益性”与“经营性”之间并不存在不可调和的矛盾。只要恰当处理“公益性”与“经营性”的关系得当，二者完全可以携手共赢，共同推动科技馆能力的提升。第二，聚焦科技馆产品，在分类研究的基础上讨论了科技馆产品的供给、营销策略，尝试为科技馆的公益性与经营性划界。形成公共产品属性由强到弱的科技馆产品序列：核心层、外围层、相关层，进而归纳出三类不同的产品供给模式：科技馆产品核心层由政府主导、社会参与供给；科技馆产品外围层由政府、市场结合供给；科技馆产品相关层由市场主导、政府引导扶持供给。第三，在科学商店、会务开发方面，对于不同类型的科技馆场馆，科普商店均是一条值得尝试的经营之路，而会务开发对软硬件的配套要求虽然较高，当只要具备比较优势，同样能够为科技馆带来较为可观的收入。在产业互动方面，通过与产业互动，科技馆在获得资金、土地、展品等赞助资源的同时，可借助企业提供的展品向公众更好地展示运用于百姓衣食住行的“民生科技”。与教育资源的互动方面，与学校的合作不仅可吸引学生参观，更有利于培养一支过硬的志愿者队伍。此外，若能与教育机构联合培养人才，对科技馆的经营管理乃至展品研发都将是非常有力的支持。在地方性特色建构上，一些小型科普场馆即使限于规模与投入，很难在纪念品、会务、展品研发等项目上做足文章，但同样可以立足地方特色，结合不同社区居民的不同需要，开展科普工作并取得良好效果。而经营不一定是要增加收入，同样可以通过与企业、教育机构的合作来节约运营成本。天津科技馆则在设立发展旅行社，展品研发企业等方面的实践在科技馆研发能力建设方面做出了积极有益的探索。科技馆选址同样是一项艺术，甚至决定其经营的成败。第四，结合理论分析与调研结果，提出以下十项对策建议：统一思想认识，加强政策引导；明确经营内容、拟定经营规范；建立经营分配机制；明晰财政拨款与经营收入的关系；制定优惠政策；制定科技馆“公益性”与“经营性”评估体系；加强基础理论探索；增强科技馆综合性人才供给；增强科技馆与企业、学术界等社会力量的合作；凸显国家级、省级、地市级科技馆的经营特色。

课题名称

中国科技类博物馆经营性收入现状、问题及对策研究

课题编号：2010-BWG-02

承担单位：北京林业大学

课题负责人：谢屹

课题所属项目：2010年度促进科技类博物馆能力提升课题

本课题以科技类博物馆经营收入现状及其影响因素作为研究对象，致力于提出优化经营收入获取途径和使用方式，推动科技类博物馆可持续和健康发展的对策建议，因此具有直接的现实意义。我国为数不少的科技类博物馆面临运行经费短缺这一瓶颈因素，处于追求经营收入和公益性受到制约的困境中。就此，本研究的实践价值得以进一步体现。此外，本研究对于经营收入这一实践和理论层面存在不同观点的关键概念继续进行了梳理和明确，对于今后的相关研究也具有一定的学术借鉴价值。

课题的主要研究内容由五部分组成。第一，经营活动与经营收入的定性研究。第二，案例博物馆的基本情况。第三，科技类博物馆经营活动和经营收入现状研究。第四，经营性收入影响因素研究。第五，基于上述研究，本课题提出更新理念，树立经营收入的科学认识；完善制度，规范经营收入的活动性质；加强能力，构建经营收入的基础保障；加强创新，拓展经营收入的来源途径；健全体系，提高经营收入的获取效率等五方面对策建议。

本研究采取定性和定量相结合、统计分析和案例研究相结合、归纳分析和演绎分析相结合的研究方法。采用“现状调查—问题总结—原因分析—对策提出”的研究范式。

通过研究，课题组得出的结论和建议包括：优化科技类博物馆经营性收入不仅是寻求收入途径的拓展，而是在坚持公益性的前提下，树立现代经营管理理念、完善制度、加强经营管理能力、寻求创新和健全体制，将获取经营收入作为手段，缓解和消除场馆运行中面临的资金不足问题，从而更好地发挥科普公共服务功能。本课题探析了政策和制度因素、经营管理理

念因素、区域社会经济环境因素、场馆等硬件设施因素、经营能力和组织运行机制因素等五方面通过影响获取经营收入的意愿和能力，进而影响经营收入的获取状况，从而提出了优化科技类博物馆经营收入的五条对策建议：第一，更新理念，树立经营收入的科学认识。第二，完善制度，规范经营收入的活动性质。第三，加强能力，构建经营收入的基础保障。第四，加强创新，拓展经营收入的来源途径。第五，健全体系，提高经营收入的获取效率。

课题名称

我国地学类博物馆发展状况、发展趋势及功能定位研究

课题编号：2010-BWG-03

承担单位：中国地质博物馆

课题负责人：昝淑芹

课题所属项目：2010年度促进科技类博物馆能力提升课题

近年来，地质公园和矿山公园博物馆异军突起，已经成为我国地学博物馆大家庭的重要成员，然而作为一个新出现的博物馆类别，对其研究显然不够，本报告基本摸清了我国的地质公园和矿山公园博物馆的数量，同时对地质公园和矿山公园博物馆的发展现状和发展趋势进行了粗浅的分析，此类研究在我国尚属首次。

本课题的研究内容包括地学类博物馆发展状况、发展趋势和功能定位研究以及国内外地学类博物馆发展的比较研究，重点选择地学类博物馆的发展状况和发展趋势进行剖析和研究。

在研究过程中采用资料收集和多种方式调研，重点分析我国地学类博物馆的发展现状，在对地学类博物馆分类研究及国内外地学博物馆的发展现状、发展趋势对比研究基础上，深入分析我国地学类博物馆的发展趋势，进而探讨我国地学博物馆的功能定位，提出未来我国地学类博物馆的建设目标，并提出相关政策建议，以促进我国地学类博物馆建设的科学性和合理性。

课题通过与国外地学博物馆的对比研究，总结了传统地学类博物馆的总体发展趋势：一是传统地学类博物馆将逐渐形成覆盖面广、渗透力强、能效互补的立体科普网络；二是公益性和经营性相结合是未来地学类博物馆的发展方向；三是科普能力建设是未来地学类博物馆发展的重点。地质公园博物馆和矿山公园博物馆的总体发展趋势为：地质公园和矿山公园博物馆将成为地学类博物馆中的中坚力量；特色建设将成为地质公园和矿山公园博物馆建设的发展方向；软件建设将成为地质公园和矿山公园发展的重点。

通过全面的分析和总结，发现我国地学类博物馆还存在着一些问题：一是总量虽多，发展不平衡，偏远地区相对薄弱；二是博物馆建设缺乏规范和标准；三是展品数量不足，展教水平偏低，科普活动形式单一；四是科普人才队伍规模少，高水平的科普人才匮乏。针对上述存在的问题我们提出了相应的发展对策：一要对我国地学类博物馆进行统一的行业指导；二要制定地学类博物馆建设标准，建议相关部门制定《中国地学类博物馆建设标准》，明确科普设施的发展目标、功能定位、分布、规模和建设方式等，加强和规范地学类博物馆建设；三要重点建设专职科普人才队伍，创作高水平科普作品；四要加强学术交流，增进各博物馆间的合作，创造各种形式为各博物馆提供交流的机会，搭建学习的平台，促进我国地学类博物馆事业的发展。

课题名称

基于现代科技传播理念的科技类博物馆传播方式及策略研究

课题编号：2010-BWG-04
承担单位：北京理工大学
课题负责人：翟杰全
课题所属项目：2010 年度促进科技类博物馆能力提升课题

科技类博物馆属于博物馆的重要分支，专门致力于科技传播与科普教育，因此，博物馆研究的“传播学转向”对科技类博物馆研究同样具有重要的启发意义。本课题选择科技类博物馆传播方式、传播理念和传播策略作为研究对象，目标基于传播学视角，通过对科技类博物馆历史发展的梳理、科技类博物馆发展现状的考察和科技类博物馆传播问题的理论分析，为科技类博物馆科普教育的效果提高和能力提升提供有参考价值的结论。

课题组调研了科技类博物馆的研究文献，分析了国内外科技类博物馆的发展和动向，实地考察了中国科技馆等博物馆，对科技类博物馆传播的方式、理念、策略等相关问题进行了理论分析，初步概括了科技类博物馆的传播方式，分析了科技类博物馆的传播优势，探讨了当代科技类博物馆应该持有的基本理念，最后就科技类博物馆的策略运用提出了看法。

课题组对科技类博物馆研究文献调研、对国内外科技类博物馆发展动向分析以及实地考察和理论分析。

本课题的研究结论和建议包括：尽管近些年来我国的科技博物馆事业发展迅猛，但相比于西方发达国家以及我国社会的需求而言，我国科技博物馆在建设规模、办展水平、接待观众的人数、办馆理念、经营效果等方面还存在着许多亟待解决的问题。问题包括“内”、“外”两大基本方面。所谓“内部问题”指的是科技类博物馆在科普功能发挥方面存在的问题，主要包括科普教育与传播的理念、手段、途径、效果等方面的问题；所谓“外部问题”主要指的是科技类博物馆发展建设方面存在的问题，例如总体规模、发展布局、学科分布等方面的问题。

现代科技类博物馆的能力提升需要突破传播方式单一、展教方式单一的操作模式，采取“整合传播”的解决方案，统合各种传播手段、传播方式、传播技术，重视受众多元化的需求，增强科技类博物馆对公众不同群体的吸引力，全面提升传播与教育的综合效能。第一，在科技类博物馆建设方面需要“体系化策略”，宏观上建设和完善地区平衡、学科均衡的科技类博物馆的“国家体系”，推进科技类博物馆与科普基地、大学、科研机构、高新技术企业的伙伴关系，提高科技类博物馆的系统能力。微观层面上利用科技类博物馆“平台”功能，建立多样化、立体化的“整合传播”的体系。第二，强化“营销”策略和“经营”策略。第三，科技类博物馆要逐步走特色化的博物馆发展之路，分析观众的实际需求，确定特色的博物馆主题。第四，科技类博物馆重视效果提升策略。

课题名称

科技博物馆少数民族建筑数字可视化科普展示构成研究

课题编号：2010-BWG-05

承担单位：大连民族学院

课题负责人：孙建刚

课题所属项目：2010年度促进科技类博物馆能力提升课题

本研究是一项保护少数民族文化传承的现代科学技术研究，对推动我国少数民族地区文化传承和保护具有重大意义。

课题的研究内容包括：通过调研，对不同民族建筑的建筑特点及施工工艺等进行搜集、整理、分类；提出了三种少数民族建筑可视化科普展示方案，并对展示内容进行了介绍；研究了这三种展示方案所涉及的各种技术，并实际完成了这三种科普展示方案。

课题所采用的研究方法包含：文献考察；利用计算机网络技术、数据库技术、三维激光扫描技术、VR技术构成了少数民族单体建筑真三维数字化、可视化科普展示教育平台。

本研究项目对少数民族建筑可视化科普展示平台的构成、少数民族建筑的分类以及平台构成技术等进行了研究。开展具有三维特征少数民族建筑的数字化，虚拟现实的三维可视化网络科普教育展示研究，实现数字化少数民族建筑信息系统，构建具有三维特征少数民族建筑数字展示、数字保护及逆向设计功能科普教育平台。是一项保护少数民族文化传承的现代科学技术研究，对推动我国少数民族地区文化传承和保护具有重大意义，可形成少数民族建筑文化传播的示范基地。对推动少数民族地区的经济发展具有现实作用。

课题名称

博物馆与学校合作的教育发展模式研究

课题编号：2010-BWG-06
承担单位：北京自然博物馆
课题负责人：孟庆金
课题所属项目：2010年度促进科技类博物馆能力提升课题

随着传统教育向激发和培养学生创新意识发展，博物馆与区域社会日趋融合，“博物馆如何辅助学校教学”以及“学校如何利用博物馆”，成为博物馆与区域教育资源整合的重要内容。因此，阐述现代博物馆教育的内涵和基本理念，研究博物馆教育功能演变，探析现代博物馆与学校教育合作的方式方法，对于全国博物馆教育的发展，具有十分重要的理论意义和实践价值。

本课题研究的主要内容包括以下几个方面：博物馆教育与区域教育资源的协同利用；馆校合作的教育发展模式；馆校合作的工作流程；馆校合作的有效工具——学习单的设计与使用；馆校合作的实践案例。

本课题的研究方法包含：文献考察法、案例分析法、模式分析法、问卷调查法。

通过调查研究，本课题首先构建了博物馆与区域资源协同利用机制。本课题把博物馆放到区域大系统中进行考虑，构建了一个动态的博物馆教育与区域教育资源协同利用机制——“条件—机制—效益”模型，即CMB模型，并利用CMB模型。CMB模型把一个区域内能够进行博物馆与社会资源协同利用的宏观基础作为前提，以博物馆和社会资源作为基本条件，构建了博物馆与社会资源协同利用机制，最后产生社会和经济效益及其协同效应。其次提出了馆校合作的教育发展模式。第三，说明“学习单”是馆校合作的有效工具。第四，设计了馆校合作的流程，馆校合作的流程包括对双方教育环境的评估、双方根据各自特点确定活动的主题，在学校老师了解博物馆资源和博物馆工作人员了解学校课程教学基本规律的情况下开展课程实施工作，之后对活动进行评估，以便于指导下一步工作。第五，对馆校合作的教育发展模式进行案例分析。

课题名称

儿童科普展示教育策划思路研究

课题编号：2010-BWG-07

承担单位：上海科学技术馆

课题负责人：忻歌

课题所属项目：2010年度促进科技类博物馆能力提升课题

随着我国社会的发展，不断提高公众科学素养成为全社会的共识，而儿童作为一个特殊的群体，代表着社会发展的未来，儿童科学教育在我国目前的社会发展形势下显得尤为重要。由于儿童心理认知和行为方式与成年人有着巨大的差异，因此以儿童为目标观众的科普展示必须有针对性地进行策划和设计，才能得到观众的认可，并取得明显的教育成效。

课题经过资料研究、理论学习和调研分析，结合上海科技馆儿童科普展区的更新改造项目建设过程，从研究、规划、设计、实践和评价五个阶段，对儿童科普展示的策划思路和内容建构模式进行了深入研究和案例实证。课题组采取了资料分析加实地调研访谈的形式，对这几个馆的儿童科普展区的策划思路进行了调研分析。

经过调研分析发现，目前国内儿童科普展示仍然存在诸多问题，包括：缺乏明确的教育理念指导，缺乏整体性的规划，内容逻辑不清晰，无法达成完整、系统的教育目标；展示活动项目设置高度同化，形式陈旧、缺乏创新；环境设计和细节设计未能针对儿童的心理和生理特征，制作粗糙、存在较多的安全隐患。

同时，通过对国外儿童科普教育场馆的调研分析，课题组认为国内外儿童场馆在展示教育理念的定位、展示内容的选择、展示形式的多样化方面也存在着巨大的差异。国外儿童科学教育常常通过儿童博物馆、科技馆儿童展区等渠道开展，其具有在时间和空间上的开放性，更具有在内容和展示形式上的开放性，帮助儿童从多方面了解科学、了解世界。

另外，课题组发现国外儿童科普展示具有以下特点：注重科学、艺术和人文三者的融合，不仅关注儿童的智力发展，更关注儿童社会责任等情感方面的发展；内容和展示形式具有开放性，与学校教育结合紧密；展示活动项目的互动性强，形式生动有趣具吸引力；根据儿童的生理特点和行为方式设计展品，特别注重安全要素的考虑。

课题组从研究、规划、设计、实践和评价五个阶段，对儿童科普展示的策划思路和内容建构模式进行了深入研究和案例实证。研究阶段：在“研究”阶段，也就是展览策划之前，首先应该学习和了解当代儿童的心理特点和行为特点，并确定展示项目的总体思路和教育目标。规划阶段：此阶段应着重对展区的内容体系（主题板块构成）进行深入的研究，通过“彩虹儿童乐园”项目策划过程中所经历的内容组织模式演变，结合国内外调研的相关分析研究，梳理总结了五种儿童科普展示策划的内容组织模式。设计阶段：此阶段包括展项的策划设计和环境装饰的设计。实践和评价阶段：在此阶段尤其要重视的是要通过各种途径强化安全防范。

课题名称

青少年生物多样性保护实践活动设计研究

课题编号：2010-BWG-08
承担单位：重庆自然博物馆
课题负责人：洪兆春
课题所属项目：2010年度促进科技类博物馆能力提升课题

本课题的研究意义包含：满足科技类博物馆教育功能提升需求；满足生物多样性保护教育推广需求；满足乡村中小学发展需求。

课题研究以青少年生物多样性教育为切入点，通过博物馆与教育科研部门合作，开发设计生物多样性校本课程和教材，研究课程目标设置、课程资源组织、课程实施过程，指导学校教师和学生按课程设置和教材开展系列生物多样性保护教育活动，形成场馆与学校结合的一种规律性工作方式，以期对科技类博物馆开展科学教育的基本工作方法和长效机制进行实践性研究。

课题使用的主要研究方法包括：调查法、文献法、观察法、个案研究法、跨学科研究法、经验总结法。

通过研究分析，课题得出的主要结论、结果和建议包括：校本课程的开发与教材编写过程不同于以往与学校合作组织校外活动，以往的校外活动不管是探究学习还是参观学习，都是单一的、仅一所学校或一个班级对应一所科技类场馆，而校本教材的开发是在多层面多机构多方式开展的活动。项目的设计与执行有几点特别值得注意：第一，项目负责人须先行了解国家的教育政策；第二，项目负责人须熟悉参与各方的资源状况和合作需求；第三，项目负责人须了解合作学校的教育方针和教育大纲；第四，项目执行前应与教育行政主管部门和教育科研部门沟通，在整个执行过程中一直保持与教育行政部门的协调；第五，合作须以博物馆收藏和展示资源为基础设计校本课程和教材；第六，校本课程开发与校本教材的编写不管以科技类场馆为主导还是以学校为主导，参与人员都应该无条件地尊重教师在教学策略上的选择；第七，整个过程中教师培训不能放松；第八，整个过程是一个不断调整的过程，教材须不断修改和完善。

通过对课程执行过程中馆校结合程度进行的访谈调查，普遍认为：其一，因为校本课程设计与教材编写都以“馆”专家为主在进行，所以在知识点的确立、活动设计、学习进度安排都体现了场馆加入公共教育体系的主动性，因此，在这个系列教育活动中，馆的教育主导地位提高了，对学校的号召力增强了，学校活动与场馆活动更加有机结合在一起。其二，场馆专家在课程设计和教材编写方面的引领作用明显，与教育系统专家不同的知识结构、专业经历、思维方式给学校和老师们带来了全新的视角，对学校和教师的教育实践与理论研究带来了积极的帮助，搭建了教师专业发展的平台。其三，改变了场馆活动单一的印象，随课程和教材推出的系列活动（参观→上课→游戏→讲座→竞赛→探究学习→送展览到学校→辅导学生参加大赛），让老师学生都体会到场馆不再是只能作参观活动的地方。其四，校本课程和教材的推出，让场馆与学校的联系具有持久性，同时也有计划性。

课题名称

通过开发和应用“学习单”促进科技馆与学校教育有效衔接的研究

课题编号：2010-BWG-09

承担单位：中国科学技术馆

课题负责人：钱岩

课题所属项目：2010年度促进科技类博物馆能力提升课题

开发基于科技馆资源的学习单等教学资料，将科技馆作为一种教学资源与学校科学课程进行有机的结合，将会使科技馆这个重要的社会资源为学校科学课程所服务，充分实现科技馆的教育价值。

本课题的研究内容包括：设计和开发了小学、初高中学段的科技馆学习单，并对利用学习单开展教学的前期准备、活动过程、活动后反馈等提出实施建议，为基于科技馆学习单的教学提供参考。同时在学习单开发与应用过程中，科技馆与学校建立不同程度的教育伙伴关系。课题组对学习单和科技馆校外教学相关理论的研究、对国内外已有科技馆教学的文献研究以及对学校师生和科技馆的调查研究。

通过相关研究，发现科技馆与学校建立教育伙伴关系具体可行的策略主要如下：加强建立教育行政管理部门、学校、教师、科技馆关于建立馆校教育伙伴关系的正确观念；经由各种渠道，加强学校教师和科技馆教育人员合作开发学习单，进行校外教学的能力培养；探索引导和鼓励教师或学生利用学习单开展教育活动的工作模式；组建科技馆与学校结合的团队，建立科技馆与学校合作交流的多元渠道。另外，总结出学习单在科技馆应用的效果包含：有效学习、重点提醒；增加观众与展品的互动；科技馆的教育价值得以彰显。

课题组从进一步推动科技馆和学校教育相衔接、提高科技馆教育的实际效果的角度看，认为今后应在以下几个方面加强学习单的开发和应用：进一步搜集和整理国内外科技馆（博物馆）的学习单资源，并深入考察学校利用学习单资源开展教育活动的实际情况，为我国学习单资源开发和应用的研究及实践提供参考；以中国科技馆的展品为依托，全面、系统地梳理展品与学校各学段、各学科课程内容的关联，并在此基础上，开发成套的学习单和教师指南，为学校利用科技馆的展品开展教育活动提供资源资源；进一步规范不同类型学习单的形式和体例，建立学习单资源开发和应用的评价标准和评估工具，对开发的学习单进行系统的评估；针对学校教师缺乏利用学习单资源开展教育活动的意识的现状，结合学校教育和科技馆资源的实际情况，积极探索建立和完善基于馆校衔接的学习单开发和应用的工作模式。此外，为充分发挥学习单资源的作用，还可以设立“家庭参观”的服务项目，从亲子参观的角度，对基于馆校衔接所开发的学习单进行有针对性的修改，将参观前、参观中、参观后的教育模式扩展到以家庭为单位的一般观众。

课题名称

大学生科普志愿者参与提升科技馆科学教育功能研究——基于长三角地区的实证分析

课题编号：2010-BWG-10

承担单位：华东理工大学

课题负责人：黄时进

课题所属项目：2010年度促进科技类博物馆能力提升课题

本课题的理论意义在于，在促进科技类博物馆能力提升的理论研究方面提出有创建性的新课题，为国家制定相关政策奠定理论基础。

本课题的实践意义在于，紧密结合实践，为贯彻落实《全民科学素质行动计划纲要》，实施《科普基础设施发展规划》，通过充分发挥大学生科普志愿者的作用机制来有效地提升科技类博物馆的教育功能的发挥，推动科普工作的科学发展、和谐发展提供了意见和建议。

本课题的研究内容包含：大学生科普志愿者参与提升科技馆科学教育功能实践的界定；大学生科普志愿者参与提升科技馆科学教育功能实践的优势和作用因素分析；大学生科普志愿者参与提升科技馆科学教育功能实践作用因素的实证研究——基于长三角地区的实证分析；目前大学生科普志愿者参与提升科技馆科学教育功能实践的基本特点和存在问题分析；促进大学生科普志愿者参与提升科技馆科学教育功能实践的对策建议。

本课题所采用的研究方法包括：实证研究方法；调查问卷法；访谈调研方法；文献法；咨询法等。

通过研究分析，课题提出目前大学生科普志愿者参与提升科技馆科学教育功能实践的基本特点包括：大学生科普志愿者能有效地参与提升科技馆科学教育功能；大学生科普志愿者参与科技馆科普服务实践普遍受到观众的欢迎和好评；大学生科普志愿者能有效地参与提升科技馆科学教育功能受到科技馆领导和工作人员广泛认可；大学生作为科普志愿者有效地参与提升科技馆科学教育功能具有一定的内在动力。而目前大学生科普志愿者参与提升科技馆科学教育功能实践中所存在的如下问题：从政策层面，国家对大学生科普志愿者参与提升科技馆科学教育功能实践的政策性引导及支持还需要进一步改善；从体制层面，科技馆和高校自身对大学生科普志愿者参与科技馆实践的管理体制还不够健全，还不能适应未来发展的需要；从科技馆层面，科技馆提供给大学生科普志愿者参与提升科技馆科学教育功能实践的服务岗位、服务内容、服务层次还不能适应创新发展要求；从大学生科普志愿者层面，一些大学生志愿者缺乏主动学习和探索精神，休闲和功利色彩严重，不能适应参与提升科技馆科学教育功能的要求。

课题对于促进大学生科普志愿者参与提升科技馆科学教育功能实践提出如下对策建议：科学规划、尽快出台支持促进大学生科普志愿者参与提升科技馆科学教育功能实践的政策文件；加强协调，促进科技馆与高等院校的联系和合作；加强保障，积极营造有利于促进大学生科普志愿者参与提升科技馆科学教育功能实践的环境；加强培训，提升大学生科普志愿者自身素质和服务能力；有效鼓励，促进大学生科普志愿者更能参与提升科技馆科学教育功能实践中来。

课题名称

自然博物馆与中小学素质教育结合机制研究

课题编号：2010-BWG-11
承担单位：成都理工大学博物馆
课题负责人：李奎
课题所属项目：2010年度促进科技类博物馆能力提升课题

在理论意义领域，本课题的研究对于加强自然历史博物馆科普教育的研究不仅具有推动学术领域发展的理论意义，而且对提高中国青少年科学素养、提升自然博物馆教育资源开发与利用水平具有借鉴意义；在现实意义方面，研究成果如按预期目标完成，将有效解决中小学课程教育与素质教育遇到的困惑和难点，特别对构建自然博物馆面向中小学的科普教育传播平台起到至关重要的作用。

本次研究以博物馆学理论为基础，在吸纳和借鉴现有自然博物馆科普教育研究成果的基础上，以自然博物馆教育辐射范围内中小学生为切入点，分析当前国内自然博物馆科普教育与中小学素质教育结合的方式、特点及现存问题，提出立体的、多维的、综合的自然博物馆面向中小学生科普教育理念，为自然博物馆教育职能定位研究与实践工作提供参考依据，并最终建立适合我国现状的自然博物馆与中小学素质教育结合机制。

课题研究运用了文献法、个案研究法、行动研究法、问卷调查法、实验法等相结合的研究方法。

通过研究发现，自然博物馆拥有丰富而独特的教育资源，是中小学素质教育不可或缺的场所，然而建立高效的自然博物馆与中小学素质教育结合机制是决定自然博物馆能发挥多大作用的核心因素。通过研究，课题组提出了理想的结合机制的总体结构模式，简称“1234模式”：即成立一个统一协调的组织机构（中小学素质教育办公室）、建立两个平台（信息共享平台、人才交流平台）、制定三大政策支撑体系（宏观指导、持续的政府投入引导、良好管理与运行制度环境）和建立四项制度（领导小组会议制度、工作考核制度、激励制度、定期活动制度）。

此机制是解决当前自然博物馆与中小学素质教育结合存在的问题的有效途径。研究提出了建立高效的自然博物馆与中小学素质教育结合机制的核心内容包括：整合机制（共建科普团队、建成中小学校教学实践基地）、投入机制、激励机制（探索建立馆校合作评价标准和指标体系、激励机制要落实责任制、激励机制要制定量化考核标准、激励机制要加强过程管理）、共赢机制（中小学校取得的社会效益、自然博物馆取得的社会效益、政府的作用）。自然博物馆与中小学素质教育结合机制要得到有效实施，还必须讲究以下策略：政府主导、各方参与、组织稳定、政策延续、发挥优势、突出特色、利益保障、持续发展。

课题名称

发展科技类博物馆校外教育之体系研究
——以中国航空博物馆课外航模资源包活动为例

课题编号：2010-BWG-12

承担单位：中国航空博物馆

课题负责人：齐贤德

课题所属项目：2010年度促进科技类博物馆能力提升课题

当代博物馆的社会教育价值越来越被决策者们从其他功能中提炼出来，引导其成为未来博物馆重点开发的核心价值。当代博物馆作为传承人类历史文化、重现社会文明发展的场所，除丰富的展览展示内容、研究、休闲等功能外，更重要的是富有在全社会进行历史诠释、教育推广、思想传递的社会责任和使命。

本课题结合我国某类科技博物馆在实际开展校外教育活动所总结和探索的一些经验，试图抽象出同类博物馆在设计、实施类似项目应注意的问题，为相关博物馆人共同参考之使用。采用的研究方法包括：案例研究法、文献研究法、历史分析法。

课题组通过与周边中学以及北京航空航天大学建立馆校共建，组织开展资源包系列活动，并对活动期间的各个环节进行认真的记录、评估、调查研究总结出了一些启示：校方的重视以及博物馆资源环境，对开展相关教育关系重大；丰富趣味的项目设置以及教师的积极引导，有助于激发学生的参与热情；信息回馈和效果评估对于完善博物馆教育活动意义重大。

综合我馆及我国科技类博物馆的一些实践经验总结，本文认为科技类博物馆应从以下几个方面完善与学校教育的融通，促进馆校教育的深入合作：第一，科学有效的活动教育方案是决定博物馆开展校外教育的关键因素。第二，建立长期稳固关系，充分融合馆校资源，实现共享与互动，高效发挥各自优势，为博物馆校外教育提供制度保障。第三，深化学校、教师、家长对博物馆教育的积极认同，保障校外教育方案的有效落实。第四，提升博物馆自身科研能力，发行相关科普教育出版物，将极大扩展博物馆社会教育功能的触角，缩小博物馆空间及学生时间的限制，并引发学生的好奇与探索的冲动。

综上，科技类博物馆在开展校外活动的过程中应以多元的理念教育为指导思想，注重知识教育的同时进行国家意识、未来人生观、价值观的培养和塑造，充分考虑内外因素在校外教育活动中的影响，结合馆校资源，调动学生的参与热情，发挥教师在整个活动中的能动作用，确实利用评估体系完善整个教育体系的形成。

课题名称

基于展教理念转变的我国科技类博物馆教育功能提升研究

课题编号：2010-BWG-13

承担单位：中国科学技术大学

课题负责人：汤书昆

课题所属项目：2010年度促进科技类博物馆能力提升课题

本研究以国际科技类博物馆展教理念的转变为切入点，结合我国实际情况，探讨当前我国科技类博物馆如何提升自身的科学教育功能，以期对提升我国科技类博物馆教育功能产生促进作用。

课题通过大量文献调研、实地访谈、专家咨询等方式分析我国科技类博物馆的发展及科学教育现状，提炼了科技类博物馆展教理念转变、角色定位，最后再结合国内外案例研究，提出了提升我国科技类博物馆科学教育功能的若干对策建议。

课题通过研究提出基于理念转变的科技类博物馆功能提升的对策建议包括：第一，突出科学教育职能，多元理念共存。当前科技类博物馆应当树立以下理念以更好地为公众提供科普服务："继承式发展"理念、"人本关怀"理念、"创新"理念。第二，推行过程教育，注重受众综合能力的提升。在科技类博物馆的展教活动中，创建有利于学习者建构意义的情境是很重要的环节，逼真的情境可以通过其沉浸感和临场感增强学习效果。第三，多方联合，打造展教资源共建共享平台。这其中包括学校等正规教育机构：构建科普资源共建共享平台，形成科普资源开发利用联合体，加强交流与合作，共同设计和安排科学教育类课程，推动科学传播人员的联合培养，打通科普人才交流通道；社区：组织社区居民参观科技类博物馆，科技类博物馆在社区举办讲座、报告或展览，开展科普需求调查，联合开展科普活动；构建社区科技馆。第四，注重情境的构建，倡导参与式科普。第五，发展科普产业，弥补资金缺口。解决我国科技博物馆建设及运营经费短缺的问题，从政府的角度来说，除了继续加大对科技博物馆的经费投入外，还应制定好各种政策保障，积极鼓励社会力量参与到我国的科普事业当中来，落实好各种税收减免优惠政策。与此同时，科技类博物馆自身也应积极融入到经营性科普产业的发展当中，在坚持科普公益性属性的基础上开展产业化经营。

课题名称

自然科学类博物馆辅导员岗位特点和岗位序列研究

课题编号：2010-BWG-14

承担单位：中国自然科学博物馆协会

课题负责人：徐善衍

课题所属项目：2010年度促进科技类博物馆能力提升课题

建立自然科学类博物馆辅导员岗位序列标准体系，既是对国家不断规范博物馆辅导员队伍这一大背景的回应，亦是为了稳定我国自然科学类博物馆辅导员队伍、提升积极性，同时，这也是建立“以人为本”的博物馆发展理念的重要体现。

课题组通过实地调研，在参考国家人力资源和社会保障部、国家文物局相关标准和规范，并通过与其他类博物馆管理人员、科技馆管理人员及工作人员以及与一些科技馆观众交流的基础上，同时查阅相关文献，尝试性地建立了自然科学类博物馆辅导员岗位素质要求指标体系。

制定辅导员等级评估参考指标体系从职业等级划分、评估原则解析、评估体系构成、评估主体构成分析等多方面进行解读，同时自然科学类博物馆辅导员职业的入门素质要求、岗位序列职业素质要求详解，并分别设立了四级自然科学类博物馆辅导员职业标准并进行了详述。

课题的研究结论包括：在建立我国自然科学类博物馆辅导员等级评定标准体系的过程中，应坚持以下几项基本原则，即针对性原则；时代性与发展性原则；参与者的多样性原则；全面性原则。制定辅导员等级评估参考指标体系从职业等级划分、评估原则解析、评估体系构成、评估主体构成分析等多方面进行解读，同时对自然科学类博物馆辅导员职业的入门素质要求、岗位序列职业素质要求详解，将自然科学类博物馆辅导员职业划分为四个等级，包括四级自然科学类博物馆辅导员、三级自然科学类博物馆辅导员、二级自然科学类博物馆辅导员及一级自然科学类博物馆辅导员四个等级。这四个等级具有各自的标准规范，其基本特征分别为：准确无误辅导型自然科学类博物馆辅导员（四级）、知识衍生型自然科学类博物馆辅导员（三级）、综合型自然科学类博物馆辅导员（二级）、研究型自然科学类博物馆辅导员（一级）。

本课题在完成课题报告的基础上，认为需要通过后续的试点工作对之进行检验使其不断完善，并最终将其实践化。主要包括：将自然科学类博物馆辅导员等级评估指标体系纳入到国家正式的职业序列中去，使其在国家职业序列大典中具有明确的位置；使《自然科学类博物馆辅导员等级评估标准体系》更为具体化、序列化，建立符合不同类型自然科学类博物馆特点的、更为细化的辅导员等级评估标准体系；选取有关场馆作为《自然科学类博物馆辅导员等级评估标准体系》的试点，以发现问题，并对其进行调整和完善；具体化评估程序，建立不同类型自然科学类博物馆辅导员的培训教材、建立题库等。

课题名称

科技类博物馆管理设计人才的培养

课题编号：2010-BWG-15

承担单位：中国科学院研究生院

课题负责人：莫扬

课题所属项目：2010年度促进科技类博物馆能力提升课题

本课题基于我国科技类博物馆创新型管理设计人才匮乏的现状，深入调研并对比分析我国和美国等发达国家相关人才培养的现状，探索适用于我国国情的人才培养机制和措施，为国家相关政策的制定提供参考和建议，以人才培养带动科技类博物馆展教能力的提升。同时本研究具有延展意义，可推及范畴更为广泛的科普场馆科普展教人才。

本课题研究范畴界定于以科技馆（科学中心）和自然博物馆为代表的科技类博物馆中的科普展览策划设计及其业务管理人才和科学教育活动组织策划设计内容开发及其业务管理人才，简称为科普展教管理设计人才。基于我国科技类博物馆创新型科普管理设计人才匮乏的现状，深入调研并对比分析我国和美国相关人才培养的现状，探究管理及设计人才培养机制和培养模式，并进行人才培养体系及内容建设的操作性探索研究。初步勾勒人才培养方案的框架，为下一步政策制定提供参考依据，为人才培养工作进行务实的基础研究。

课题主要采用的研究方法有：文献研究法、国际比较法、深度访谈法、个案研究法。

根据资料分析及实地调研、专家访谈中了解的情况看，我国科技类博物馆急需创新型高层次科普展览科学教育方面的策划设计创作及其人才。到2020年，科普类博物馆科普展教人才培养的主要任务是：建立有利于科普场馆展教人才培养的机制。

对于人才培养机制建设方面，课题组提出如下建议：健全管理设计人才评价体系建设引导激励人才培养，强化用人单位及高校人才培养主体地位，以用人单位为主建立多元化人才培养投入机制，加强管理设计人才继续教育制度建设，高校应建立与需求相适应的专业并健全多元招生录取机制。

正规高等教育、非正规教育和非正式教育，都是科技类博物馆科普展教人才培养的途径。在正规高等教育中，科技类博物馆科普展教人才培养的途径又有学术学位教育、专业硕士学位教育、在职人员研究生课程进修班等；在非正规教育中的人才培养途径有培训、研修、研讨以及参观考察等；还有“做中学”、阅读、观察、反思等非正式学习。

学科专业设置定位是高等教育专业建设的首要问题。根据对科普展教设计管理人才的知识结构分析和现行学科分类情况，经过一段时间的努力探索，在传播学科学传播学专业、教育学科技教育或者非正规科学教育专业、博物馆学未来建立的科技类博物馆专业等多学科下开展科普展教专业正规教育具有可能性。

课程体系是正规教育中人才培养活动的载体。从现实情况来看，我国首先从科学传播专业突破科普展教专业建设的可能性最大。因此，以传播学专业硕士为例，探讨科技类博物馆科普展教专业课程设置问题。在职培训则应开发模块式培训课程，针对机构和个人需求提供“菜单式”培训课程服务。

面对科技类博物馆科普展教设计及其管理人才培养的迫切需求和难点问题，应加大政策支持级项目扶持力度，通过人才培养专项和扶持计划，实施以科技类博物馆为主的场馆科普人才培养工程。

建议开展人才培养体系建设重点专项有：场馆科普人才培养基地建设专项，高等教育专业课程开发及教材编撰专项，场馆科普展教管理设计人才培训课程开发专项，科普场馆学术及业务研讨交流平台建设专项，科普场馆“人才＋项目”创新人才扶持计划，场馆科普展教管理设计人才国际交流与海外培训计划。其中，两个计划由“机制建设”＋“项目运行”构成，“人才＋项目”创新人才扶持计划特别强调要研究并建立注重“培养人才”的项目管理体系和项目开发模式；“国际交流”及“海外培训”计划重点是建立国际交流和海外培训人员的选拔、评价体系及激励机制，使国际交流和海外培训真正有收获有成效。

课题名称

危机情境中影响科学普及有效性的分析研究

课题编号：2010-YJS-01
承担单位：北京大学
课题负责人：朱冬青
课题所属项目：2010年中国科协“研究生科普研究资助项目”

科学信息的传播过程直接体现了科学普及的概念和含义，科学信息的传播效果直接决定了科学普及能够发挥的作用。因此，科学普及中的信息传播具有非凡的意义。

本课题研究首先从理论的角度阐述了将科学普及微观互动过程中涉及的因素划分为交流双方的心理特征和普及内容的物理特征意义。文章简单回顾了科学普及的概念发展和目标意义，并总结了危机情境具有的共同特点。在此基础上，研究者从心理学的角度，将科学普及涉及的因素划分为心理特征和物理特征两类。

本课题采用的研究方法包括：文献分析法、问卷调查法、案例研究法、实证调研法。

通过研究，课题得出如下结论：鉴于科普工作中沟通双方的心理特征和普及信息的物理特征对危机情境中科学普及效果的特殊作用，研究者认为，这两类因素都可能从不同侧面、不同环节影响科普工作的开展，从而最终影响科普的效果。因此，在探讨危机情境中如何更加有效地开展科学普及工作时，将科普互动双方的心理特征和普及信息的物理特征同时纳入考虑的范围也是十分有必要的。

信息可信度会显著影响个体的风险认知水平。口口相传信息的可信度和负性信息的可信度与个体的风险认知水平存在正相关的关系。同时，个体的风险认知水平不受口口相传正性信息可信度的影响，但受官方负性信息可信度的影响更明显。这表明，信息来源和信息性质都会调节信息可信度和风险认知之间的关系，但是相比信息来源，信息性质的调节更强。

信息来源对不同人格特质的群体有不同的作用，并且风险认知在其中起到了显著的中介作用。具体来说，相比口口相传的信息，官方发布的风险信息会提升高模糊容忍度个体的风险认知水平，从而提高他们购买地址保险的意愿。但是，对低模糊容忍度的个体而言，信息来源的这一效应并不起作用。

综上可知，无论是信息的物理特质还是个体的心理特征，这两类因素都可能会对科普的效果产生交互影响。因此，在探讨危机情境中如何更加有效地开展科学普及工作时，讨论科普互动双方的心理特征和普及信息的物理特征的交互作用是非常有意义也是非常必要的。

课题名称

体验式科普及其行为机理研究

课题编号：2010-YJS-02

承担单位：南开大学

课题负责人：任广乾

课题所属项目：2010 年中国科协“研究生科普研究资助项目”

本课题率先提出科普体验作品或活动根本的设计理念在于参与和激发自主性，提出了预留受众可参体验式科普及其行为机理研究课题结项报告与的缺口和启发引导的设计思想，提出了若干基于行为机理的具体设计方法。这些都具有原创性，是本课题的创新之处。

本课题率先明确界定了体验式科普的概念与内涵，提出了科普体验的四大维度，提出了科普体验的过程模型。本课题还把体验式科普研究从概念和模式界定向前推进了一步，使之深入到具体研究体验中的行为机理的层次，通过实验方法研究了科普体验中的若干认知行为特征，如消费归因、心理账户、信息瀑布和现状偏见等。

本课题运用文献梳理、理论建模、实验测度等方法，研究了体验式科普的概念、内涵和主要维度，提出了科普体验行为模型，通过实验验证了科普体验中的消费归因、心理账户得失编码、信息瀑布以及情绪导致的现状偏见等行为机理，最后提出了科普体验创作和设计的原则。

通过对本课题的研究界定了体验式科普的概念，指出体验式科普是用体验概念重新构架的科普活动；总结了体验式科普的主要特点，即受众的自主参与和感性理性认识的完美统一；还提出了体验式科普的四个维度，即信息、娱乐、升华和共感。本研究认为科普体验行为受行为因素影响明显，主要的行为机理包括消费归因、心理账户、偏好逆转、信息瀑布、时间偏好等，在此基础上提出了科普体验的行为模式，建立了分析科普体验及其行为的理论框架。

通过研究发现，科普受众的偏好和信念影响了体验的决策和认知，并可用行为科学对行为偏差的理论来解释。科普体验是科普活动特别是体验式科普活动的核心内容，它具有受众参与性、感性与理性认知并存性以及科普手段多样性的特征。

通过实验室实验和实地调查，重点考察了科普体验中的心理账户（包括非替代性、得失编码和消费归因问题）和信息瀑布问题，这两个问题分别是科普体验中消费偏好和认知、信念的典型问题，是理性和感性认知行为的综合。通过实验研究发现，科普体验中存在着典型的心理账户现象，同样的资金被划归到不同的心理账户中，彼此不可替代。

提出了若干体验式科普活动设计和作品创作的原则，认为体验式科普创作的最重要品质在于推动受众自主寻求科学知识，自主学习和认识科学内容与精神。科普作品创作和科普活动设计的一个重要方法，就是将受众引入作品的设计。

课题组认为科普体验中的行为机理还有许多值得深入的地方，例如，科普体验中的框架效应就值得研究。不同框架下科普体验内容的传达会产生不同的效果，还有锚定效应，这意味科普体验过程中受众的观念在其没有意识到的情况下被某个不一定和科普相关的内容锁定。这给科普体验设计带来了困难，也带来了契机。科普体验和其他科普活动的一个重要问题是时间偏好问题。体验式科普要考虑受众的拖延效应。受众可能拖延去体验科普内容的行为，当受众由于体验了科普内容而决定改变按照科学知识来改造自己的日常决策时，他们也会拖延，受众对要求马上照做的科普内容也相对比较排斥。这些也都给科普体验提出了挑战，需要进一步拓展研究。

课题名称

对蒙文医学科普读物的科学传播研究

课题编号：2010-YJS-03

承担单位：清华大学

课题负责人：包红梅

课题所属项目：2010年中国科协“研究生科普研究资助项目”

本课题的研究意义在于对少数民族语言的医学科普读物的研究，不仅是医学科普研究的一个分支，也是少数民族科普研究的一个重要部分。

本课题密切关注与普通公众日常生活紧密相连的医学科普读物，以蒙文医学科普读物为案例，展开了调查研究活动。通过这样的调查研究，希望全面了解面向特殊地区、特殊文化群体的普及性医学读物的现状、特征和存在的问题，深入挖掘这些医学科普读物中不同医学文化之间的相遇和互动过程以及在这一过程中出现的冲突与交融的状态，进而从科普层面上展现地方性的传统医学面临强势的现代医学时的真实处境以及在特殊的民族地区现代医学普及中出现的新状况和特殊问题，进一步分析在少数民族地区的医学传播过程中，作为知识持有者的医生或医学专家、作为知识接受者的蒙古族公众所持的不同的立场和观点，为面向少数民族公众的医学科普读物的未来发展提供一定的有益见解和建议。

本课题采用的研究方法包括：分类统计、实地调研、文献分析等。

通过研究发现，在对内蒙古地区医院中医学科普挂图的调查分析专题中总结出了如下的主要特征和存在问题。特征有：蒙医知识宣传非常薄弱；西医知识宣传普及力度大；中医文化宣传力度大；汉语的使用在宣传挂图中占绝对优势。存在的问题有：传播观念上，忽略了蒙医知识传播的重要性；传播方式上，忽略了用蒙语传播的重要性；传播内容上，对于蒙医这样的民族医学，缺乏恰当的选择。

通过对蒙文医学科普图书整体概况的分析和分类统计将其现状和特征归纳如下：西医类占绝大多数，中蒙医类所占比例非常少；蒙医科普类图书出版尚处于初级阶段，几乎找不到此类理想的书籍；有少部分混合类图书，体现蒙文医学科普的特色；译著占很大部分，非译著类中原创性的少，编著多；近 30 年的出版明显增多，20 世纪 80 年代之前的少；注重实际知识的传播，忽略医学思想和精神的传播。

经过一系列的实地调研和文献分析，关于蒙文医学科普读物得出以下的初步结论：蒙文医学科普读物数量少；内容上西医科普占绝对优势；不重视对蒙古族传统医学的普及；译著类多存在隐患，应多一些原创性优秀作品。

课题名称

农村科普画廊科普效果评估理论方法与实证研究

课题编号：2010-YJS-04

承担单位：中国科学院研究生院

课题负责人：杜纪福

课题所属项目：2010年中国科协“研究生科普研究资助项目”

开展农村科普画廊科普效果评估理论方法与实证研究研究，既可以充实现代科普的创新体系及其理论框架，也有助于更好地指导今后在农村开展系列的科学普及，推动农村科普工作的持续发展。

本课题研究的内容包括：分析和研究农村科普画廊科普效果的评估要素；农村科普画廊科普效果的评估指标分类构建与测度；开展北京地区的农村科普画廊的科普效果实证评估研究。

课题组从农村科普画廊科普效果研究的背景入手，首先开展农村科普画廊科普效果评价的必要性和可行性研究；在文献查阅、专家访谈、管理部门调查走访以及农村社区实地调查咨询基础上，收集研究基础资料。开展对农村科普画廊科普效果评估理论方法的研究。

通过在构建科普画廊科普效果的评估理论与方法中发现：评估概念和评估维度的界定是构建科普画廊科普效果评估理论的基础；评估指标的筛选和完善是构建科普效果评估理论的关键；指标体系评估法是评估科普画廊科普效果的有效方法；而开展科普画廊实证评估是验证评估理论和指导科普实践的必要手段。

对农村科普画廊实证评估研究发现：科普画廊教育宣传效果有待提高；科普画廊社会影响力仍待加强；科普画廊不是农村居民获取科技知识的主要来源渠道；科普画廊科普效果和发挥的作用有限，社会对其关注度和评价较低。根据上述研究结论，为提高科普画廊的科普效果，提出以下几点政策建议：第一，以农民需求为导向建设科普画廊；第二，协同其他科普方式，提高科普画廊效果；第三，健全运营长效机制，加大投入；第四，探索多元化运营模式，提高使用效益。

课题名称

科普组织研究——以行政编制管理制度和规范为研究进路

课题编号：2010-YJS-05

承担单位：中国政法大学

课题负责人：顾向明

课题所属项目：2010 年中国科协“研究生科普研究资助项目”

科普在组织研究，以行政编制管理制度和规范为研究进路，是以行政组织法的视角研究科普组织的尝试。科普组织的健全和法律保障，是推进科普事业的重要保障。在我国的行政组织体系中，是否在行政编制范围之内，关系到科普组织的经费和科普活动的力度。所以，以行政编制管理制度和规范为研究进路，对科普组织进行研究具有重要的意义。

课题的研究内容是对我国科普组织的现状的研究。主要包括，我国科普组织在国家层面的组织形式；我国科普组织在省、自治区、直辖市的组织形式，特别是最基层科普组织的现状。我国科普组织运行情况的研究。即从我国科普组织的现状出发，总结科普实践中科普组织的合理性架构。国外，主要是美国这个典型国家，也是科普事业发达国家科普组织的经验，特别是研究借鉴我国台湾地区的情况。对我国科普组织要进行调研，取得第一手的资料。对国外和境外科普组织要进行实地研究，取得第一手的资料。通过比较借鉴，从理论的高度和现实可行性上发展我国的科普组织，为我国科普事业的提供理论支撑。

课题所采用的研究方法有调查研究的方法。调研活动分为科普组织的国家层面和地方科普组织的研究、重点是基层科普组织的研究。在对东部沿海、中部地区和西部落后地区三个省份进行样本分析后，结合我国科普组织已有的统计数据，得出科普基层组织现状的情况分析。除了调研活动外，利用出国访学的机会，对国外和境外科普组织的现状的研究，也是重要的研究方法之一。

本课题在我国现有的国情、政治结构和行政法治发展水平上，尝试构建我国机构编制管理的制度和规范，试图进行机构编制法定化的制度和法律设计，应当是一个非常审慎的论证。我们是在研究中的问题，应当立足中国的实际，照搬域外的理论和制度是行不通的。但是另一方面，新中国成立六十余年来，我们关于机构编制法定化的制度和规范又没有成例可循。行政法学发展以来的三十余年，我国关于行政组织法的研究、关于行政编制管理制度和规范的研究相对薄弱，我们根本没有建立起一套我们自己的，符合中国国情的理论体系，基本制度和概念也都处于论证阶段。编制管理的实践中，我们可以提升的经验也是有限的。在这种情形之下，如何尝试创建、推动发展我国的机构编制管理制度和规范需要理性的思考审慎的论证。

我国编制管理走向法治化、科学化，需要一整套行之有效制度和规范。编制管理的制度相对于编制管理规范来讲，是更上位的因素。实现机构编制法定化，关键在于编制管理制度和规范的建构。

我国行政编制法的构建模式中，应当明确编制的法律效力和违反编制管理制度的法律责任，实现法律责任和行政责任的衔接。

课题名称

科学教育中的科学理解问题研究

课题编号：2010-YJS-06

承担单位：北京师范大学

课题负责人：陆静

课题所属项目：2010 年中国科协“研究生科普研究资助项目”

本课题研究的理论意义主要表现在对科学教育存在和发展的基础进行哲学反思和前提性思考，针对科学教育中的科学理解问题进行分析，力求以科学的实践性新理解为理论基础和指导，寻求用最新的科学哲学理念来指导科学教育的更新与发展。其现实意义是力图对科学教育改革及新的教学理念的构建起启示作用，力图探究中国科学教育发展的合理形式和对策。

本课题研究着力于从哲学的角度来分析、探讨和阐述科学观的演变，最终着眼点在于这种对科学理解的变化（理论上的变化）是如何作用和影响于现实的，即如何对科学教育产生影响的，即科学教育是科学观的现实影响，是科学的教育化。本课题的重心定位于科学，即实践科学观是如何超越了以往的科学观——如何延续并变革了以往的科学观，最后则是反思这种变革的可行性及问题所在。第一，阐述清楚科学观的变迁对科学教育影响的关系。第二，立足于前面分析的理论，着重分析实践科学观对以往科学观的超越。第三，最后反思这种变革的可行性、可操作性何在以及这种变革可能存在的问题。

本课题主要采用的研究方法有文献分析法、比较研究法、历史研究法等。

在这次课题研究中，通过课题组成员的积极参与和努力工作得出很多重要的研究成果。包括：第一，通过对科学教育发展的理论溯源和分析，得到科学教育发展变化以及实施的重要理论基础。对科学观的选择，要综合考虑学生特点、社会背景、文化资源等多方面因素。科学课程工作者要成为反思者、学习者和研究者。不断反思社会流行的、以往教材呈现的和自己头脑中的科学观的合理性、恰当性和可行性，从而保持清醒的头脑、正确的立场和科学的观点。不断学习科学学科的新理论、新观点，了解自然科学研究的新问题、新进展，课程理论的新观念、新思想，不断更新头脑中的科学图景和价值观念。不断研究科学观的性质、结构、历程，研究科学观在课程中的地位、作用和前景，研究实现科学观教育目的的可能和途径。第二，科学观的新进展对科学教育发展形式的可能影响。即思考和分析如何把实践科学观引入到科学教育中去。可以从以下几个方面进行大致的思考和调整，科学教育的内容，科学精神、方法等。首先，在科学教育内容上，最直接的体现就是科学知识；其次，在方法上，强调多元化和情境性方法的应用，把握科学活动本身的实践性特征，它并非外化于我们，并非只能被发现或镜式反映，而是与我们在实践中双向建造和形塑；再次，在科学观念、科学态度、价值和科学精神方面，注意消除生活与科学世界的边界，融贯科学与人文精神，培养科学道德伦理观念以及合理的科学态度，等等。第三，科学教育发展的合理形式及可能对策。需要我们做的是：理性地看待新科学观，重视和提升教师和学生的科学本质观水平，融入和渗透人文教育，弥合人文与科学的分裂。在我国理科教师教育中，有必要将科学本质及其教学的知识和技能作为课程内容，对在职教师进行科学本质的学科内容知识和教学知识的培训，采取以做科学和反思为主的实践活动来增强教师的认识；并为教师提供科学本质教学行为案例，使教师能够对教学内容进行认识论的思考；构建科学本质的教学目标，设计具有认识论意义的教学主题，同时，教科书有必要为教师的科学认识论及其发展提供基本的框架。

课题名称

科普税收优惠法律制度研究

课题编号：2010-YJS-07
承担单位：华侨大学
课题负责人：林丹华
课题所属项目：2010年中国科协“研究生科普研究资助项目”

本课题研究理论意义在于：国内外学者对于税收优惠制度的研究主要集中在涉外税收优惠制度、高新技术产业税收优惠制度、中小企业税收优惠制度的理论研究上，而对科普税收优惠法律制度的研究较为薄弱，因此，本选题在一定程度上弥补这一研究不足。其实践意义在于：研究将可能为决策者制定和完善有关科普税收优惠法律制度提供参考，制定出更加完善的税收优惠激励机制。

课题组在对科普税收优惠法律制度相关基础理论做深入探讨和梳理的基础上，根据我国现行科普税收优惠的立法现状，总结归纳我国科普税收优惠法律制度存在的问题，进而提出完善我国科普税收优惠法律制度的建议。

课题研究主要运用了文献研究方法、实地考察研究方法、访谈研究方法、价值分析方法、制度分析方法等。

通过研究分析提出完善我国科普税收优惠法律制度的建议。首先，针对立法制度上的缺陷，提出必须完善立法，建立统一的税收优惠政策体系。主要从两方面着手：科普税收优惠立法应该坚持税收优惠法定原则、公平原则、适当性原则；提高立法层次、构建完善的科普税收优惠体系。其次，针对我国科普税收优惠认定制度的缺陷提出必须建立统一、完善的科普税收优惠认定制度，主要措施包括：扩大科普认定的范围、科学、合理设置科普认定标准、合理设置认定管理部门，适当引入专业性主体、增加公开、公示、异议的认定程序、增加罚则。再次，针对科普税收优惠法律制度具体制度设计上的缺陷，提出应该完善科普税收优惠具体制度的设计：扩大科普税收优惠对象、实现税收优惠形式多样化、加大科普税收优惠支持力度、重视对科普工作者的税收优惠激励、制定针对性科普税收优惠政策。最后，针对科普税收优惠具体实施环节中的缺陷，提出必须完善科普税收优惠的宣传与管理工作：加强科普税收优惠宣传力度、加大科普税收优惠执行力度、强化科普税收优惠政策管理。

课题名称

公众科学素养调查引入地方性知识问题研究

课题编号：2010-YJS-08

承担单位：内蒙古大学

课题负责人：张秀珍

课题所属项目：2010年中国科协“研究生科普研究资助项目”

在“科学素养”概念理解多元化的背景下，公众科学素养调查引入地方性知识问题日益成为关注的焦点。

本课题在探讨科学素养调查引入地方性知识合理性问题的基础上，选取了兼具民族性和边缘性的内蒙古地区的公众，进行了国家标准问卷和具有内蒙古特色的地方性知识问卷的双重调查，并对调查结果进行了对比分析，以此对讨论的科学素养衡量标准多元化提供一个案例支持。并在此基础上提出了地方性知识与公众理解科学各方面的关系。

课题的研究方法包括问卷调查法、数据分析法、比较研究法。

在本课题的调查结果中，公众对地方性知识的了解程度要高于科学知识，公众具有的地方性知识素养要高于国家标准卷的科学素养，公众对纳入地方性知识的科学素养也要高于标准卷的科学素养。这与印度、美国的调查所得出的结论是相同的，即科学素养针对不同的人群要有不同的要求与目标。在内蒙古地区，公众对畜牧业、生态知识等认知程度高，这些与他们的生活密切的知识要成为他们基本的科学素养，即对地方性知识的了解是普通公众的基本科学素养。引入地方性知识的科学素养调查证明了科学素养衡量标准多元化是符合时代、符合社会语境之举，因此说科学素养衡量标准的多元化已经成为一个大趋势。

引入地方性知识的科学素养调查丰富了科学的概念，体现了科学素养衡量标准多元化；体现了不同的公众应该拥有不同的科学素养、区别对待公众，即公众对地方性知识的了解是基本的科学素养；体现了科学素养素衡量标准多元化的合理性及其积极意义。科学素养衡量标准多元化对我们国家公众科学素养建设提供了有利的理论支撑，要在这种基础上进行公众理解科学各方面的理论研究，实现公众科学素养的提升，促进公众生活质量的提高。

课题名称

科普文化产业分类及其产品供给模式研究

课题编号：2010-YJS-09

承担单位：清华大学

课题负责人：古荒

课题所属项目：2010年中国科协“研究生科普研究资助项目”

本课题深入探讨科普事业与文化产业的结合，具有重要理论和现实意义。理论方面：在确定研究合法性、问题域的基础上将根据象限分类阐明科普文化产业不同类别的发展及演化模式，从而丰富科普等相关理论，有助于深化对当代科普内涵和新形式的理解。实践方面：对科普融入生活世界，以喜闻乐见的文化形式广泛传播提供理论及方法论的指导。有助于探索我国科普事业改革发展的有效途径。

本课题以“科学文化产业分类及其产品供给模式”研究为主题，主要探讨了四个方面的内容：第一，科普事业与科普产业结合发展的必要性与可能性问题。第二，科普文化产业研究的合法性与问题域。第三，通过石景山区涌现出的不同类型的科普文化产业及其产品，来分析科普产品序列问题，进而根据科普产品在公共性与营利性上的不同特征归纳总结出不同类型科普产品的供给模式。第四，通过科技馆的产品分类研究及其产品供给主体的选择分析，来对本课题提出的科普产业、产品序列以及相关产品供给模式进行印证，以加深相关问题的理解与认识。

课题的研究方法以科学社会学、公共产品、传播学等理论为基础，以理论研究、案例研究、调研分析相结合而形成的“多维分析构架”作为基本分析工具。

本课题研究的主要成果包括：第一，引入公共产品理论等方法，辨明了科普事业、科普产业结合的必要性、可能性等基础问题；第二，在对科普文化产业研究这一新兴研究领域进行合法性探讨的基础上，根据科学内容含量、其他文化内容含量的差异，建立了广义科普文化产业序列分析的四象限模型：科普事业—科普文化产业—科普与文化产业（狭义）——一般文化；第三，基于产业象限分析，通过案例研究，对科普产品序列进行了分析，形成了科普事业产品—科普文化产品—科普与文化产品的多元科普产品序列；第四，基于科普产品序列在公共性、营利性上的差别，对三类不同科普产品的供给模式进行了归纳，以阐明科普事业与科普产业结合发展的具体路径：科普事业产品——政府主导、社会参与供给；科普文化产品——政府、市场结合供给；科普与文化产品——市场主导、政府引导扶持供给；第五，基于科技馆产品核心层、外围层、相关层分类上的创新，引入科技馆案例对上述主要结论加以印证，表明课题研究的主要成果能为实践提供较好的理论基础与实践指导。

课题名称

王国忠的科普实践与思想

课题编号：2010-YJS-10

承担单位：首都师范大学

课题负责人：李洁

课题所属项目：2010年中国科协“研究生科普研究资助项目”

本课题试图对王国忠的科普思想及科普贡献进行梳理，尤其是通过王国忠参与主编的三套“十万个为什么”丛书的成功经验为线索，给科普工作者及今后少儿科普图书出版一些启示作用。另外，王国忠是从新中国成立初期就开始从事少儿科普事业的典型代表，对他编创的科普作品进行分析，也可充实我国少儿科普事业（尤其是我国20世纪50—60年代的少儿科普事业）的研究。

课题总结了王国忠在我国少儿科普编创工作上的贡献，并且以《十万个为什么》、《幼儿十万个为什么》、《新编十万个为什么》三套“十万个为什么”丛书的策划出版为例，剖析了王国忠的少儿科普编创工作。另外，本文还对王国忠的作品及论文进行分析，尝试梳理了一些他的主要科普思想，并对当代少儿科普工作者提出一些建议。

课题所采用的研究方法主要以文献分析和访谈法为主。笔者认真研读了王国忠的作品、三套“十万个为什么”丛书、他人相关的研究成果、档案资料等文献。并且曾拜访了王国忠、郑延慧和叶永烈老师，得到了重要的访谈资料。

通过对王国忠编创工作及相关内容的研究，总结出一些对少年儿童科普读物编辑出版工作的建议如下：第一，注意少年儿童的阅读特点，引起孩子的学习兴趣。编辑受少年儿童喜爱的科普图书，首先在内容上说，应该多选择那些能解释生活中常用、常见现象的知识。孩子们通过学习之后，能处理发生在身边的一些事情，使他们产生成就感，产生期望学习更多知识的欲望。另外，在语言表达上，要能做到通俗化，对于难懂而抽象、不好记忆的知识，要利用各种修辞手法形象地表达出来才行。当然，孩子们选择科普图书，往往还要看书中是否有精美的插图、封面设计是否漂亮等，这些也都应受到出版者的关注。第二，关注细节，不断创新。在科普套书的潮流下，怎样既保留科普套书的优势，又弥补它的不足？上海少年儿童出版社在后续改版中，在细节上下足了功夫，他们在《十万个为什么》（新世纪版）套书的基础上增加了索引分册，使读者想到一个问题，通过索引便可以很轻易地查出该问题在书中的位置，为读者快速查询带来了很大的便利。另外，笔者认为，索引分册的设立，不仅能为读者提供方便，更能增加孩子们学习科学的兴趣，他们不用再按书中既定的顺序学习，他们可以由一个“为什么”引发出自己的无数个“为什么”，这样学习起来更有主动性。并且，利用索引分册查找问题的方法，也是一种很好的科学训练，利于培养孩子从小就有利用工具书来解决问题的能力。第三，关注少儿中的弱势群体。随着国家的发展，我们现在越来越重视对幼儿进行早期的科学教育。对于正常的幼儿来说，可以出版一些幼儿科普画册，用大量的图画配以简单的汉字（或注有汉语拼音的汉字）来进行幼儿教育。可对于盲童来说，他们看不见多彩的世界，对客观存在的物体概念模糊，又加上大多家长没受过专门的辅导，也不知道怎样教他们才好。所以现在非常必要为盲童群体开发适合他们学习科学的科普读物。除了盲童外，其他的少年儿童特殊群体，比如患有自闭症的孩子、智力低下的孩子等，也都需要社会给予更多的关注，为他们量身设计适合他们的科普读物。第四，利用好品牌效应，进行品牌的再开发。品牌的再开发具有很多的优势，它可以利用原品牌的影响力，很快得到消费者的信任，大大减少了广告宣传的成本。当然，对品牌进行再开发也是一柄双刃剑，如果盲目地进行品牌延伸，导致产品的质量下降，不能受到大众的认可，则会对原品牌产生很大的负面影响，甚至危及到原品牌在大众心目中的地位。所以，在对品牌进行延伸时（这里谈到的是对科普品牌的延伸），一定要首先保证科普产品的质量，在此基础上可尝试对品牌进行适度的再开发。

课题名称

以“能力”为导向的铁路科普资源建设研究

课题编号：2010-YJS-11
承担单位：西南交通大学
课题负责人：陈东
课题所属项目：2010年中国科协“研究生科普研究资助项目”

本课题研究认为，春运难题是铁路最吸引公众关注的问题，但现有运能运力很难满足春运的需求。通过以“能力”为导向的科普知识宣传，让公众认识春运难题的根本原因是当前的运能、运力不足而非其他因素。

课题对昆明铁路局路情调研，中国铁路运输能力与春运需求的适应性分析，铁路站车开展科普知识宣传的可行性研究等三个部分。采用实地调研、查阅文献的方式获取了较为全面的数据。并在研究的过程中进一步明确了研究方向，从铁路科普知识宣传的内容制定、宣传导向、宣传平台上面入手，分析了铁路科普知识宣传的重心及可行性。

课题通过选取某一铁路局、车站、列车为调查对象，了解铁路路情，并通过文献查阅，对全路路情有一个概貌性的了解。在此基础上，对铁路运输能力和春运需求进行适应性分析，发现矛盾所在，探索可能的解决方案。

通过分析研究，课题取得的结论包括：实现引导分流、沟通信息、确保安全顺畅这三点的前提条件便是公众对铁路知识，铁路运输能力有一个真实的认识，侧重于这方面的科普知识的宣传是最好的解决途径。通过铁路科普知识宣传活动，使公众能进一步了解我国铁路运输行业的现状、运能、运力等知识。在提升广大公众铁路科学常识的基础上，对于有效缓解当前由于铁路“出行难、运送难”所引发的社会矛盾有极大的帮助。而现有铁路科普知识站车宣传资源匮乏的主要原因是铁路部门、政府部门对此重视不够，而非技术原因。加强铁路科普知识宣传，让公众知道铁路能最大限度地提供运能运力情况，知道铁路运输的有所能，有所不能，加强沟通和理解，将对春运问题的解决及解决措施的实施奠定思想基础。铁路站车环境客流集散大、受众层次多样、封闭时间长（平均达到8小时以上），已有宣传平台建设充分，非常适合开展铁路科普知识以及其他科普知识的宣传。可根据受众的不同层次选用不同的宣传内容，提高宣传的针对性，将取得非常好的宣传效果。现该平台的相关价值已经被各广告公司及产品供应商所看好，但还未引起铁路宣传部门及各级科协的重视。

课题名称

科普影视评价体系网络评估办法

课题编号：2010-YJS-12

承担单位：中国传媒大学

课题负责人：王大鹏

课题所属项目：2010年中国科协“研究生科普研究资助项目”

本课题研究意义在于：通过影视对公众进行必要的科学技术普及和知识传播在现阶段具有重要的意义。

科学对于人类以及社会的意义早已是不言自明的，也就是随着时代社会对科学的需要以及对这种科学价值认识的日益普遍化，相应的，科学传播的观念也在逐步地转化和深入，在我国，从早期的“提倡科学、辅助教育”，到20世纪50年代的“讲解科学知识”，再到80年代的“公众理解科学”，以至如今的“科学传播”。如今，通过电影、电视和新媒体媒介搭载的科学教育节目，都可以宽泛的归结为科学教育纪录影片，而在以科教兴国、《科普法》为政策法规指导的科普业界，也在积极建立科普影视的范畴和标准，本课题将浅显的表达这方面的一些想法和办法。

本课题主要运用的研究方法包括：文献研究法、案例分析法、访谈调查法。

通过研究课题提出电视节目网络评估办法的主要参照因素为：关注度，指正式机构发布的关于某一电视媒体的信息量的总和。这一指标表明电视媒体在网络中的传播广度，主要以样本网站搜索引擎搜索结果为依据。被关注度，指的是某一电视媒体在网络各大论坛以及博客、微博中被讨论的量，被讨论的次数越多表明媒体越受关注。这一指标表明电视媒体在网络中的传播深度，主要以样本网站搜索引擎的论坛搜索结果为依据。网络收视度指标，指的是电视媒体生产的内容在网络中被收看/下载的次数，表明观众的主动收看行为，主要以样本网站中电视节目被下载次数为依据。网络类美誉度指标，指的是网友对电视品牌评价所持的满意及赞美程度。网络关注度和被关注度是网络美誉度的基础，而美誉度才能真正反映电视品牌在消费者心目中的价值水平。其他相关指标，如推荐度，同样的内容在不同的网页不同的位置对网民的吸附力不同，国外研究表明，从网页的第一屏滚到第二屏，网民的流失率近90%。我们认为，网页的位置越前置，其推荐度也越高。

课题名称

中美科技类博物馆网站比较研究

课题编号：2010-YJS-13

承担单位：中国科学院研究生院

课题负责人：甘晓

课题所属项目：2010年中国科协“研究生科普研究资助项目”

本研究以国际比较、案例分析、文本分析与内容分析为基本方法进行经验和问题分析，将为科技类博物馆网站进一步的研究积累宝贵的基础数据，丰富科普研究内容，并将对科普设施内容及服务的充实和改进提出可操作意见，具有一定的理论和现实意义。

本研究对美国旧金山探索馆、美国自然历史博物馆、美国科学与工业博物馆等有代表性的三家科技类博物馆网站内容进行分析，并与上海科技馆、中国科技馆、北京自然博物馆等中国科技类博物馆进行比较，说明科技类博物馆网站如何进行科学传播，并为中国科技类博物馆网站的建设提供一定借鉴。

本研究侧重于科普实践，对中美两国科技类博物馆网站内容设置的实践进行典型案例调查分析，开拓视野，在运用文本分析法对案例科技类博物馆网站内容进行定性分析的同时，运用内容分析法进行定量研究，以得到更系统、客观、量化的数据，使相关分析更有根据。

通过对中美网站的比较归根结底是要为我国自身网站发展和建设提供借鉴，有针对性地提出四条建议，包括观念、资金、人力和内容设置等，以期对解决我国科技馆网站发展中的问题有所裨益。在网站的科学传播功能上，本研究认为，现阶段，科技类博物馆网站应通过设置相应的栏目和内容，从四个方面进行定位，包括“实体场馆的宣传窗口”、“参观信息的发布栏”、“科学传播媒介”、“博物馆专业交流平台”。在网站构建科学内容上，本研究建议在展览活动前期策划中，注重对在线内容的编排，在网站增加补充和延伸实体场馆的内容，形成丰富的“两阶”，并将科学传播内容按主题事件的方式进行分类，以便查询。在提高网站的针对性上，本研究认为网站应以青少年学生和教师为主要受众，帮助学生学习科学知识、激发他们对科学的兴趣，为科学教师的专业发展提供智力支持。此外，各科技类博物馆应根据自身需要扩展和缩小网站受众范围，从而形成各具特色的网站风格。在加大资金和人力投入上，本研究认为这是完成科技类博物馆网站建设的保障条件。同时，资金投入对科技类博物馆网站而言是一项长期规划，拓展资金来源渠道、维持与实体场馆投入资金的平衡，都将对网站建设有较为重要的作用。因此，吸引计算机技术、理工科、科学传播等多学科背景的复合型人才加入团队则会为网站建设注入活力。

课题名称

引进版综合科普期刊图片应用的现状研究

课题编号：2010-YJS-14

承担单位：中国科学院研究生院

课题负责人：李传翠

课题所属项目：2010年中国科协“研究生科普研究资助项目”

在“读图时代”的社会背景下，对科学传播过程中的图片应用进行研究具有深刻的意义，一方面可以顺应时代的潮流，使图片的使用方式符合读者的阅读需求；另一方面，通过充分发挥图片在信息传播过程中的作用，能够促进科学知识的有效传播，从而更好地为提高公众科学素养服务。

课题的研究围绕图片在科学信息传播中的功能这个核心问题，结合视觉传播、符号学等相关理论知识，通过分类统计、统计数据分析、文本分析、案例分析等方法对国内引进版综合科普期刊图片应用的现状和特点等问题进行了专门研究。

课题的研究方法包括：分类统计法、文献研究法、案例分析法、数据分析法。

通过研究分析，提出影响引进版综合科普期刊图片应用水平的关键因素有：办刊理念是引领科普期刊发展方向的关键；资源配置直接影响到科普期刊图片的质量和丰富程度；人才队伍是影响科普期刊图片应用水平的中心环节。

引进版综合科普期刊图片应用的现状研究的主要结论包括：引进版综合科普期刊顺应潮流，在参考国际大刊的基础上不断创新，使得图片应用的方式灵活多变，呈现出个性化、多元化的状态；图片在信息传播过程中发挥着举足轻重的作用；科普期刊图片应用水平与办刊机构的办刊理念、资源配置、人才队伍建设息息相关。

随着业界对图片的重视程度不断提高，有必要将这方面的研究继续引向深入，包括：第一，进行受众研究。通过实验、调查等手段研究受众对于不同图片应用手法的态度与反应，以客观数据检验科普期刊图片应用的水平，同时为进一步改进图片应用的方式、增强图片在信息传播过程中的功能提供借鉴。第二，从视觉文化的角度进行深入的研究。图片应用是视觉传达的一部分，与视觉文化的内容息息相关，本文只是站在科学传播的角度进行了尝试性研究，其背后还有错综复杂的相关理论，建议以后的研究者从这个角度对图片的视觉文化做进一步的深入探索。

课题名称

延安时期科技社团对民众的科技启蒙

课题编号：2010-YJS-15

承担单位：中国科学院自然科学史研究所

课题负责人：王新

课题所属项目：2010年中国科协“研究生科普研究资助项目”

目前，国内外对延安时期的科学活动的研究，主要集中于科学技术活动回顾、科学大众化运动、科技社团成立、发展情况等，从科普视角，特别是从对民众进行科技启蒙角度开展的研究还很缺乏，在科普活动日渐丰富、科普工作日益深入的情况下，对这一课题给予重视并开展进一步的研究非常有必要。

本课题主要运用历史学、科学社会学、传播学等研究方法，宏观与微观相结合，全面考察延安时期科技社团的兴起、发展、结束的变迁历程；揭示科技社团的人员构成、组织结构以及科学研究和普及活动；剖析在中共早期领导下的科技社团对民众的科技启蒙上所起的作用与意义。通过分析科技社团在科技活动中所存在的问题以及研究的意义为当下科普工作提供经验借鉴。

本课题所运用的研究方法包含：文献研究法、实地调研法、专家访谈法等。

通过研究发现在根据地的建设中，中国共产党高层领导者对科学技术事业有着卓越远见的意识，加之科技工作者的自觉与服务意识，解放区内的科学技术事业得以顺利开展。第二届边区参议会通过的《发展边区科学事业》案中，“组织科学团体，开展科学运动”；“出版通俗科学读物，普及科学知识”是其中的两条。但是，在延安这种大的环境和历史条件下，中国共产党领导下的科技社团在宗旨和任务方面较之常规的科技社团又有新的内容，科技社团除要加强与边区一切具有专门知识的科技人员联系和进行科学技术的普及工作外，还需要在建设和壮大革命政权、发展经济上发挥功能。这是解放区内科技社团的一大特点。另外，鉴于特殊的历史条件，延安时期的科技社团并不能像国统区那样专心去做科学研究工作，较多的是预防疫病和开展卫生、普及国防知识等启蒙教育宣传活动，而在科学技术知识的普及过程中，更多的又只是一种扫盲作用。而作为科学技术团体，不论存在什么特点，本质工作之一就是要进行科技教育和科学普及工作。抗日战争时期各解放区的科学技术工作，组织开展群众性、社会性、经常性的科普活动。坚持不懈，不厌其烦。科学普及工作是做得很扎实，很有成效的。在科普活动日渐丰富、科普工作日益深入的当今，仍然有着重要的借鉴意义。

课题名称

气候变化与低碳经济的科普内容及其传播的研究

课题编号：2010-YJS-16
承担单位：中国人民大学
课题负责人：潘启龙
课题所属项目：2010年中国科协“研究生科普研究资助项目”

开展气候变化和低碳经济科普内容及其传播的研究，具有重要的理论和实践意义，主要表现在几个方面：第一，有利于厘清气候变化和低碳经济的科普内容；第二，有利于厘清我国气候变化和低碳经济的科普现状，推动气候变化和低碳经济领域的科学传播发展；第三，有利于总体上加强我国气候变化和低碳经济的科学传播研究，帮助人们普及低碳生产生活方式；第四，有利于树立全民科学发展观念，为我国实现可持续发展做出贡献。

本研究主要内容包括气候变化和低碳经济的科普内容研究、我国在气候变化和低碳经济领域的科学传播研究等两个方面。对于气候变化和低碳经济的科普内容研究，将回答气候变化和低碳经济领域中“需要普及哪些内容”的问题，建立气候变化和低碳经济的科普内容体系。对于我国在气候变化和低碳经济领域的科学传播研究，将回答“如何普及”的问题，以改进我国气候变化和低碳经济有关知识的科普现状。

本课题研究方法包括：文献归纳、访谈法、问卷调查、统计分析、总结分析。

课题的主要结论包括以下三点：第一，基于文献分析和访谈，得出一个一般结论：由于人类活动的影响，全球温室气体浓度显著增加，导致气候变暖，低碳经济能够有效遏制气候变化带来的全球灾难，并将深刻地影响人类未来的经济增长、社会稳定和持续发展，因此气候变化与低碳经济的科学普及十分重要。第二，基于认知理论和传播理论，厘清了气候变化与低碳经济的一般科普内容，形成了“气候变化原因—表现—引起的灾难和危害—气候变化的应对措施—低碳发展—低碳经济—低碳生活”的科普内容主线，并提出了科普活动中的大致内容分配比例。第三，结合气候变化与低碳经济的科学传播实证分析，总结出本气候变化与低碳经济科学传播的四个现状特点：一是传播方式灵活多样，协调性、融合性有待加强；二是传播网络畅通发达，开放性、参与性需要提高；三是传播范围广阔，针对性、理念性有待提升；四是传播能力较强，持续性、教育性需要强化。

针对本课题来说，未来研究方向主要可以从针对特定区域的气候变化与低碳经济科学传播研究、针对特定人群的气候变化与低碳经济科学传播研究、针对不同科普传媒的气候变化与低碳经济科学传播研究这几方面考虑。

课题名称

基于中国国情的公民生态文明素质教育研究——以鄱阳湖生态经济区为例

课题编号：2010-YJS-17

承担单位：南昌航空大学

课题负责人：章萌

课题所属项目：2010年中国科协“研究生科普研究资助项目”

鄱阳湖生态经济区地处经济欠发达地区，生态资源丰富，发展潜力巨大，但也面临着发展与保护生态的矛盾问题。其建设规划于2009年12月12日被国务院正式批准列入国家规划，上升为国家战略的区域发展规划。以其作为案例进行研究，在我国生态文明建设中具有一定代表性。

课题以鄱阳湖生态经济区建设为研究对象，从影响该区域公民生态文明素质水平的因素入手，对基于中国国情下的公民生态文明素质教育的进行研究与探析，以期为公民生态文明素质教育的提高和持续健康的和谐社会建设贡献力量。

课题运用的研究方法包括：文献研究法、实地考察法、问卷调查法、比较研究法、个案访谈法。

通过研究提出构想我国公民生态文明素质教育的思路与方向，即：首先必须清醒地认识我国公民生态文明素质教育的严峻实践基础。其次必须明确公民生态文明素质教育在生态文明建设过程中的责任，不但要担负起生态科学知识的普及责任、还要承担起公民生态文明素质形成的引导责任以及引导公民建立自身的生态责任感。使公民的生态认识水平得到提高、惯性思维方式发生变化、价值观念获得重塑、实践行为得以转变。最后，必须注重教育的方式与方法，多层次、多方位、分阶段地开展公民生态文明素质教育，实现每位公民自然价值、社会价值与个人价值的统一。

对我国公民生态文明素质教育的对策包括：通过营造生态型的社会文化、深化政府决策的宏观引导作用、强化法律法规的约束机制、引导健康向上的社会舆论环境等方式，构建“生态文化、政府决策、法律约束、舆论环境”四位一体的保障平台；坚持贴近个体实际，贴近行业特征，贴近群众需求的“三贴近”原则，提高公民生态文明素质教育针对性和实效性；以家庭教育是作为公民生态文明素质教育的起点、以学校教育作为实现公民生态文明素质教育的主渠道、以社会教育作为实现公民生态文明素质教育的深化领域实施三位一体的全方位公民生态文明素质教育模式，使受教育者深刻地认识自然之美、生命可贵和环境育人的重要性，提高生态文明知识的认识水平，改变自身传统的思维方式、价值观念和行为模式，充分利用自己掌握的生态科学知识、法律与生态科学技能、自觉履行保护生态环境、建设生态文明的责任和义务，建立人与自然和谐相处的行为规范，实现人—自然—社会的和谐共生、良性循环、全面发展。

课题名称

民族地区科普惠农长效机制研究

课题编号：2010-YJS-18
承担单位：中南民族大学
课题负责人：李默然
课题所属项目：2010年中国科协“研究生科普研究资助项目”

从农民角度探讨实现乡村科普惠农长效机制的科学化、系统化对于提高民族地区经济发展水平和人民群众文化素质以及构建和谐社会具有至关重要的意义。全面做好科普惠农工作，对深入贯彻落实科学发展观、加强基层科普组织建设、推动农村经济社会又好又快发展，意义重大，影响深远。

课题组结合现有文献资料，通过实地走访民族地区农村，获得农村科普的第一手素材，以了解农村科普活动实施现状和问题，为民族地区农村科普提出一些参考意见。

课题研究运用了实地调查、问卷调查、访谈、数据分析等方法。

通过研究发现民族地区科普活动因各方面条件限制，科普宣传工作只能是随着科普活动的开展见缝插针的进行，宣传内容及方式单一，没有专门的科普宣传规划，必然影响到科普在农民中的知名度，进而影响了农民对科普的认知。组织体系上，对于为民族地区农村科普工作发挥了巨大作用的少数民族科普工作队，是科协系统里非常特殊的一支事业单位，无固定资产房产、无创收渠道，无其他经济来源，也没有相应的职称系列可走，这些都制约着科普工作队工作朝纵深发展。科普队伍大多是兼职的，组织松散，科技工作者无法集中精力持久地、系统地做好科普工作。传统的科普模式在民族地区农村仍占主导地位，政府和科协组织是主导者，农民是被动接受者，两者缺乏沟通，政府不了解农民真正的需求，科普内容及一些农业科技推广项目偏离了农民的实际需求。

构建科普惠农长效机制也要围绕新农村建设开展，结合本课题调查的情况来看，应该从以下几个方面入手：整合机制的重点在于整合宣传资源和整合人才资源。互动机制要通过以下措施构建，找准农村社区活动中的意见领袖；灵活区分农村科普的不同对象；关注农民科普需求偏好；创新农村科普工作模式：互动式科普，娱乐式科普是比较适合民族地区农村的创新方式。服务机制的焦点是建立民族地区基层科普公共服务体系。首先，充分发挥民族地区县级政府的科普引领核心作用：通过将政府科普服务水平纳入官员考核机制来形成制度保障；民族地区基层政府要构建多元化的科普经费投入机制来形成资金保障；增强民族地区基层科普人才储备来形成人才保障；加大民族地区基层科普公共设施建设来形成物质保障。其次大力加强乡村政府的科普公共服务水平，以沟通协调为服务方式、以公共利益为服务标准。效用机制的目的是为农民增收服务的。要通过帮助建立农民互助合作经济组织、加快农业科技示范园建设、引导农业科技成果转化来实现。

课题名称

中美大学公众科技传播比较研究

课题编号：2010-YJS-19
承担单位：北京理工大学
课题负责人：钟芸
课题所属项目：2010年中国科协“研究生科普研究资助项目”

本课题的研究意义在于：号召高校和社会共同努力，推动我国高校面向公众科技传播事务进步，让它真正成为我国科普活动中的重要力量。

课题首先对美国大学公共科技传播事务的方面所进行的研究成果和现状进行了系统研究。从类型和现状两个方面较为全面地介绍了我国大学面向公众科技传播的情况。比较分析了中美大学公众科技传播的情况。

课题的研究采用了案例分析法、比较研究法等。

本研究的研究成果包括，我国高校向社会开展开放科普活动现状：科普活动的主题日益广泛；科普活动的组织者和受众群日益丰富；科普活动加强对科普专业人才的培养。我国高校面向公众科技传播的不足：缺乏政策规范指引，高校科普监督欠缺；机制不完善，科普行为缺乏鼓励和制约；经费不足，制约高校科普的发展；形式较为单一；缺乏与社会的互动。促进我国大学面向公众科技传播工作的建议：第一，加强重视，提高对高校科普的认识。根据《关于科研机构和大学向社会开放开展科普活动的若干意见》，目前我国211高校进行面向公众所科普工作较多，而截至2010年底，地方所属科研机构和大学面向社会开展科普活动由于设备、科普基材等条件限制，实行情况不容乐观，全方位介入科普工作难以自发形成。因此，在一定程度上需要通过政府的宏观指导提高高校科普工作意识的目的。有重点、有步骤、有计划地系统推进大学科普的强化工作，提高教师、学生对于科普作用的认识。第二，联合机构，增进与社会资源的合作。

高校在面对公众开展科普活动的过程中需要联合社会各界的共同参与，特别是与科技场馆、各类动植物中心的合作交流可以使双方发挥出更好的作用。同时，也可以在一定程度上联合企业进行科普活动。是高校人力资源与社会资源相结合，提高各项资源的使用率，在科普活动中发挥更好的作用。第三，完善制度，推行有效科普活动规范。推进高校科普工作，需要完善高校科普活动的规范性文件，提出高校科普工作的原则、内容、重点工作以及战略部署。确立教师在科普活动管理中的主导地位，调动其主动性、积极性去组织一切活动，发挥教师的能动性。同时，鼓励广大学生进行科普创作和科普宣传，规范社团班级科普活动。第四，注重宣传，积极联合广大传播媒体。科普活动还需注意宣传的效果，因此，需要进一步加强高校与各类科普资源和媒体的联系。借助现代传播工具和传媒网络传播科学知识速度快、覆盖面广的优势，扩大和发展现代高校科普宣传阵地。当前，建立高校数字科普平台的高校很少，网络传媒是高校科普不容忽视的重要基地，做好科普网络化传播，十分有必要。

课题名称

科普产业化及其法律保障研究

课题编号：2010-YJS-20

承担单位：华侨大学

课题负责人：高翔

课题所属项目：2010年中国科协“研究生科普研究资助项目”

科普产业化的实践在我国才刚刚起步，许多探索都需要理论上的指导。当前科普产业化遇到的困难除了体制原因外，更重要的是对科普资源产业营运的融资模式、赢利模式缺乏足够的探讨；对其竞争力的研究和测评也远远不够；作为一个新兴产业，法律政策环境的支持对其成长也尤为重要。本研究拟运用文化产业学、营销学、投资学、法学等学科基本原理对此作出前瞻性的理论探讨，以便对科普产业化的相关实践作出宏观指导和启发。

课题的主要研究内容包括：科普文化资源产业开发的理论基础，科普文化资源产业开发的融资模式，我国科普产业开发的赢利模式，科普企业的市场竞争力评价研究以及我国科普产业开发的法律环境。

本课题的研究主要采用了文献研究法、模型分析法、定量研究法、案例分析法等。

课题通过研究提出如下结论和建议：科普企业赢利模式的几种实现途径：科普与现代营销相结合，拓展价值链体系，充分挖掘商业价值；科普与现代信息技术相结合，产生商业价值；普产业的整合与融合，增强赢利能力，产生商业价值；科普企业与非科普企业结成战略联盟，增强赢利能力；科普与现代管理技术相结合，增强赢利能力，产生商业价值。

在对科普场馆市场竞争力基本理论和指标体系解读的基础上，通过对科普场馆市场竞争力涵义的分析，确认了影响科普场馆市场竞争力的四个因素（核心因素、环境因素、支撑因素和品牌因素），在此基础上构建了科普场馆市场竞争力评价指标体系以供理论探讨和实践参考。

完善我国科普产业市场管理的法律环境的建议：明确科普产业定位，增强政策导向作用；

完善科普产业扶持政策适用的认定制度，包括需要扩大科普企业认定的范围，应当科学、合理地设置科普认定标准，应当合理设置认定管理部门，适当引入专业性主体，增加公开、公示、异议认定程序的透明度和执行力，同时加强对利用科普扶持政策“搭便车”的投机行为及其行政渎职行为的惩处，都将有利于促进科普产业扶持政策认定制度的完善；积极转变政府职能，完善科普产业市场管理机制；加快科普产业市场管理的立法步伐；加强执法队伍建设，培养高层次复合型科普管理人才。

课题名称

沈左尧与科普美术

课题编号：2010-YJS-21

承担单位：首都师范大学

课题负责人：李响

课题所属项目：2010 年中国科协“研究生科普研究资助项目”

沈先生已逝世近两年。作为一代杰出的科普作家、书法家、美术家、篆刻家以及中国科普美术的先驱者，目前对沈左尧的研究却几近空白。本课题在当今科技史研究终于重视多元文化的背景下，将沈左尧的多方面才能一一介绍，并就他的多才多艺对他科普工作的影响进行探讨。同时，结合目前一些对科学与艺术的研究，在总结沈左尧学术思想的同时分析了他眼中的科学与艺术。

课题主要从历史角度对沈左尧的多方面才能进行分析，并着重探讨了他对我国科普事业做出的贡献。

课题组立足于沈左尧的手稿、已发表文学艺术作品及大量口述资料，并参考了国内外学者对于科普美术的见解，将沈左尧对我国科普事业、特别是对科普美术的贡献一一做了介绍。沈左尧的多才多艺早已被艺术界和科普学界所公认，然而这看似相距甚远的两极之间究竟有怎样的联系呢？沈左尧作为一位艺术家，同时又作为一位在科普岗位奋斗了几十年的科技工作者，又是如何使这众多才能在尚未满百的人生中发挥出来？这样的问题不仅是历史问题，更牵扯到关于科学、艺术的元问题，涉及对于科学本质的理解。因此，与其建构框架来解释性地回答，倒不如选取描述性的方式，并不十分明确的答案在这里并非不可能成为适当的选择。

课题将沈左尧的科普工作按照时间顺序一一加以介绍，尽量周全地总结了他为我国科普事业做出的巨大贡献，但在字里行间并未刻意分析究竟哪项才能对哪些工作起到了何种作用。同时，本文又参考沈左尧的大量艺术作品以及他所留下的艺术理论探讨，将他的众多才能作了较为全面的介绍，并且特别突出了他的艺术作品中与科学、科普相关的部分。最后，根据沈左尧留下的各类文字资料和笔者所了解到的背景，用一定的篇幅对沈左尧的学术思想进行了初步探讨。在当今科学史、科学传播等学科愈发受到多元文化观影响的背景下，这位艺术出身的科技工作者无疑是一个经典的研究案例，值得花费更多的精力进行更深入的研究。本文参考了一些研究科普与艺术、科学与艺术的新近文献、著作，借鉴前辈的丰富成果，对沈左尧的学术思想做出了尝试性解读。

由于沈左尧的艺术功力深厚，在研究中难免涉及对艺术作品的解读，这给课题组提出了一个不小的难题。根据“观察渗透理论”的观点，如果只站在与科普密切相关的角度去解读沈左尧的艺术，无疑将有失偏颇。因此本文力求以减少误读、误解为重中之重，在对艺术作品的研究中以参考沈左尧和其他艺术家的理论见解为主，从文化和历史角度入手进行研究；同时，在笔者略知一二的书法、篆刻领域稍做主观解读，但仍以引经据典的分析为主要方法和依据。

课题名称

基于网络平台上的科普资源的利用与开发研究

课题编号：2010-YJS-22

承担单位：重庆大学

课题负责人：冯雅蕾

课题所属项目：2010年中国科协“研究生科普研究资助项目”

本课题通过分析我国网络科普资源的现状和问题，了解受众利用网络科普资源的状况，总结一些成功经验，对网络平台上科普资源的利用与开发提出一些建议和策略，以推动我国网络科普事业的发展。

本课题是研究如何利用网络平台上这一新型媒介进行科普资源的普及和传播成为多方关注的热点问题。探索有效利用基于网络平台上的科普资源的途径，使其达到较好的科普效果。

课题的研究方法包括：数据分析法、分类研究法、案例分析法。

通过对我国网络科普平台上科普资源利用与开发的现状分析和问题研究，提出了以下建议：政府积极引导、动员全社会的网络科普资源；建设和培养优秀网络科普人才队伍；创制满足受众需求的科普网站，科普网站应定位准确，特色鲜明。科普网站内容设置应具有原创性和科学性。科普网站内容的表现形式应具有多样性；完善网站科普功能和服务功能。网络传播与传统媒体相比，有着即时性、多媒体、超文本、交互性、海量信息等优势和特点。科普网站应充分利用这些优势，在网站内容的时效性、多媒体技术的应用、网站服务功能完善等方面进一步提升科普网站质量。提高科普网站技术，完善网站服务功能。充分利用多媒体信息技术。提高网站设计和技术维护水平。科普网站在设计上应根据内容和受众的定位确定其总体风格。加强科普网站服务功能的建设。科普网站应以受众为中心，提供便捷、易用的服务。网络科普资源共享现在强调的是专门科普网站之间建立联盟和共享机制，但是现在各种新兴的网络形态也承载了不少科普内容。要扩大网络科普的受众面，提升科普效果，应该集聚多方网络力量，促进各种网络科普平台间的合作和资源共享。

课题名称

科研与科普结合对策研究

课题编号：2011KPYJA01-1

承担单位：中国地质大学（武汉）

课题负责人：李祖超

课题所属项目：2011 年度科普发展对策研究类项目

本课题力图为推动科研成果成功转化为科普资源提供理论指导，为加强科研与科普结合的制度建设提供理论依据与决策参考，为科普事业的健康发展提供不竭动力。

课题主要围绕国内外的科技计划项目成果科普化情况对比、科技计划项目成果科普化的途径与机制、科研成果转化为科普资源的途径及模式、科研与科普结合的现状调研、我国科研与科普结合的制度安排及对策措施等方面进行研究。

课题组通过文献分析、现状调查等，弄清科研与科普结合存在的主要问题及原因，提出可操作性较强的对策建议，研究方法包括文献资料法、文本分析法、问卷调查法、案例分析法、比较研究法。

本课题重点讨论研制出《科研与科普结合的实施办法（建议稿）》，从总则，组织管理，科研与科普结合的类型途径、模式、内容与形式，科研与科普结合的体制、机制，社会责任，保障措施及法律责任等方面来草拟科研与科普结合实施办法的建议稿文本，供有关部门制定相关文件参考。经分析得出，我国科研与科普结合存在的主要问题及原因包括以下几个方面：第一，政府重视度不够；第二，科研与科普投入力度不足；第三，科研与科普机构职能条块分割，工作中存在断层，合作性不强；第四，行政人员做科普，兼职人员不专业；第五，科技场馆等基础设施彼此缺乏联动，科普功能未充分发挥；第六，科研与科普队伍地区差异大，西部难以吸引人才；第七，科研与科普结合观念落后；第八，缺乏合理的评价体系与激励机制；第九，科研与科普结合的新媒介应用不充分；第十，科研与科普结合的社会力量参与有限。

我国科研与科普结合的制度创新应包含如下几方面：树立新理念，全面提高科研与科普结合的质量；树立新典型，切实增强科研与科普结合的力度；探索新途径，充分发挥科研对科普的带动作用；建立新机制，采取新方法，促进科研与科普有效结合。

我国科研与科普结合的对策建议：完善科研与科普结合的政策法规；健全科研与科普结合的体制机制；将科普教育有计划地纳入学校教育；充分发挥科技类博物馆的科普功能。

课题名称

科研与科普结合对策研究

课题编号：2011KPYJA01-2
承担单位：北京市科学技术情报研究所
课题负责人：袁汝兵
课题所属项目：2011 年度科普发展对策研究类项目

本课题的研究意义是为更好地服务于国家推进科研与科普相结合工作，深入探讨科研与科普之间的关系，调研我国科研与科普相结合的现状，深入分析当前该项工作开展中存在的主要问题，并探索相应的解决方案，形成具有支撑作用的研究成果。

本课题探讨了我国科研与科普相结合的现状，列出了重点省市科研与科普相结合工作实践情况，分析了我国推动科研与科普相结合的优势与挑战，进而提出了科研与科普相结合的对策与建议。

本课题的研究方法主要包括：文献调查法、实证研究法、数据分析法、比较研究法。

通过研究分析，提出科研对于科普的意义为：科研是科普的素材来源，科研人员是科普活动的重要力量，科研设施是科普活动的重要载体，科技进步为科普提供了多样和先进的手段支持。科普对科研的意义为：有利于营造浓厚的创新文化氛围，有助于发现和培养科研后备人才，有助于提高科研人员素质，提供了了解科研人员的渠道。而当前推动科研与科普相结合存在的主要问题是，缺研究支持，缺规划设计，政策支撑力度不够，重视程度有待提升，运行机制有待建立和优化，地区差异大、发展不平衡，缺专项经费。

加强科研与科普结合的对策与建议：第一，制定和完善相关政策，为科研与科普相结合提供完善的制度保障。包括：修订《科普法》；制定《科普法实施细则》；制定《关于促进科研与科普相结合的若干意见》；修订相关政策，形成配套体系。第二，深入研究，加强顶层设计。第三，建立完善科研与科普相结合的相关机制。包括责任机制；考评机制；经费保障机制；协调联动机制；流转机制。第四，建设国家科研与科普相结合的综合平台。包括管理与服务平台；科研成果展示平台；科研及科普基地展示平台。第五，服务中心，重点突破。包括推进科技计划项目科普化；推动科研基地科普化；充分调动科研人员参与科普的积极性。第六，创新形式，多措并举。包括探索科普活动和学术交流相结合；探索建立科普“供”“需”对接的有效模式；大力发展科普产业，推进科研与科普相结合。

课题名称

科研与科普结合的机制研究

课题编号：2011KPYJA01-3
承担单位：中国科普研究所
课题负责人：任福君
课题所属项目：2011 年度科普发展对策研究类项目

根据国办《听取全民科学素质行动计划纲要实施情况汇报的会议纪要》(国阅［2011］2号文件)和刘延东国务委员在《全民科学素质行动计划纲要》实施工作汇报会上的讲话精神，要求开展在国家科技计划项目中相应增加科普任务问题的研究。

为此，中国科普研究所成立课题组，对欧盟、英国、美国和日本等若干科技先行国家和地区的科研与科普结合的相关政策、规定、指南和具体做法进行研究。

课题组对在科技部中欧科技合作促进办公室，欧盟使团、英国使馆、美国使馆和日本使馆的科技局协助下获取的相关文献资料，以及在相应机构官方网站上下载的有关文献资料进行了分类、翻译和梳理。按照科普嵌入科研的不同层面归纳总结出三部分的内容，包括：在国家科技计划项目中嵌入科普的内容，已经成为科技发展战略的重要组成部分；在国家重大科研计划中单列科普项目，且资助额度逐年增加；在重大科研项目的立项、执行、验收及成果发布的各阶段都有对科普的明确要求。在各部分中按照欧盟、英国、美国、日本的顺序进行文献资料的排列和梳理。

本课题所采用的研究方法包括：文献研究法、数据分析法、对比研究法、案例分析法等。

通过对上述世界科技先行国家和地区科研和科普结合的政策文献归纳总结，并对比分析目前我国科研计划的相关政策，提出如下的思考和建议：国家和政府对科普的投入是保障科研和科普有机结合的刚性要求；科学并具可操作性的政策管理机制是推动科研和科普有效结合的关键；多元的途径、丰富的形式和专业的团队是实现科研与科普相互促进的必经之路。纵观科技先行国家相关组织机构在科研和科普相互促进的实现途径，可以归纳为：项目与计划、专项经费资助活动、教育培训与咨询、出版发布与共享等四类主要途径。因此，我们认为借鉴科技先行国家的成功经验，在科研项目中开辟多元的途径、采取丰富多彩的形式，在科研管理部门设立专门的机构和组织、培养和训练专业的科普团队，是促进我国科研与科普协调发展、建设创新型国家的必经之路。

课题名称

科技馆创新展览设计思路及发展对策研究

课题编号：2011KPYJA02-1

承担单位：中国科学技术馆

课题负责人：徐延豪

课题所属项目：2011 年度科普发展对策研究类项目

本课题将对大幅度提升我国科技馆展览设计水平和展示教育效果大有助益，进而推动我国科技馆事业的健康发展并达到世界先进水平，为提高全民科学素质发挥更大作用。本课题对于创新展品的设计亦有重要的借鉴和导向意义。本课题研究成果具有广泛的参考价值。

课题的研究内容包括：国内科技馆常设展览现状与设计思路研究，国外科技馆、博物馆展览设计思路与发展趋势研究，我国科技馆展览设计思路创新与发展对策研究。

本课题综合采用了多种研究方法，包括：文献研究法、问卷调查法、实地调研法、访谈法、案例研究法、比较研究法。

课题共完成研究成果文件 6 份，其中包括：课题研究报告全本、8000 字简本各 1 份；《科学技术馆常设展览设计规范（讨论稿）》1 份；课题研究报告附件 3 份（《我国科技馆常设展览内容分析报告》、《我国科技馆展览设计模式分析研究报告》、《国内外科技馆、博物馆展览设计程序分析研究报告》）。其中在课题主研究报告中，提出我国科技馆常设展览存在的主要问题是："众馆一面"，缺乏特色；展品研发以仿制为主，创新乏力；单纯传播知识，缺乏思想内涵；"展、教分离"，助长"以展代教"。

课题对我国科技馆展览设计主要问题的原因分析为：展览设计理念模糊；未能理解和掌握先进的展览设计模式；展览设计程序混乱、缺项；展览设计指导原则和方针缺乏针对性、操作性；人才队伍建设与理论研究滞后。

课题对于转变和创新科技馆展览设计思路所提出的对策是：树立符合科技馆本质特点的展览设计理念，包括：展示教育目的精准化，深刻理解科技馆展示教育和展品的本质特点；转变和创新展览设计模式，包括：跨越“以展品为中心”的传统展览设计模式阶段，正确理解并掌握“主题展开”展览设计模式；建立并遵循科学合理的展览设计程序与规范；制定具有针对性、操作性的展览设计指导原则和方针。

课题名称

科技类博物馆创新展览与展项设计思路及发展对策研究

课题编号：2011KPYJA02-2
承担单位：北京师范大学
课题负责人：李象益
课题所属项目：2011 年度科普发展对策研究类项目

根据我国当前科技类博物馆发展的状况，本课题研究着重针对科技馆在建设中出现的新情况与新问题，提出若干实用性的创新展览展项的理念和设计方法，其某些理念和设计方法也同样适用于其他类科技博物馆。这不仅符合推动整个科技类博物馆创新建设的实际，也是本课题研究恰当的切入点。

课题的研究内容包括：根据申报书蟹岛评审会专家意见，侧重进行理论研究；以科技馆研究为主，并从案例研究引申到科技博物馆创新设计；针对我国科技馆展览、展项设计中存在的问题，重点研究什么是主题和主题式设计，以及使创新设计进一步深化的理念、思路和方法；中小科技馆创新展览与展项设计与教育的结合是本研究的关注要点。

课题研究采用了问卷调查法、实地考察法、案例分析法、模式分析法、文献研究法、访谈法等研究方法。

通过研究分析，提出科技馆创新展览与展项设计的基本原则是：重视需求拉动，实现创新价值；整合三维目标，提升创新水平；挖掘地方特色，实现展览创新；在学科交叉边缘寻找创新点；将科技成果转化为有教育价值的展项；综合运用剧场及新媒体技术增强展示效果；应用过程教育深入体现科学思想方法；从互动式教育走向体验式教育；运用元认知理论深化展览与展项设计；展览与教育同步开发。

同时课题对科技馆创新展览与展项的发展对策与实施提出如下建议：第一，实施自主创新与全面开放相结合的技术路线。具体可以从以下几个环节入手：开展调研考察，积累展项资源，掌握创新设计程序。第二，大力推行非线性动态交互的主题式设计模式。第三，大力加强中小馆展览与展项创新设计的研究。包括：努力实践非线性动态交互的主题式设计模式，优化自下而上的主题式设计模式，重视主题馆和专题馆建设。第四，利用信息技术和新媒体技术实施展览与展项的形式创新。第五，深化展览资源的教育化开发与应用。第六，加强科技馆展览与展项设计人才培养。第七，加强展览与展项设计的理论研究和学科建设。第八，提升科技馆相关企业展览与展项研发与制作的创新水平。

为了推进我国科技馆相关企业展览与展项研发与制作的水平，可以采取以下措施：坚持政策支持和政府引导；倡导正确竞争，形成错位竞争；鼓励与国外公司合作共同提高；大力推进产学研相结合；特别关注提高科技馆相关企业的创意策划能力。

课题名称

科技馆创新展览与展项设计及发展对策研究

课题编号：2011KPYJA02-3

承担单位：东莞市科学技术博物馆

课题负责人：李永广

课题所属项目：2011 年度科普发展对策研究类项目

本课题研究将参考国内科技馆的建设，探索讨论科技馆展示内容选题、展项创新的参考意见。这将对科技馆尤其是正在兴起的科技馆拓宽展览设计思路、提升展览设计水平以及提升展项创新能力有重要的意义，进而推动我国科技馆事业的健康发展，为提高全民科学素质发挥更大的作用。

课题的研究内容包括：科技馆常设展览设计现状及存在问题研究；科技馆展览设计创新对策研究；科技馆常设展览设计原则与实施办法研究。

本课题的研究工作，综合采用了以下多种研究方法：实地考察法、专家研讨法、文献研究法、访谈法、问卷调查法、案例研究法。

通过研究提出对科技馆常设展览设计存在的主要问题及分析：展览主题欠缺特色；展览内容不能支撑主题；展示脉络缺乏创新；展品创新动力不足；展品设计流程不规范；展项设计缺乏行业标准指引。

同时提出科技馆展览与展项设计创新思路和对策：第一，展览设计应遵循的基本原则。包括：展览主题与内容相一致，展览主题应尽量贴近观众，易于理解，从目标观众的角度做展览设计，注重“展”与“教”的结合，合理的规划空间和客流量，满足目标观众的生理、心理需求，倡导传播科学思想、科学精神和科学理念以及科学方法，敢于探索与创新。第二，应加强展览设计的前期研究。主要包括相关理论研究、科技馆概况研究、观众研究、经济状况研究四个方面。第三，应重视科技馆展览主题及内容设计。展览主题应根据科技馆常设展览的定位和其他前期研究的一些重要因素，提出科技馆大致要反映的内容，特别是想突出展示的内容，或者希望实现的某种特色的内容。包括：要明确是建综合馆还是专题馆，重视主题的提炼与创新，展览的内容设计应围绕主题进行展开，展览设计应从“展”和“教”两方面同时展开，要构建清晰的展示脉络。第四，要重视展品设计。包括：明确展品设计原则，优化展品的设计程序，应用质量管理手段强化展品设计，加强展品的创新。第五，应改进科技馆筹建实施程序。包括：在确定展览主题前，需进行前期研究，也就是要对需求、理论、发展趋势进行全面了解；确定主题后，通过专家或展览设计公司对展示内容大纲进行设计，这样可以尽可能地保证展示的系统性；确定展览知识点和知识点之间的关系后，进行展品设计，主要通过方案征集和研讨的方式进行，这个阶段要拓宽思维，充分发掘好的展示手段，力求展示内容能以最佳效果展示。第六，应制定展品设计的行业标准。包括：制定展项设计的技术规范，制定展品检验验收国家标准。第七，应加强科技馆展览设计人才的培养和储备。包括：开展展览设计培训，设立科普展览系列专业技术资格，在高校设置科普展览与教育专业，提供主题展览或临时展览的实践机会。

同时，课题结合以上研究内容和成果，制定了《科技类博物馆常设展览设计原则与实施办法（初稿）》。

课题名称

科技馆展览与展项创新发展对策研究

课题编号：2011KPYJA02-4

承担单位：无锡博物馆

课题负责人：黄浩然

课题所属项目：2011 年度科普发展对策研究类项目

课题组希望通过对这一课题的考察调研，促使科技馆认识到展览展项受公众喜爱并能使其从中受益才是科技馆存在的真正意义所在，推动其从公众角度思考，积极主动进行展览展项的创新，改变目前科技馆展览缺乏新意、展项落后陈旧的现状，努力提升展示水准，尽量与国际先进理念接轨；使国家相关部门更加重视科技馆的创新发展，加强规范当前展品展项制作市场，加大对其扶持的力度，使其能够在竞争有序的环境中提高产品和服务的质量，助推我国的科技馆建设事业，则是本课题研究的研究目的所在。

课题组通过一系列的文献研究、问卷调查、访谈咨询与专家论证，以此来归纳总结国内科技馆现存的各种问题，分析受到参观者青睐的展览展项的特点，并提出相应的创新对策。

本课题在方法论上，综合运用了文献法、调查法、数据采集法、比较法、归纳法等多种研究方法。

课题对于科技馆展览与展项创新发展以下主要几点对策建议。第一，转变传统科技馆建设思路，创新科技馆设计理念。这是做好展览展项设计布展工作的前提和基础。具体应做好如下三个转变：由单纯注重教育向凸显传播转变，由注重知识点向改变价值观和增强认知能力转变，由关注科技范畴向立足科技、融合人文艺术转变。第二，注重传播效果，创新展示形式。需要做好如下三点：由“展品”向“主题—分主题—展项群—展项”转变，由单纯注重“互动”向“静态陈列”、“机电互动”、“媒体互动”、“剧场体验”、“教育活动”多元化转变，建立基于“移动互联网—物联网”的教育活动体系，实现展览和教育的一体化融合。第三，建立合理的社会分工体系。包括：科技馆负责展馆的功能定位、建馆理念、内容脉络的构建等前期工作，同时，会同规划设计公司，建构展示框架，完成“主题—分主题—展项群—展项”的文案设计；规划设计公司根据文案设计，负责展馆的动线、空间、氛围、展品（展项）、图文等形式设计；展品制作公司根据规划设计公司的要求，负责技术规划、工艺设计、制作和布展工作。第四，建立质量体系的保证流程。在科技馆的建设过程中，首先应根据所在地的地域特色和文化底蕴，确立自己的建馆理念和展览主题，然后馆方会同设计公司，确立分主题和展示框架的文案设计，再由制作公司对概念设计进行深化落地，经过论证之后，最后进入制作环节。在此过程中，馆方应全程参与其中，确保展览展项的创意与质量。第五，完善科技馆创新的机制与体制。包括：完善科技创新奖励机制，加大财政投入，合理改善投入资金结构，重视创新展项的知识产权保护，完善科普产品的评价、管理机制，协调发展科普事业和科普产业。第六，促进科技馆建设的创新能力。包括：整合现有资源，加大研发力度，建立科技馆信息资源数据库，实现资源共享，重视科技创新人才的培养与引进。

课题名称

创新我国科技馆科普教育活动对策研究

课题编号：2011KPYJA03-1
承担单位：中国科学技术馆
课题负责人：辛兵
课题所属项目：2011 年度科普发展对策研究类项目

本课题通过资料收集、实地调研和深入访谈等方式充分收集科技馆教育活动的一手资料，并在此基础上剖析我国科技馆教育活动在策划、设计、组织、实施等各阶段存在的主要问题。同时，还将重点探讨科技馆教育与学校科学教育以及社区科普相结合的有效方式和途径，通过海内外教育活动成功案例分析，找到我国科技馆教育活动创新和教育水平提升的突破口，为科技馆教育活动的设计提供清晰的思路和切实可行的办法，为我国科技馆事业的跨越式、可持续发展开辟崭新局面。

本课题的研究内容主要从以下四大方面展开：国内外科技馆科普教育活动的现状研究；国内外科技馆科普教育活动案例研究；我国科技馆科普教育活动现存问题及影响因素分析；创新我国科技馆科普教育活动的对策建议。

本课题综合采用多种研究方法实施研究工作，主要包括：文献研究法、比较研究法、问卷调查法、访谈法、实地调研法、统计分析法、案例研究法、经验总结法。

课题对科技馆教育活动给予了明确界定，即是一种以科技为主题内容、以展览为主要形式、以提高公众科学素质为根本目的的社会活动。同时还必须同时满足以下四个条件：教育目的的限定——活动目的必须指向提高公众科学素质；教育内容的限定——活动内容必须与科技相关；教育主体的限定——活动开展主体必须有科技馆参与；教育要素的限定——活动实施过程必须有教育者、受教育者以及科技馆特有的教育信息和教育媒介的参与。

本课题还从教育观念、教育团队、教育项目、教育资源整合、社区和学校项目五个方面深入剖析了国内科技馆教育活动存在的问题；总结出海外科技馆教育活动的六大发展趋势，即关注受众细分与研究、规划项目管理与品牌塑造、强调学习资源建设与整合、增强教育活动渠道和媒介的拓展、把握馆校结合的切入点、探索社区科普的发展方向。

本课题在充分考虑科技馆现状和公众需求的基础上，从宏观层面给出对策和建议：更新教育观念，加大政策扶持力度；加强人才队伍建设；创新教育项目的开展与管理；加强教育资源建设；促进“馆校结合”有效开展；推进社区科普教育项目发展。这将对创新我国科技馆教育活动项目发挥重要宏观指导作用。

本课题从微观层面提出了科技馆科普教育活动开发和实施的建议，包括教育活动的设计原则、教育活动的开发流程和项目管理机制、教育从业人员的职责和能力素养以及资源包开发原则。

课题名称

创新科技类博物馆科普教育活动对策研究

课题编号：2011KPYJA03-2

承担单位：华东理工大学

课题负责人：黄时进

课题所属项目：2011 年度科普发展对策研究类项目

本课题的理论意义在于，在促进科技类博物馆拓展科学教育功能的理论研究方面提出有创建性的案例研究和应用实践研究，为国家制定相关政策奠定理论基础。本课题的实践意义在于，以贯彻落实《全民科学素质行动计划纲要》，实施《科普基础设施发展规划》为指导，紧密结合科技类博物馆工作实践，开展扎实的实证调研，通过提出科技类博物馆拓展科学教育功能的对策建议，推动科普工作的科学发展、和谐发展，特别是本课题是立足于长三角地区科技类博物馆的实证研究，其对策建议对于国内经济发达区域有直接的参考作用，对于国内经济欠发达区域的未来规划也有一定借鉴作用。

课题的研究内容包括：科技类博物馆拓展科学教育功能的界定及作为受众的中小学生和社区居民的需求分析界定；科技类博物馆与学校科学教育的衔接与结合的实证研究——基于长三角地区的实证分析；科技类博物馆与社区科普实践结合的实证研究——基于长三角地区的实证分析；目前科技类博物馆拓展科学教育功能取得的成绩和存在的问题分析；创新科技类博物馆科普教育活动、拓展科学教育功能实践的区域性对策建议。

课题的研究方法有：实证研究方法、调查问卷法、访谈调研方法、文献法。

课题通过研究提出对创新科技类博物馆科普教育活动、拓展科学教育功能实践的区域性对策建议包含：科学规划、尽快出台支持促进拓展科学教育功能“科技馆进校园、科技馆进社区”实践的政策文件；加强培训，培养一支队伍，锻炼提升科技馆工作人员拓展科学教育功能自身素质和服务能力；有效激励，吸引科普志愿者和各行业专家，促进优质科普人才资源参与

“科技馆进校园、科技馆进社区”实践中来；鼓励创新，以弘扬科学精神为抓手，在内容与形式上促进“科技馆进校园、科技馆进社区”实践创新；加强保障，积极营造有利于促进拓展科学教育功能“科技馆进校园、科技馆进社区”实践的环境；强化评估，探索有效评估体系，实施“科技馆进校园、科技馆进社区”过程反馈控制，巩固和推广科技馆在创新拓展科学教育功能实践成果和经验。

课题名称

馆校结合科学教育资源的开发与利用——创新科技类博物馆科普教育活动发展对策研究成果

课题编号：2011KPYJA03-3
承担单位：广东科学中心
课题负责人：侯的平
课题所属项目：2011 年度科普发展对策研究类项目

在“十二五”开局之年，总结“十一五”期间的经验做法，创新科技类博物馆与学校合作的教育活动模式，对“十二五”期间科普教育的发展和青少年科学素质的提升将起到积极的引导和推动作用。

本课题的研究内容包含：对“两岸三地”科技类博物馆馆校结合科学教育活动现状进行对比研究；探索馆校结合科学教育的新机制；研究总结不同年龄和认知水平青少年学生的普适性学生工作坊开发模式；探索专项探究教案开发方法；组织实施教育活动案例；整合社会各界的教育资源。

课题组运用文献研究、实地调查、网络检索、专家访谈、问卷调查、学术会议等方法进行对比研究。

本研究取得的创新性成果主要有：以青少年创新能力培养为切入点，探索馆校结合科学教育新机制。为充分发挥广东科学中心科普教育和科技资源整合的优势，扎实推进广东省中小学生科技创新教育，2011 年 1 月 1 日广东省教育厅、科技厅和广东科学中心联合发文在中小学实施广东省青少年科技创新能力培养“展翅计划”。提出对常设展示项目进行二度教育资源开发的观点。常设展示项目是科学中心 / 科技馆对公众进行科学传播的一度科普资源，适用于公众的非正式教育；青少年是科学中心的主体受众，为不断提高他们的科技创新实践能力，需加强对他们的非正规教育；对常设展品展项进行教育资源二度开发，组织形式多样、开放灵活的面向不同年龄和知识层面的青少年的教育活动，是科学中心对青少年实施非正规教育的重要途径。开发普适型和拔尖型教育资源包。有效整合教育、科技、企业等各界资源。探索解决教育活动辅导力量的途径。探索以下几种适用于非正规教育的途径，包括：建立大学生科普志愿团队并专门培训，参加常设展示项目学生工作坊的教育活动；教育资源开发团队的教师参加常设展示项目专项探究教案的施教辅导；经深度培训和试教的大学理工科志愿者，参加开放实验室的教学和辅导；针对拔尖型的科技创新研究活动，以项目合作的形式由开发教案的大专院校匹配教授、博士、研究生等参加教学和辅导；目前，正与师范院校搭建师范生实习平台。首批师范类小学科学专业的学生经多次培训、见习，已在展馆开展对中小学生科学教育活动的辅导，而且效果良好。研究馆校结合特色教育活动项目的特征要素。本课题组认为，馆校结合特色科学教育活动项目的特征要素主要有长远的目标、先进的理念、多元的资源、上升的模式、多层的渠道、常态的实践、全程的评估、良好的声誉等，形成一套可推广应用的馆校结合科学教育活动开发模式。

本研究对于创新科技类博物馆馆校结合科学教育活动提出如下的对策建议：建立多部门联动的科普教育和创新人才培养机制；加强场馆教育资源的开发与利用；创建全国科普教育基地科学教育活动指标体系；制定教育活动经费投入的引导性文件；充分整合社会各界资源；总结推广成功案例实现资源共建共享。

课题名称

创新科技类博物馆科普教育活动对策研究

课题编号：2011KPYJA03-4

承担单位：北京自然博物馆

课题负责人：金淼

课题所属项目：2011 年度科普发展对策研究类项目

本课题的研究意义在于：提供更多的资源共享的平台，借助优秀科技类博物馆科普教育从业者已经形成并经过实践检验的优秀科普教育活动，或者在各种条件满足条件下，如资金、器械等硬件满足的前提下，由创新能力稍弱的其他科技类博物馆进行模仿，或者结合自身的资源特点，稍加改动而在不同的馆际之间实施，扩大优秀科普教育活动的受众范围，都对科普教育活动的组织和实施有正面的促进作用，借助少数人的创新成果，惠及全社会，这对于从整体上提高全国所有科技类博物馆的科普教育水平有很大的裨益。

本课题的研究内容包括：科技类博物馆科普教育活动的基本情况分析；科技类博物馆与学校开展馆校合作的基本情况分析；结合科技类博物馆科普教育活动基本情况分析，馆校合作的基本情况分析等结果，总结现阶段科技类博物馆科普教育工作的现状，发现其影响科普教育活动拓展与创新的有关问题；结合现状和问题，提出《加强科技类博物馆科普教育活动创新的对策和建议》。

本课题通过电话访谈、实地调研、个案分析、现场访谈等方法，从实例分析到理论总结，来开展相关研究。

通过研究提出各科技类博物馆科普教育从业者提出的优秀科普教育活动应该具备以下标准：科学性、趣味性、传播力、连续性、一致性。

科技类博物馆科普教育工作的现状和影响科普教育活动拓展与创新的有关问题：各科技类博物馆开展科普教育活动的综合水平（质量和数量）有大幅度的提升，但水平差异较大，总体衡量还不能满足公民科学文化素质建设需要；形成了科普“产业链”的雏形，但不够完善，发展速度缓慢；科普教育从业者向高素质迈进，但人才队伍的建设和培养相对滞后，科普从业者专业化程度较低；馆校合作、科普进社区等科普形式刚刚起步，缺乏相应的体制机制保障。

拓展教育活动内容、提升创新能力的对策和建议：加强保障，积极营造有利于科技类博物馆科普教育活动创新发展的社会环境；加强科普人才队伍建设，提高科技类博物馆科普教育从业者的专业素质；集成国内外科普教育活动信息资源，建立、健全全国科普信息资源共享和交流平台，加强科普教育从业者之间的学习、交流和合作；鼓励社会力量参与科技类博物馆科普教育活动开展的各个环节；搭建合作平台，建立科技类博物馆资源与学校教育的有效衔接，建立可持续的馆校合作机制；督促科技类博物馆管理体系的自我完善，提升科技类博物馆科普服务效率。

课题名称

创新科技类博物馆科普教育活动对策研究

课题编号：2011KPYJA03-5

承担单位：湖南省教育科学研究院

课题负责人：汤大莎

课题所属项目：2011 年度科普发展对策研究类项目

以科技类博物馆的科普教育活动为研究客体，将科学普及的范畴锁定于青少年学校和城市居民社区，以科普教育的基本原则、教育模式、实施路径和具体策略为具体研究重点，构建和谐的满足实践要求的科普教育活动。因此，本研究在理论和实践上都具有重大的研究意义。

本课题分别从理论、实证的角度阐述创新科技类博物馆科普教育对策的概念、现状分析、理论模型、实证模型、对策建议等内容，并实地调研长沙地区 11 所中、小学，1 所高职高专和 2 个社区科技类博物馆科普教育的实施情况，得到大量一手数据，并在此基础上总结株洲实验小学科技馆教育等 4 个典型案例，进一步印证了本项目的理论和实证结论。

本课题研究主要采取以下几种方法：一是调查研究法，二是比较研究法，三是经验总结法。

本课题将科技类博物馆科普教育活动定义为：科技类博物馆科普教育活动是以各级科技馆为核心，整合政府机构、科研单位、教育机构、科普产业等社会资源，以科技信息、科学知识及政策法规等相关信息为内容，以展项、科普培训、科普教学、科技活动、交流合作为载体，面向典型社会人群（以青少年群体和社区居民为重点），以组织、策划、实施、控制、反馈为方法，传递科学知识、培养科学素养的过程。

依据本项目之前的理论和实践模式分析，结合科技创新类博物馆科普教育的未来发展趋势，本课题一改科技创新类博物馆“传播者本位”的传统定位思路，以服务全局的思想进行定位的再设计。在当下的受众需求差异化的情况下，以科普教育与科技传播为宗旨的科技创新类博物馆应强化服务观念，贯穿于“来”和“去”的模式中，即：人们来科普馆参观、学习，是一种“来”的模式，科技博物馆去学校、社区是去的模式。此外，科技创新类博物馆，还应该从构建多边服务关系，在定位上实现从简单布教型向综合服务型的转化，在模式上，建立科技创新类博物馆科普教育的“立交桥”实践模式。

在此基础上提出对创新科技类博物馆科普教育活动的对策与建议是：在理念上，紧跟时代步伐，用先进理念引领与谋划科普工作；在目标上，以提升公民科学素养为总目标，分别制定短、中、长期目标；在组织上，搭建以科技馆为中心的“立交桥”，实现资源优化利用；在内容上，符合时代发展要求及受众群体需求；在形式上，不断创新并在实践活动中予以综合运用；在方法上，注重人性化与现代科技，将多种手段结合使用；在策划上，实现科普活动体系化，发挥各类科普教育活动的协同效应；在宣传上，依托现有的宏观、微观环境，烘托科普教育氛围；在过程上，实施过程反馈控制，强化效果评估；在管理上，形成有效的管理机制，构建各类保障机制。

课题名称

科技馆专业人员评价标准研究

课题编号：2011KPYJA04-1

承担单位：中国科学院研究生院

课题负责人：莫扬

课题所属项目：2011 年度科普发展对策研究类项目

本课题的研究意义在于：以合理、规范而具有操作性的专业技术职务认定管理制度引领激励科技馆专业人员的教育、培养及发展，加强科技馆人才队伍建设，以人才培养带动科技馆展教及科技传播能力的提升。

课题通过开展科技馆专业人员评价标准研究，探索建立科技馆专业人员评价标准体系，与时俱进提出管理办法，推进科技馆专业人员专业技术职务认定管理制度的建设。

课题主要采用的研究方法有：文献研究法、国际比较法、深度访谈法、个案研究法以及问卷调查法。

通过研究指出科技馆专业人员评价工作存在的问题包括：现有职称和职业资格系列与科技馆人员主体工作内容和核心职责不符合；现有专业技术职称复杂、零散，没有形成全国行业内的统一规范和标准。

科技馆专业人员评价指标体系的确认，通过文献研究以及对行业资深专家、科技馆馆长的深度访谈和行业经验，赋予展览策划与设计类专家和从业人员不同权重（专家评价权重为 0.6，从业人员评价权重为 0.4）后得出加权后的总评价。然后，按 1/5 位分类方法对指标的重要性程度加以区分，将其后 1/5 位上的指标剔除，保留重要性程度高的评价指标，形成最终的科技馆专业人员评价指标。在此基础上构建了科技馆馆员、副研究馆员、研究馆员的专业人员技术职称评价标准。

课题对于科技馆专业人员技术职务认定的制度安排的对策有：人员编制管理要遵循科技馆行业规律，采用科学的职务体系，推进该行业的人事制度创新；给予基层单位充分的人事自主权，逐渐从现有的行政管理模式转型到未来的公共服务采购模式；评价标准要基于规范的胜任素质模型的思想进行动态维护和发展；充分发挥行业组织的作用逐步完善行业管理；加强评审专家和人事管理干部的人员评价专业能力的建设；进一步加强行业管理部门的人才队伍建设能力；专业技术职务评价与职业资格制度的对接。

同时，课题结合以上研究内容和成果，制定了《科技馆专业技术职务评价管理办法》。

课题名称

基于胜任特征模型的科技馆专业人员评价标准研究

课题编号：2011KPYJA04-2

承担单位：重庆科技馆

课题负责人：黄迪

课题所属项目：2011 年度科普发展对策研究类项目

本课题的研究意义在于：为科技馆在未来的人力资源管理过程中，对专业技术人员的选拔、评价、培养、激励提供科学的方法和标准依据，以促进科技馆行业在人力资源管理实践中“科学实施岗位设置，合理利用评职通道，切实加强聘任管理”。

课题组搜集国内具有代表性的知名大型科技馆的专业技术人员的评价标准和相配套的对其人员的管理政策及办法，在大量资料的基础上进行评价标准和政策的交叉对比研究，客观、全面、深入地了解国内科技馆类专业技术人员评价标准和政策的现状，构建科技馆专业技术人员胜任特征模型，建立一套对其专业技术人员胜任特征进行素质测评的可操作性的标准；根据科技馆专业技术人员的胜任特征模型和胜任力评价标准，形成科技馆专业技术人员职务评聘试行办法。

本课题的主要研究方法有：模型研究法、文献研究法、调查研究法等。

本课题主要研究成果包括：适合科技馆行业的专业技术人员胜任力模型。本研究认为，胜任特征是将某一工作中有卓越成就者与表现平平者区分开来的个人的深层次特征，能将真正干得好的人区分出来。适合科技馆行业的专业技术人员胜任力标准。根据已经建立的科技馆专业技术人员的胜任特征模型，对各岗位胜任特征进行行为等级的量化，以便进行可操作行的评价。针对科技馆行业专业技术人员职务评聘工作提出如下对策和建议：合理设置三类人员岗位结构比例；合理确定专业技术人员适用的职称系列类型及主、辅系列比例；建立科技馆专业技术人员的胜任特征模型和胜任力评价标准，作为人力资源管理工具运用于职务评聘；需要在科技馆上级主管部门建立中级职务评审委员会（以下简称中评委）；科技馆通过完善自身职务聘任管理达到激励目的。

同时，课题结合以上研究内容和成果，制定了《科技馆科普工作类专业技术人员职务评价试行办法》、《科技馆教育活动类专业技术人员职务评价试行办法》和《科技馆工程技术类专业技术人员职务评价试行办法》。

课题名称

科技传媒工作者科普专业化从业标准研究

课题编号：2011KPYJA05-1

承担单位：中国科学技术大学

课题负责人：周荣庭

课题所属项目：2011 年度科普发展对策研究类项目

本课题的研究意义在于：为科技传媒工作者的管理与培训提供依据；优化传媒工作者队伍结构，提高科普专业化水平；有助于提升科普工作的社会效益和经济效益。

课题通过对我国当前科技传媒工作者情况的调查和分析，得出科技传媒工作者科普专业化现状。进而提出科普专业化从业标准和科普专业化素养体系，并对不同岗位科技传媒工作者的从业标准设定提出建议。

课题的研究方法包括问卷调查法、模型研究法、文献研究法等。

通过研究课题指出目前我国科技传媒工作者队伍呈现以下特点：政府不断加大财政投入和政策扶持力度，但宝贵的扶持资源投入产出比不高，科技传媒工作者从事科技宣传、科普活动组织出现了被弱化的倾向；专业化的科技传媒工作者增长缓慢，人才结构出现断层；我国的科技传播从业者的专业化水平不高，主要表现为科技传媒工作者的道德素养、科学素养和信息素养不高，科技传播工作者的教育培训不完善；与国外科技传媒工作相比，一方面，我国科技传媒工作者的科学传播能力存在不足，另一方面，相关领域的科普专业化条件和制度也存在欠缺。

科普专业化从业标准在管理和实施上，拟建议成立专门的科技传媒工作者从业标准管理委员会机构，由全国科技新闻学会、科普作家协会、科教电影电视协会成员代表组成专家顾问团，负责指导从业标准的设立及其他衍生工作。该机构由国家新闻出版总署与中国科协联合主管。

科技传媒工作者的岗位要求其具备相应的素养，作为一名合格的科技传媒工作者，首先必须获得国家相关部门认可的从业资格证书。科技传媒工作者的从业资格认证由国家新闻出版总署与中国科协许可专业管理委员会机构具体实施，专业委员会负责组织全国统一的科技传媒工作者从业资格考试及考前培训工作。科技传媒工作者获取工作证须参加全国统一的资格认证考试，通过考试后获得相应的资格考试合格证，然后在科技传媒领域相关单位、机构实习或工作满一年以上，由所在单位、机构向专业管理委员会申请，最后批准。

由国家新闻出版总署和中国科协联合主管，科技传媒工作者从业标准管理委员会机构负责组织从业人员参加从业资格认证考前培训，接受培训并完成学习任务者准发结业证书，旨在提高科技传媒工作者从业素养水准。从业资格认证相关教育培训活动需由专业管理委员会机构予以监督，可委托相关部门或教育机构具体实施。

对不同岗位科技传媒工作者的从业标准设定提出建议如下。科技记者：强化科学素养指标体系；加强道德伦理素养要求。科技编辑：设立科技编辑管理部门；重视专业科技编辑人才教育；鼓励科技编辑行业学术研究。科技主持人：科技知识考核；科普能力认证；对综合知识储备作出要求。科普作者与科普翻译者：弱化专业标准细则，取消设立科普作家的职称门槛；强化素养能力要求。

课题名称

科技传媒工作者科普从业标准研究

课题编号：2011KPYJA05-2

承担单位：北京大学

课题负责人：吴国盛

课题所属项目：2011 年度科普发展对策研究类项目

本课题的研究分析了当前中国科技传媒人员面临的问题，分析借鉴了发达国家的经验，为提升科技传媒人员职业化、专业化水平提供了理论依据和建议，具有理论和现实的意义。

课题基于对国内科技传媒工作者实际情况的调查研究，以及借鉴发达国家科技传媒工作者的资质要求和进修方案，尝试提出中国科技传媒从业人员的科普从业标准建议。

本课题的研究方法包括：问卷调查法、文献研究法、比较研究法、数据分析法等。

通过研究课题分析科技传媒人员职业化、专业化不足的原因有三个。第一是中国的传媒体制正处在转型时期，尚未成熟和稳定，传媒人员的职业流动性太大，许多科技传媒工作者本来并不是干这一行的，也没有打算一辈子干这一行。这种状况有待转型期结束才会有所好转，另外也需要媒体自身逐渐建立起良好秩序制度，以吸引优秀的传媒人才以此为业。第二是缺乏专业化的科技传媒专业人才的培养机制。第三是缺乏职业化科技传媒人员的岗位准入制度以及培训上岗机制。

课题提出我国科技传媒工作者科普从业标准建议包括，借鉴发达国家的经验，结合我国科技传媒工作者的具体情况，提出如下三大从业标准建议；态度（Attitude）标准：热情同情。知识（Knowledge）标准：科学知识，科学技术与社会（STS）知识，传播学知识。技能（Skill）标准：沟通能力，表达能力。

课题名称

自然博物馆建设标准设立的对策与建议

课题编号：2011KPYJB01-1
承担单位：上海科学技术馆
课题负责人：梁兆正
课题所属项目：2011 年度科普发展对策研究类项目

本课题的研究意义在于：以期通过建立我国自然博物馆建设国家标准的对策与建议，为我国自然博物馆未来发展提供些许有价值的信息和建议。

为了给政府决策提供合理充分的依据，课题组通过问卷调查、实地考察、资料分析等方法对部分国外著名自然博物馆以及我国自然博物馆进行调研分析，通过汇总它们的宗旨、研究、收藏、展示、教育以及经营等方面的建设标准，总结其特色与优势，进行相互对比，认识其异同，分析其原因，以期在此基础上建立我国自然博物馆建设国家标准的对策与建议，为我国自然博物馆未来发展提供些许有价值的信息和建议。

本课题的研究方法包括：问卷调查、实地考察、资料分析、历史分析、对比研究等。

课题对自然博物馆建设规模标准设立的对策与建议包含以下两方面：自然博物馆的选址；自然博物馆的建设规模。对自然博物馆建筑标准设立的对策与建议包含以下四方面：自然博物馆建筑的选址与环境；自然博物馆建筑设计；自然博物馆智能化；自然博物馆绿色建筑技术。对自然博物馆展示标准设立的对策与建议包含以下四方面：自然博物馆展示内容的建议；自然博物馆展示模式和载体的设定原则；自然博物馆展示载体的分类和应用；自然博物馆展示载体应用的比例。对自然博物馆教育活动标准设立的建议包含以下七方面：教育活动基础设施；教育活动经费投入；教育人员配备；教育活动种类；教育活动信息化；教育活动服务对象；教育活动与学校、社会的结合。对自然博物馆收藏研究标准设立的对策与建议包含以下两方面：自然博物馆收藏标准设立的对策与建议；自然博物馆研究标准设立的对策和建议。对运营管理标准设立的对策与建议包含以下五方面：机构设置；观众定位；探索多元化的资金筹措方式；运营支出的标准范围；社会资源网络的构建。

课题名称

网络科普设施建设标准研究

课题编号：2011KPYJB03-1
承担单位：北京邮电大学
课题负责人：王化兰
课题所属项目：2011 年度科普发展对策研究类项目

大力发展科普基础设施，满足公众提高科学素质的需求，实现科学技术教育、传播与普及等公共服务的公平普惠，对于全面贯彻落实科学发展观、建设创新型国家、实现全面建设小康社会的奋斗目标都具有十分重要的意义。

本课题通过研究国内外网络科普设施建设标准背景，以及网络科普设施建设标准的规律和经验，提出《我国网络科普设施建设国家标准（建议稿）》，为建立我国网络科普设施建设国家标准提出对策和建议。

课题所采用的研究方法包括：文献资料法、比较研究法、分类研究法、案例分析法、模式分析法、数据分析法等。

通过研究，课题提出对我国网络科普设施标准的对策和建议。第一，网络科普基础设施技术层面：基于承载网、业务、协议标准和接入技术等 IP 网络的现状，IP 网络的发展趋于宽带化、业务多样化和分类化、网络结构层次化、统一 MPLS 协议标准、数据化、IP 化和融合的发展趋势；三网融合已成为我国信息通信领域重大发展战略之一，同时也是网络科普设施建设未来发展的趋势。第二，网络科普基础设施管理层面：科普网络管理系统的管理重点转移到科普业务层和科普事务层；网络科普管理信息交互问题将成为未来网络科普基础设施研究的重点问题；基于 IP 的科普网络管理需要更强大的配置功能；下一代网络科普管理问题发展趋势与展望：功能全面的、能管理各种不同网络的综合网络科普管理系统将是下一代网络科普管理系统的发展方向；加快计算机网络新技术的应用，提高网络科普设施的质量，加快公众与科普网站的互动，以实现网络技术先进性、时效性和服务全面性、创新性的整合。第三，网络科普内容方面：注重网络科普原创内容建设，建立具有我国特色学科的网络科普资源建设；在全国范围内集成优化网络科普资源；网络科普设施内容建设要注重目标群的特点。第四，网络科普队伍建设：加强科普队伍建设，努力培养高水平、高层次、高质量的科普人才，提高科普队伍水平，克服科普人才短缺的瓶颈问题，推动科普实业的发展。第五，加强《科普法》的实施，建立科普法律环境，加强网络科普基础设施法律保障，推动科普的实施。第六，网络科普设施应根据公众需求，以信息服务专业化、精细化、多样化为发展方向，不断提升其在线信息服务水平。第七，注重和优化传播策略，注重和塑造网络科普设施的社会知名度品牌，提高社会知名度。第八，建立科普基础设施资源共享模式和机制，搭建科普基础设施服务平台，营造全社会科普资源开放共享的环境，推进科普资源的高效利用。

课题名称

科技馆特效影院建设国家标准研究

课题编号：2011KPYJB04-1
承担单位：上海科学技术馆
课题负责人：薛峻
课题所属项目：2011 年度科普发展对策研究类项目

建立符合中国国情和具有中国特色的科技馆特效影院建设标准，是中国科普事业发展的迫切需要，有利于提高投资决策、建设水平和科学管理，合理确定建设规模，有效控制建设投资，对建设项目实施全过程管理，充分发挥投资效益。

课题组进行了广泛深入的调查，向全国国家级和省级科技馆、专业科技馆以及部分地级科技馆发放“特效影院情况调查表”40 份。并对其中 17 家科技馆进行了实地调研和座谈；收集了大部分特效影院的建设资料，查阅了部分国外特效影院的信息，总结了近年来我国科技馆特效影院建设的经验教训，征求了部分建筑、影视方面的专家的意见，最终完成《我国科技馆特效影院建设标准（建议稿）》。

本课题的研究采用了问卷调查、实地考察调研、文献检索、访谈、任务分解、专家咨询等研究方法。

课题结合研究内容和成果，制定了《我国科技馆特效影院建设标准（建议稿）》。

本标准很多研究结果和结论是国内外所未见的，具有十分重要的参考价值：

从行规、国家标准及中文文字特点等角度规范了特效影院和特种电影的相互关系，以及各特效影院的种类和名称，使得某些设备供应商、场馆难以借影院名称混淆视听，从而更加注重电影内容和对公众的科普服务，这对行业发展十分有利。首次对特效影院建设规模、数量和面积进行规范，尤其是基于经验提出“拟建总座位数”的计算公式。这对于各地因缺乏科学依据而随意攀比建“大”影院是很好的约束，对于减少、避免国家投资的盲目性而导致的浪费具有十分重要的现实意义。大胆提出特效影院应满足“独立经营”的要求，使得影院在场馆开放时间外独立运营时大大节约了运营成本，尤其是影院在“文化大发展和大繁荣”的背景下能够发挥更大作用成为可能。本标准处处体现“以人为本”。本课题组认为，特效影院建设的“人性化”就是更好地为公众服务，“下进上出”的阶梯、无障碍电梯、满足各人种需要的排距、座距、集散区的使用面积，等等，都是基于这一点考虑。本标准强调了特效影院在建设过程中对建筑声学的重视，明确了各类用房的不同的建声需求以及设备减震防护。“特种电影的创作”章节，说明开发科普特种电影的工作是特效影院建设的重要内容。国外很多科普场馆承担科普电影的研发工作，而在我国，这项工作主要是放映设备供应商承担。事实上，这些供应商在电影内容的科学性、教育性方面是很难胜任的。如果科技馆不承担科普电影的研发，我国的科普电影很难大发展、大繁荣。在第八章运行管理中，课题组总结了各科技馆特效影院的管理经验从组织机构、岗位设置与人员配制、管理制度和质量管理体系建立、人员培训、经营许可证申领、影片的采购和审批、影视创作、场次编排、经营管理九个方面提出了运行管理思路，供大家参考。

课题名称

科技馆特效影院建设标准研究

课题编号：2011KPYJB04-2

承担单位：中国科学技术馆

课题负责人：辛兵

课题所属项目：2011 年度科普发展对策研究类项目

本课题的研究意义在于：帮助、指导决策者在筹建之初进行科学论证，合理地确定影院建设类型和规模，提高科技馆建设项目的投资决策水平；为建设者提供帮助，在工程设计中统筹规划、合理布局，避免不必要的更改，有效控制建设投资，提高项目的建设管理水平，对建设项目实施全过程管理；为运营管理者提供参考，探索影院运行效益最大化的发展模式以及影片资源交流共享的机制，实现特效影院的可持续发展。

课题拟通过对比国内外科技馆特效影院建设背景、分析科技馆特效影院建设的规律和经验，建立我国科技馆特效影院建设的对策和建议，提出《我国科技馆特效影院建设标准（建议稿）》，为制定国家标准奠定研究基础，促进我国科普基础设施的有序建设。

本课题综合采用多种研究方法，包括：文献研究、实地研究、访谈、专家论证、案例分析、比较研究。

通过研究提出我国科技馆特效影院存在问题及原因有：规模设置不合理，影院出现闲置浪费现象；建筑设计不尽合理；影院后期运行维护成本高；特效影院未能充分发挥其科普教育功能；影院功能尚未充分开发利用。

起草和制定《科技馆特效影院建设标准》的原则包括：充分考虑我国不同地区人口、经济等实际情况；有利于特效影院建成后的正常运营和可持续发展；有利于科技馆相关科普展教活动的开展和整体效益的发挥；具有普适性和前瞻性；具有针对性和有效性；借鉴有关成果，广泛听取专家意见；技术指标和数据的细化程度。

对于《科技馆特效影院建设标准》具体内容的建议包含：对科技馆特效影院的种类、数量和规模做出合理规定；对特效影院的建筑设计做出相应规定；对特效影院设备的选型做出相应规定；合理规划特效影院建设流程；对特效影院的职能与保障条件做出相应规定；对特效影院的主要运行指标做出相应规定；对特效影院的管理和运行做出相应规定。

对于我国科技馆特效影院可持续发展的对策建议有：第一，打破片商垄断局面，实现科普资源共建共享。包括：成立科普院线，实现资源共享；自主开发影片，实现资源共建。第二，针对国家现行科普影片政策的建议，支持并引导科普影片的开发；简化现行科普影片引进手续。第三，科技馆间成立技术交流、零备件借还平台。第四，坚持创新，实现特效影院效益最大化，开展有特色的特效影院教育活动；开拓商业院线之路；开发电影相关衍生科普产品。

同时，课题结合以上研究内容和成果，制定了《科学技术馆特效影院建设标准（建议稿）》。

课题名称

中国自然科学类博物馆分级测评体系研究

课题编号：2011KPYJB06-1
承担单位：中国自然科学博物馆协会
课题负责人：徐善衍
课题所属项目：2011 年度科普发展对策研究类项目

本课题的研究意义在于：建立分级测评体系有利于相关部门对博物馆事业的管理与监督，为此提供必要的信息，并为博物馆事业的未来发展提供决策意见。

课题对国外当前博物馆分级测评体系的情况进行梳理，调查研究建立自然科学博物馆测评体系的必要性、可能性和可行性；通过制定以个体场馆为单位的分级测评办法，并以这种方法总成提炼为分级测评体系的方式拟制定《中国自然科学类博物馆分级测评方案》（建议稿）。

课题主要研究方法包括：比较研究法、文献研究法、分类研究法、调研法、访谈法等。

通过研究提出我国自然科学类博物馆制定分级测评系统所面临的问题包含：普适的测评指标并不存在；各类场馆有显著的差异性；分级测评体系在业界亟需与方案推敲两方面存在时间上的矛盾。自然科学类博物馆分级测评体系实施的依据和原则是：自然科学类博物馆分级测评实施的横向要求；自然科学类博物馆分级测评实施的纵向要求；坚持分级测评体系的定性与定量相结合的原则；坚持分级测评体系的重点是自然科学类博物馆的展教功能指标；分级测评体系实施要具有可操作性和指导意义。自然科学类博物馆分级测评体系实施的步骤为：分级测评体系需要不断总结、检讨、完善，特别是通过同行业互相学习、借鉴、提高的过程。需要通过决策、制定计划、实施、反馈、修订决策形成一个良性循环的过程。因此，实施的步骤按时间轴可以分为四个阶段：第一阶段是启动阶段。通过项目实施计划制定总体框架和实施范围。第二阶段是指标制定阶段。通过集成指标总结出定性和定量指标。第三阶段是试评修订阶段。通过场馆试评、总结借鉴、修订指标体系。第四阶段是确定指标阶段。通过修订指标，形成分级测评实施的落实。

综上所述，自然科学类博物馆分级测评体系是一个长期的、动态的、必然的评估体系，需要不断完善、不断更新，使自然科学博物馆的内在要求得到充分体现和提高。

为了符合分级测评体系的适用性和差异性，加强对自然科学博物馆的管理，推动各类自然科学博物馆在新形势下健康、有序发展，拟制定《中国自然科学类博物馆分级测评方案》（建议稿），用以进行试测评工作，以达到调研互补、拾遗补缺的目的。

课题名称

科普类视频标准研究报告

课题编号：2011KPYJC01-1
承担单位：中国传媒大学
课题负责人：何苏六
课题所属项目：2011 年度科普发展对策研究类项目

在我国科普视频以收视率为评价标准、空间被挤压、过度追求悬念和娱乐的现状下，建立一个业界基本认可的、可以参照的科普视频行业规范标准，在制作、传播、评估等方面给出参考指标，对于我国科普视频作品的发展来说，具有重要的理论价值和现实意义。

本研究以科普视频节目样态作为分类的最主要标准，将科普视频分为了“新闻资讯类、益智互动类、讲坛类、情景实证类、谈话类专题纪实类、动漫类”7 个类别进行分类研究和指标体系制定。集中在以上论述中的前六类，制定的标准指标体系是从选题价值、制作、市场价值和技术指标几个方面，根据科普视频的生产创作过程和各类创作元素，容纳进不同的制作和社会影响因素，建立起相应的各类分级指标，赋予不同的权重，对于相关因子进行量化。对很多主观性的变量采取定性指标加以描述，并可通过问卷调查和专家打分的方式对这些指标进行量化处理。通过定量和定性分析，得出评估结论。

本研究采用了文献资料法、专家意见法、焦点小组访谈、数理统计、受众研究等研究方法。

本研究通过构建选题（话题）、制作、市场三个评判角度，设计提出了新闻资讯类科普视频评价标准、益智互动类科普视频评价标准、电视讲坛类科普视频评价标准、情景实证类科普视频评价体系、电视谈话类科普视频评价标准和专题纪实类科普视频评价标准。

在未来科普视频标准的推广及应用层面，课题组有如下几点建议：中国科协由全国学会、协会、研究会（以下简称学会）和地方科协组成，是一个具有较大覆盖面的网络型组织体系。通过中国科教电影电视协会向其会员单位进行推广，在其会员单位进行评片、评奖时参考此标准，达到和上条表述同样的目的。举办非专业的科普 DV 大赛，例如“大学生科普 DV 大赛”，通过这样的活动，可以把科普视频标准应用在前期进行指导拍摄。通过网站向业内同行进行出口推广，通过业内同行的实践及应用对标准提出修改意见完善本标准，同时愈加完善的科普视频标准将更好地指导实践。

在科普视频的出口应用方面，有两个方面需要重视：一是空间的延伸，即扩大传播范围；二是深度的拓展，通过与实践相结合，使科普视频标准更具有指导性和应用性，最终使科普视频更好地为科学技术传播服务。

课题名称

科普动漫标准研究

课题编号：2011KPYJC02-1
承担单位：合肥寰景信息技术有限公司
课题负责人：陈拥权
课题所属项目：2011 年度科普发展对策研究类项目

本课题的研究，将填补国内科普动漫标准的空白，对于科普产业标准体系的建立有重要意义。

本研究将对科普动漫产品及其标准化的相关概念体系和支撑理论作系统的梳理和分析，明确科普动漫的概念、界定科普动漫的内涵与外延，阐述科普动漫产业及产品的特点以及表现形式的分类，为未来的研究工作奠定切实的理论基础；通过对科普动漫标准化需求的深入分析，建立了由科普动漫基础标准、科普动漫技术标准和科普动漫管理标准为主体的科普动漫标准体系，在实地调研、案例分析以及国内外比较研究的基础上，详细规划了我国科普动漫产品标准体系表，对科普动漫标准体系的实施提出了相应的政策建议，从而为科普动漫产业的标准化进程提供科学的策略指导，为科普动漫产业健康有序发展提供基本的政策和制度保证。

本课题在系统评价理论、层次结构分析理论的指导下，综合运用文献法、层次分析法、调查法和案例研究法等，对课题内容进行研究分析。

通过研究提出对科普动漫产品标准体系实施策略分析为：营造完善的法制、体制和机制环境；加强宣传力度，认真学习科普动漫产品标准；充分发挥企业在标准化过程中的主体作用；加快培育适应标准化发展需求的人才队伍；加大标准化经费投入力度，建立奖惩措施。科普动漫产品标准体系实施政策建议包含：政策支持，体制松绑；完善产业链．建立盈利模式；建立高端人才培养机制。

同时，课题结合以上研究内容和成果，制定了《科普动漫产品标准体系表（草稿）》。

课题名称

科普展品标准研究

课题编号：2011KPYJC03-1
承担单位：中国科学技术馆
课题负责人：崔希栋
课题所属项目：2011 年度科普发展对策研究类项目

科技馆等科普基础场馆和设施作为我国非正规教育机构，主要以科普展品作为教育功能的核心载体，面向公众开放高质量的科普展览展品是其可持续发展的关键。目前，我国正在迎来科普场馆建设的高峰时期，科普事业发展迅速，科普展览展品的水平也得到快速提升。此时开展“科普展品标准”研究，编制完成具有实用价值的科普展品标准，具有重要而现实的意义。

本研究课题将对国内外现有科普展品的标准进行收集，研究现有标准在相关科普领域的使用情况和效果，探讨和建议建立科普展品标准体系策略，并选取“科技馆展览展品”作为“科普展品”标准化研究过程中的切入点，研究建立相关标准体系，编制完成“科技馆展览设计通用技术规范”。

本课题研究采用文献研究、专家咨询、现场调研和经验总结等研究方法，基本研究思路为现状研究、决策建议、标准体系研究、标准编制。

目前国内未有科普展品标准，究其原因，主要有以下几点：科普展品不易定位；科普展品的设计制作具有个性化；科普展品的运行及维护模式各异；科普展品标准化战略不明晰，重点是未有相关标准化技术委员会存在。

课题提出对科普展品标准化对策建议包含：申请组建成立“全国科普产品及服务标准化技术委员会（建议名）”。开展“科普产品及服务标准体系”研究制定工作，包括：开展“科普产品及服务全国通用性基础标准”研究，开展“建立标准化分技术委员会”的研究，各分技术委员会下分别建立更加细致的标准体系，科普产品及服务标准体系设想。

同时，课题结合以上研究内容和成果，制定了《科技馆展览展品设计通用技术规范》（共 5 个部分）和《科技馆展览展品设计标准体系框架》。

课题名称

科普资源共建共享工作知识产权保护研究

课题编号：2011KPYJC04-1
承担单位：中国知识产权研究会
课题负责人：马秀山
课题所属项目：2011 年度科普发展对策研究类项目

通过本课题的研究，妥善解决科普资源共建共享工作知识产权保护的问题，对于加快发展我国的科普事业，提高公众科学素质，宣传、灌输创新精神和创新意识，推动我国早日建成创新型国家，具有重要意义。

本课题通过对科普资源的界定和分类研究，以及科普资源共建共享涉及的知识产权的内容和归属类别的分析，提出如何正确认定新创作的科普作品的版权归属以及如何合法、合理利用科普创作资源进行科普创作。

课题的主要研究方法包含文献研究法、分类研究法等。

课题对正确认定新创作的科普作品的版权归属问题的结论为：科普资源本身一般就应该是属于公益性的。国家财政经费资助创作上述各类题材作品，资助对象主要是全国学会、协会、研究会等非营利组织和科研单位，所完成的科普作品作为科普资源，将直接提供社会各界用于科普作品再创作及其他公益类科普事业，毫无疑问也是公益性的。国家财政经费资助创作完成的科普作品，首选界定为单位作品，对于解决版权归属问题，比较妥当，也比较方便。将国家财政经费资助创作完成的科普作品，作为单位作品界定，实际上还存在两种方式，一种是将版权归属接受国家财政经费资助、实际承担、完成该科普作品的单位，另一种是将版权归属审核、划拨国家财政资助经费资助的单位或者负责管理国家科普资源工作的单位（例如中国科协或者中国科技馆等单位）。两者相比，前一种方式更为合适，后一种方式固然亦可以解决防止国有资产流失、转移的问题，但是既不便于该作品在用于商业目的的情况下主张、维护合法权利，也不利于发挥、调动接受国家财政经费资助单位创作科普作品的积极性。

课题对于如何合法、合理利用科普创作资源进行科普创作的建议为：从知识产权保护的角度，对科普创作资源表现形式的分类；判断科普作品和科技成果表现形式处于公有领域；充分利用表现形式处于公有领域的科普创作资源进行科普创作；充分运用合理使用、法定许可等方式，合法利用表现形式处于专有领域的科普创作资源进行科普创作；通过许可合法利用表现形式处于专有领域的科普创作资源进行科普创作。

同时，课题结合以上研究内容和成果，制定了《科普资源共建共享知识产权保护管理办法（建议稿）》。

课题名称

科普产业发展政策研究

课题编号：2011KPYJC05-1
承担单位：国务院发展研究中心
课题负责人：冯飞
课题所属项目：2011 年度科普发展对策研究类项目

本课题的研究将为加快发展我国科普产业提供理论指导，以促进科普产业健康发展。

本课题界定了科普产业的内涵、特征及其发展的重要意义，通过研究当前我国科普发展现状、所面临的机遇和问题，分析了我国科普产业发展的总体思路和主要任务，并提出科普产业发展的保障措施和政策建议。

课题所采用的研究方法包括：数据分析法、文献研究法、比较研究法等。

课题通过研究指出我国科普产业发展过程中面临的主要问题有：科普产业自身的瓶颈约束；科普产业的需求潜力有待挖掘；科普产业的创新力度不足；科普产业的投资主体界限不清；科普产业发展缺乏引导和规范；科普产业急需的高素质人才匮乏；科普产业发展的认识滞后。我国科普产业发展所面临的机遇包含：居民收入水平提高和消费升级为科普产业提供了现实需求；事业单位体制改革为科普产业发展提供了制度环境；文化产业发展为科普产业提供了成功经验；市场化改革为科普产业奠定了有效的运行机制。加快我国科普产业发展的条件包括：我国科普产业发展的政策环境；我国科普产业的发展基础；科普产业的高端市场空间巨大。我国科普产业发展的总体思路为：正确处理科普产业发展过程中的“两个关系”；有效推进科普产业发展过程中的“四个结合”。我国科普产业发展的主要任务是：培育发展主体；突出重点领域；谋划产业布局；强化服务创新；健全投入机制。

同时，课题提出科普产业发展的保障措施和政策建议。科普产业健康发展的保障措施，包含：树立发展科普产业的正确思想观念；加快科普产业的体制改革进程；整合和开发多种科普资源；加快科普人才工程建设；完善科普产业统筹规划机制；强化科普示范基地的引领作用；

有针对地对科普产业进行分类指导；创新科普产业发展模式。促进科普产业发展的政策建议，包括：完善国家对科普产业的税收政策；加快建立科普产业示范园区；加大对科普产业的投入力度；设计专项资金扶持科普产业发展；塑造健康的科普产业投融资环境；加快培养和造就专业性的科普产业人才；建立和完善科普产业的行业管理政策；强化对科普自主创新的保护力度（知识产权）。

课题名称

科普影视资源共享对策研究

课题编号：2011KPYJC06-1

承担单位：中国传媒大学

课题负责人：高晓虹

课题所属项目：2011 年度科普发展对策研究类项目

从政策层面来看，科普影视资源共享由于关系到我国多项国家发展目标的实现，因而具有深远而重大的政治意义。科普影视资源在促进社会公平、促进公民的全面发展方面具有重大社会意义，同时，加强科普影像资源的共享工作又具有非常重要的经济效益。

结合我国科普影视资源共享的现状，本研究试图制定科普影视资源平台建设标准，为科普影视资源共享平台建设提供技术保障，统一科普影视资源平台建设思路，力求为科普影视资源共享平台建设提供理论和政策支持。

本次科普影视资源共享对策的研究主要运用以下几种研究方法：文献研究、实地调查、小组讨论、专家研讨和调查问卷。

通过研究分析目前科普影视资源共享工作存在的问题包括：科普影视资源浪费严重；已有的科普影视资源共享平台运作失范；科普影视资源共享思路混乱；新媒体技术利用不够。科普影视资源难以真正共享的原因有：科普影视资源过于分散；各科普影视资源主体之间没有共享的动力；没有形成很好的共享政策和机制。科普影视资源共享建设中的核心要素分析包含前提：共享机制；保障：共享平台；重点：共享主体；基础：共享技术。科普影视资源共享建设中路径分析包含：建立资源共享的权威机构；建立资源共享的长效机制；建立资源共享的引导政策；关联已有的共享平台；充分利用新的媒介传播技术。我国科普影视资源共享建设目标为：要建立全国性的、有规模、有影响、有效率的共享平台；要建立管理严格、运作规范、权利分明的共享平台；要建立公益性主导，公益性和商业性共存的共享平台。

科技传播公共场所的影视资源共享思路是：建立国家级共享机制；开展广泛的馆际合作；

推行利益共享与成本分摊相结合的机制；集成和开发数字科普影视资源，建设数字化科普资源库。科技传播公共场所的影视资源共享模式为：国家级共享模式；跨省共享模式；区域中心馆辐射模式；科技馆与校园间的共享模式；馆藏主题协作共享模式。

大众传播媒体中的科普影视资源共享思路是：加大科普影视资源的再创作；做好科普影视资源的营销与推广；加强科普影视资源的版权保护。大众传播媒体中的科普影视资源共享模式如下图所示。

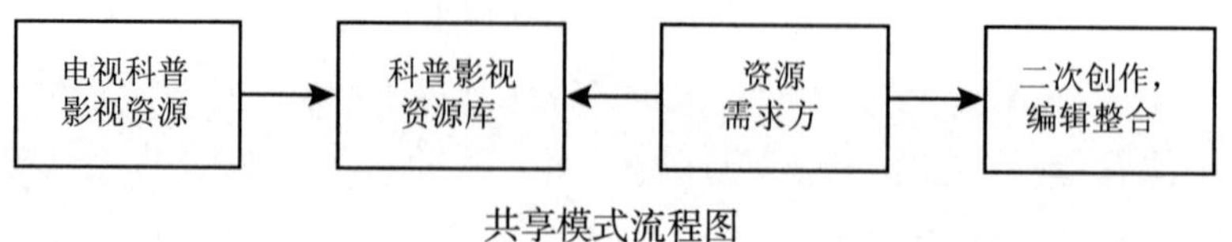

共享模式流程图

新媒体传播中的科教影视资源共享思路是：分散储存、集中服务；利用新媒体的开放性建立分享平台；强调个性化的分众传播；信息组传播方式丰富资源传播模式；推行多样态科普产品；利用“再包装”实现盈利行为。新媒体传播中的科教影视资源共享模式为：互联网中心式辐射型共享网络；受众细分与媒介细分结合式共享；繁荣内容广度和深度；以索引带动精确共享；自主推荐式共享行为；产品推动式科普资源共享。

课题名称

党员干部现代远程教育平台与科普共享对策研究

课题编号：2011KPYJC07-1

承担单位：江苏省泰州市科学技术协会

课题负责人：潘培时

课题所属项目：2011 年度科普发展对策研究类项目

本课题的研究意义在于：优化党员干部现代远程教育平台实现科普资源共享的路径，提升党员干部现代远程教育平台实现科普资源共享的机制。

课题的研究内容主要包含：研究我国利用党员干部现代远程教育平台实现科普共享的现状和存在问题；探讨利用党员干部现代远程教育平台实现科普资源共享的路径及机制对策。

课题组采用实地考察法、函件调研法、问卷调查法、文献研究法、个案分析法和比较研究法等研究方法。

通过研究提出党员干部现代远程教育平台与科普共享经验是：注重坚持农村科普工作与现代远程教育相结合的思路；注重建立党员干部现代远程教育平台与科普共享机制；注重整合党员干部现代远程教育平台与科普共享资源；注重创新党员干部现代远程教育平台与科普共享模式。

目前党员干部现代远程教育平台与科普共享存在问题有：共享建设认识上存在差距；共享机制尚未真正形成；共享配置建设发展不平衡。

课题对党员干部现代远程教育平台与科普共享提出如下对策建议：第一，充分认识党员干部现代远程教育平台与科普共享战略意义。第二，积极探索党员干部现代远程教育平台与科普共享有效措施。包括整合完善基础设施建设；合理规划加强教学资源建设；加强骨干队伍的培训和管理；精心组织提升促进学用活动。第三，加强领导，着力构建党员干部现代远程教育平台与科普共享工作机制。包括建立有效的组织协调机制；打造崭新的宣传推动机制；落实可靠的经费投入机制；创新扎实的督查激励机制。

同时，课题结合以上研究内容和成果，制定了《关于推进党员干部现代远程教育与科普共享工程的实施意见（建议稿）》。

另外，课题组有关研究提出如下建议设想：类似课题研究建议由中组部远程教育中心、中国科协科普部有关管理人员和教学、管理、技术服务方面的专家组成课题调研组，省、市、县相关机构和人员组成子课题组，宏观规划、微观实施相结合，这样方向目标明确，方法科学合理，成果真实可信。子课题可从实践层面采立，经总课题组专家比较论证确立后，再由有研究条件、实践优势的基层单位、研究人员申报。有前瞻性的理论成果，也可由基层单位、研究人员实验论证。这样理论引导实践，实践验证理论，理论与实践结合，由点到面，由发现创新到成果推广。这样的研究模式适应实践，跟得上工作动态化的特征。

课题名称

三网融合背景下的科普传播对策研究

课题编号：2011KPYJC08-1
承担单位：北京邮电大学
课题负责人：曾静平
课题所属项目：2011 年度科普发展对策研究类项目

在三网融合的大背景下，受众的形式发生多种多样的变化。公众可以参与科学知识的创造过程，参与科学决策，与科学家共同塑造科学的社会角色。因此，在三网融合下的受众在科学传播中的地位变得非常重要，是双向传播不能少的反馈机制的一部分。受众的分化对于为具体的传播学中的受众分析提供了一个范围。

课题对我国科学普及管理、活动机构和科普工作者发展现状进行分析，对传统媒体科普传播现状进行调查研究。研究分析了三网融合对科普传播的形式和特点，最后提出三网融合背景下的科普传播对策。

课题采用的研究方法包含文献研究法、数据分析法、分类研究法等。

通过研究课题分析三网融合下科普传播的特点为：传播渠道多样化；传播过程互动化；传播主体多元化。三网融合背景下的科普传播对策包括着眼人才梯队建设，培养复合型的专业人才。大力开拓传播渠道，促进科普内容多途径传播，具体包含多媒体传播、数字化传播、“云科普”传播。全力塑造科普品牌，建立科普传播权威网站。完善科普传播内容，常态与应急知识有机结合。鼓励草根科普创作，号召全民参与传播。增加科普传播内容的娱乐性。细化科普传播对象，因人、因地、因时制宜，传播对象包含城镇居民、农民群众、基层干部、青少年群体、离退休人员。注重本土国际融合，推动科普传播交流与共享。

课题名称

地震应急科普资源调查及发展对策研究

课题编号：2011KPYJC09-1

承担单位：中国地球物理学会

课题负责人：谭先锋

课题所属项目：2011 年度科普发展对策研究类项目

本课题通过了解地震科普资源存在及分布现状，提出发展地震应急科普的有效途径和措施，达到地震科普资源在地震应急时利用的最大化。以利于应急科普更好服务于社会公众，服务于各级政府应急处置的效率，服务于减轻地震灾害，服务于拯救人民的生命。

课题组对地震系统及社会相关的科普资源进行调查、收集、分类，取得相关信息资料；开展对地震应急科普资源的分析，提出资源的分布和不同对象的需求特点；提出相关的科普资源如何更好地服务于地震应急的路径和措施，以及地震应急科普资源发展的策略或建议。

课题的研究方法包含问卷调查法、数据分析法、归类分析法等。

课题通过研究提出发展地震科普资源的有效对策包含：完善国家地震应急科普资源库；增强地震科普场所的功能建设；完善国家和地区有关网站地震应急科普功能；多元化加强地震科普作品的制作能力；加强地震科普队伍建设；加强地震科普经费的投入及建立多方筹措资金的机制；建立与媒体的联动机制；增加基层地震部门（市、县）地震应急科普资料储备。

从调查的资料显示，鉴于我国是一个多震灾的国家，人们对地震应急知识和技能的普及有着很广泛的需求，而现时的情况是社会无论是对科普资源、科普内容的丰富程度还是对科普作品质量、科普创新都不能满足公众需求。调查的资料还显示，在应急科普知识中，对震时应急和自救互救知识最为需求，从对发展应急科普资源的建议一栏中，还明显地看出社会对发展数据库、加强科普创作的创新、加强动漫视频制作表示了强烈的愿望。因此，发展应急科普资源首先就要注重创作一批内容针对性强、形式表现力强（如动漫、漫画），又能便于传播的科普作品；应加快发展科普数据库，增强其容量及链接、下载功能，增加有关网站的应急科普内容，加强表现力和互动功能；加强媒体间的联动和共享机制的建设，增强科普传播的功能；加强各科普基地的应急科普内容及市县一级的作品资源的储备，以满足应急期的社会对科普宣传品的需求量。只要切实加强上述措施，地震应急科普资源及传播功能就会有一个大发展、大提高，就能在防震科普教育和减灾中发挥重要作用。

课题名称

粮油食品安全应急科普资源储备策略和方案

课题编号：2011KPYJC09-2

承担单位：中国粮油学会

课题负责人：于衍霞

课题所属项目：2011 年度科普发展对策研究类项目

《粮油食品安全应急科普资源储备策略和方案》的建立，可以普及预防、避险、自救、减损等粮油食品安全应急防护知识，提高公众的食品安全意识、社会责任和防范能力，提高公众应对突发食品事故的综合素质，减少盲目的恐慌，提高政府对食品安全监管的公信力，最大限度地预防和减少突发食品安全事故及其造成的损害。

本课题研究分为米及米制品安全问题及应急解决方案、面粉及面制品安全问题及应急解决方案、油脂安全问题及应急解决方案、农户储粮安全问题及应急解决方案、粮油中的真菌毒素和致敏原安全问题及应急解决方案和粮油种植、储藏过程常用农药使用安全及应急解决方案六个部分。

课题的研究方法包含数据分析法、归类分析法、实验法等。

课题研究为米及米制品安全问题及应急解决方案、面粉及面制品安全问题及应急解决方案、油脂安全问题及应急解决方案、农户储粮安全问题及应急解决方案、粮油真菌毒素和致敏原安全问题及应急解决方案和粮油种植、储藏过程常用农药使用安全及应急解决方案六个部分，内容包括原料（包括：稻谷、小麦、玉米、大豆、花生、油菜籽等）中带来的有害毒素、有害物质（如农药残留、霉菌毒素、重金属）、碾米、制粉、制油初级加工过程中可能带来的污染物质（如粉尘、砂石、有毒草籽、金属磨损物、润滑油、酸、碱、白土、柠檬酸、磷酸溶剂、虫、霉、鼠为害粮粒）、粮油加工产品运输、包装中带来的有害物质污染、粮油深加工中对产品可能带来的有毒有害物质，这部分主要包括以粮油为原料的加工食品

（米制品、面制品、专用油脂产品、功能性食品配料以及主食工业化产品等）中违法添加的非食用物质、滥用的食品添加剂、违规使用的提取剂及残留超标、生产过程中可能产生的副反应和带来的有害物质、作业环境恶劣和违反卫生标准带来的有毒有害微生物污染等，从化学名称、分子结构、理化特性、毒性、使用情况，中毒途径、毒理作用、可能造成的危害、预防措施、事故处理要点等方面知识进行了逐一的梳理介绍，为突发食品安全事故发生后政府、公众、媒体及企业提供参考。

课题名称

食品安全应急科普资源需求研究

课题编号：2011KPYJC09-3

承担单位：中国食品科学技术学会

课题负责人：孟素荷

课题所属项目：2011年度科普发展对策研究类项目

从宏观层面来看，当前中国的食品安全整体上仍处于事故多发和矛盾凸显期，短期内食品安全问题仍有可能发生，容易形成社会问题。因此，我们应该对应急科普给予足够的重视，需要加大力量积极开展中国的食品安全应急科普工作。

本研究在学习发达国家关于食品安全应急科普工作经验的基础上，结合中国的国情，提出建设中国食品安全科普资源的目标和重点，为有效开展中国食品安全应急科普资源工作，在上述分析基础上，从食品安分应急科普资源的机制、队伍，到具体工作等层面提出如下建议。

本课题的研究方法包含比较研究法、案例研究法、数据分析法等。

通过研究对我国食品安全应急科普现状分析包含：消费者对食品安全应急科普知识有极大的需求；我国尚未形成完善的食品安全应急科普工作机制和工作体系；缺乏科学系统的食品安全应急科普信息库；食品安全日常科普不到位，与应急科普的有机结合有待加强；与国际上食品安全应急科普工作存在的差距。

我国食品安全应急科普资源建设的目标和重点是：坚持食品安全科学普及工作长期化、正规化；加强食品安全应急科普工作的规划，构建长效建设机制；完善食品安全应急信息的传播渠道和方式。

课题对加快中国食品安全应急科普资源建设提出如下建议：将食品安全应急科普纳入到应急管理体系中，并开展相关理论研究；发挥专业组织和团体的作用；大力开展食品安全应急科普专家团队的培育；加强食品安全应急资源信息储备与管理；构建食品安全应急科普工作平台，将食品安全信息传播更远；加强政府、企业、媒体与学术界的协调与配合。

课题名称

科技决策过程中的知识传播和共识塑造

课题编号：2011KPYJD01-1

承担单位：清华大学

课题负责人：尹雪慧

课题所属项目：2011 年度研究生科普研究能力提升类项目

随着当代科技的不断发展，科技政策正在成为政府推进科技发展和经济社会进步的重要手段，如何使科技决策建立在可靠的科学证据和准确的科学知识基础之上成为越来越重要的问题。然而，科学家和专家如何向其他决策者或正常参与主体传播相关专业知识，如何在传播的过程中得到公众、政治家和其他社会群体对其的理解与支持等，这些问题日益引起学术界的关注，但相关研究的展开仍不充分，特别是从科学知识传播角度进行相关探讨尚是一个新的研究课题。

本研究利用科学社会学、传播学与 STS 研究的相关理论，结合科技决策的具体特点，把知识的传播和理解置于科技决策的重要位置，围绕科技决策过程中的科技传播和共识塑造问题，从科技决策系统的知识特点出发，研究科技决策过程中科技传播的模式和机制；分析科技决策过程中的各类信息主体的特征，比较他们在政策共识塑造过程中各自发挥的作用、特点和意义；探讨科学家和相关领域的专家如何更好地在不同的决策情境下向决策者和相关参与者传播必要的科技知识，以及在不同情境下知识传播在政策共识塑造中的作用与影响。

本研究认为，科技决策中知识传播问题的分析包括 5 个重要因素，即：什么内容被传达给决策系统（知识特征）？专业知识都被传播给了哪些行动者（传播活动的目标受众）？谁是专业知识的传播者（科学家的不同类型和角色）？用于决策的知识是如何被传播的（知识传播的途径和过程)？专业知识传播的效果（传播效果）？其中位于问题核心的是专业知识的特征、性质和传播特性。而构成传播网络的行动者则包括科学家和科学共同体、政策制定者、公众和其他公共组织、其他相关专家和研究机构。

首先，决策过程需要多主体之间的知识传播与互动。随着社会知识化进程的不断推进，公共政策制定的越来越需要科学和技术专业知识的支持，科学发现和技术发展对政策的影响已经形成一个独特的问题域，科学顾问成为当代政策制定过程中有重要影响的社会角色。然而，随着科学的客观性和知识的确定性的形象被打破，专业知识和科学顾问对决策的指导作用也因此受到了质疑和挑战，一些学者们把注意的目光放在将知识合法性向知识参与的合法化转移，强调需要更好的咨询机制。

其次，要强化公众在决策中的作用发挥。科技战略与公众有着切身相关的广泛关系。科技的发展决定了公众未来的生活状态和质量。第一，公众对科技发展具有决策权的现实性意味着公众和科学的关系已经在社会生活领域中被充分地展开，并表现为直接的利益关系。公众越来越重视发表自己的意见，干预科技发展的方向，从而进行社会控制。第二，民主政治的发展和社会政治运动的影响也促使了公众对科学技术的关注度和参与意识越来越高。因此，公众以平等的身份与科学家、决策者对话的有充分的合理性。这里的合理性并不来自理论预设，而是植根于现实的社会生活。社会生活不仅提供用作经验总结的资料而且成为公众参与科技决策的出发点。所以，公众能否通过参与可见决策来获得平等的对话权利，取决于专业知识是否能够被有效传播和理解，深层次的，取决于社会生活中公众和科学家、政府及科学之间的关系。

课题名称

八九十年代的迷信回潮与科普

课题编号：2011KPYJD01-2
承担单位：安徽师范大学
课题负责人：崔龙健
课题所属项目：2011 年度研究生科普研究能力提升类项目

20 世纪八九十年代的科普工作取得了辉煌的成就，但是同时期我国（主要指内地，不包括香港、澳门和台湾，下同。）却出现量大面广的迷信回潮现象。科普是遏制迷信泛滥的有效手段，为何 20 年辉煌的科普工作没有限制住八九十年代的迷信回潮，是一个值得探讨的问题。

本研究采用文献分析法和案例研究法，对八九十年代迷信回潮现象、特征、当时采取的对策等方面进行了剖析，分析了当时我国科普事业的发展概况和基本特征，探索了当时科普事业迅速发展的形势下迷信也没有消除的原因。

研究发现，八九十年代的迷信，具有量大面广、城乡互动、持续时间长；参与人数众多、危害大、影响深远；传统型迷信活动和非传统型并存，由传统世俗迷信向现代世俗迷信转变；带有浓厚的经济色彩，迷信活动由隐秘走向公开，并且职业化、系列化、升级化；迷信活动与宗教、习俗相互交织，难以简单地定性和处理等特征。同时针对这些现象，政府发布了禁止迷信的相关规定，有关机构广泛宣传，全国上下也开展了对迷信的讨伐活动。而当时的科普事业，也开始了快速恢复和发展，经历了恢复发展、低潮徘徊、调整繁荣三个历史阶段，呈现出波浪式的前进状态，成为中国近现代科学普及的第三次高潮期。

我们认为，科普事业、科普高潮与迷信回潮同时出现在八九十年代，并且都完成了由传统向现代的转变，是我国科普史上少有的特异现象。科普与迷信是一对此消彼长的矛盾体，它们的关系主要体现在两个方面：一是八九十年代的迷信回潮主导了同时期我国科普工作方向；二是加强科普工作是反对封建迷信的一项战略性工程，科学与迷信是人类思想认识上两种相互矛盾、相互对立的思维方式和精神状态。一部人类的思想史就是科学战胜迷信的历史。这种斗争是长期的、永无止境的。科学在与迷信的斗争中逐步完善自我，把自己变成战胜迷信愚昧的锐利武器，而科普则是破除迷信的有效手段。加强科普工作，提高全民族的科学、文化素质，就是从根本上动摇和拆除封建迷信赖以存在的社会基础。

20 年辉煌的科普工作没有从根本上消除迷信，排除其他因素，单从科普的角度看，有两个关键因素：内在因素是科普体系的不健全，科普工作缺乏系统性和层次性，没有形成合力，因而无法发挥科普的最大功效；外在因素是没有引导公众形成科学观念，公众不会运用科学思维，也不存在科学思想。而公众科学观念贫乏的原因，主要是迷信思想仍在人们不自觉中支配着人们的行为；公众科学素养低是内在因素，公众缺乏基本的科学知识，因而导致公众科学观念的贫乏；不重视学科教育和科普工作也是一个不可忽视的因素。

八九十年代公众科学观念的贫乏，削弱了人们对迷信思想抵御和批判的能力，抑制了人们对迷信活动本身及其危害的反思，在一定程度上助长了八九十年代迷信的回潮。帮助人们摆脱迷信行为，最根本的还是要从观念转变上着手，树立人们的科学观念是破除迷信的关键所在。

课题名称

20世纪50年代中国科普基本特征研究

课题编号：2011KPYJD01-3

承担单位：安徽师范大学

课题负责人：胡沐

课题所属项目：2011年度研究生科普研究能力提升类项目

随着科普事业的发展及人们对其重要性的认识的加深，加强对科普历史的研究和探索成为我们做好新时期科普工作的必然要求。20世纪50年代是新中国成立后的第一个10年。在这一时期，共和国的科普事业从开创到发展，迅速形成了共和国的第一次科普高潮。加强对这一时期科普工作的研究，归纳其特征、探究其历史意义对于指导当前我们的科普工作以进一步服务于经济、社会发展具有鲜明的借鉴意义。

本课题采用了文献搜集、梳理、分析等方法，对我国20世纪50年代的科普事业的概况和基本特征进行了梳理分析。首先，以科普组织的建构为主线，客观展现50年代中国科普事业发展的概况；其次，从宏观视角与微观视角的结合去归纳50年代科普工作的基本特征，最后，从如何更好地推进当前科普工作发展的视角探索经验与教训。

从发展阶段来看，20世纪50年代我国科普事业分为三个时期：初创期、迅速发展期和变动、调整期。在此期间，国家对科普工作日益重视，科普组织机构逐步完善，科普活动蓬勃开展。但在变动、调整时期，由于反“右”派斗争和浮夸冒进思想的影响，科普事业的发展也受到一定阻碍。从特征来看，50年代中国科普从环境、性质、工作重点、工作机制等方面都发生了新的转变。这个时期党和政府为科普工作创造了良好的社会环境，得到了国家的高度重视；科普工作具有了明显的政治意味，紧紧围绕着党和政府的中心任务展开，并受到国家政治环境的显著影响；科普工作重点突出了经济功能，宗旨与基本任务是密切结合生产、服务于新中国的经济建设等；科普工作具有很深的“苏式”印迹，学习和借鉴了苏联的先进经验；科普工作总体上看仍处于传统科普阶段，但也兼具现代科普的特点，确立了政府（国家）主导、科学团体为主体的科普工作模式，面向广大的工农群众，以单向线性传播的形式，传播自然科学基础知识和实用技术知识。

通过对20世纪50年代我国科普事业的概况和特征进行分析，我们认为：第一，稳定的政治环境是科普事业顺利发展的基本前提。一方面政府通过科技政策和科技体制，对科普进行指导、控制和干预，实际的决定着科普的发展方向、规模和发展速度；另一方面，政府行为及其营造的政治形势，构成了科普发展的大环境。可见，一个稳定的政治环境是发展科普事业的基本前提。为此，我们需要做的是进一步围绕《科普法》和《全民科学素质行动计划纲要》继续完善科普相关工作的法律法规，提高政策法规的可操作性。通过法制建设一方面规范政府行为以维护科普工作的良性政治环境，另一方面切实做到有法可依、有法必依，从而确保科普组织能够依照法律和章程独立自主地开展工作。第二，科普工作应体现公众需求。我们可以看到，50年代科普工作得以蓬勃发展的根源就在于满足了社会需求（包括国家的需求和公众的需求）。而50年代后期，过分强调政治意味，即过分倚重国家的需求而最终导致科普工作的畸形发展。因此，我们一方面要建立以需求为导向的科普创造机制；另一方面，也是更深层次的，我们需要在全社会积极营造一种爱科学的社会氛围。第三，探索科普创作者的激励机制。对于广大的科技工作者而言，20世纪的50年代是一个重视精神生活和价值追求的时代，强大的精神激励形成了科普工作的良性循环。当前，面对科普的社会地位仍然低下，公众对科普工作的不认可的现实，注重从实现自身价值、满足精神追求来促进科普事业发展的经验对当前的科普工作同样具有积极的指导意义。同时，不应忽视物质回报的激励作用。因此，要尽快建立起一个以“精神”和“物质”双核心为驱动的科普激励机制。

课题名称

2007—2011年科普研究进展

课题编号：2011KPYJD01-4
承担单位：北京林业大学
课题负责人：赵志威
课题所属项目：2011 年度研究生科普研究能力提升类项目

2007 年至今，关于科普研究成果颇多，主要涉及科普政策、公民科学素质理论、科技教育理论、城市社区科普理论、农村及贫困地区科普理论和大众传媒科普理论等多个方面。本课题主要梳理和归纳 2007—2011 年的科普研究类文章，列出重要的研究成果与存在的不足，对于以后科普的研究具有重要的借鉴意义。

课题研究选取 2007—2011 年中国知网上的期刊文章为研究对象，对文献进行了检索、分类，运用摘要分析法对研究型文章进行初步分析，确定了 2007—2011 年科普领域的重点研究内容，列出了研究领域的主要观点、结论，并对研究进展进行评述，指出了研究中存在的问题与不足，为以后科普研究提供借鉴。

关于科普政策法规的研究，主要从我国科普政策法规整体状况、科普工作体质和机制问题、科普产业化问题、科普评估问题、科普创作、公共科学服务体系六个方面展开，每个方面都取得了一定的成果，但也存在缺少理论与实践的结合、缺少深入研究的问题。

关于科学素质的研究，主要从科学素质调查评估、特定人群科学素质和科学素质提高策略和方法三个方面展开。存在研究方法的改进与创新不足、在定量研究的基础上缺乏深入分析等问题。

关于科技教育的研究，主要从我国科技教育现状，科技教育的典型案例分析，科技教育的学科渗透，古代、近代及港台科技教育情况介绍，国外科技教育情况介绍及其他方面来展开。目前的研究存在以下问题：实例多，理论少；缺少幼儿教育及成人教育方面的研究；缺少政策支持方面的研究；基于对科技教育发达国家和地区的科技教育开展情况的研究有待加强。

关于城市社区科普的研究，主要分为理论研究和工作案例研究。理论的研究主要包括：社区科普的内涵、意义和必要性、指导思想、主客体及载体以及其他方面（城乡科普一体化、科学商店）。工作案例研究主要介绍了地方实施的一些有代表性工作。总体来看，目前学术界对社区科普的研究对象、内容、方法、形式等的研究还不够系统。当前应用研究相对较多，理论研究相对较少；缺少社区居民科学素质方面的研究；缺少社区科普队伍建设方面的研究。

关于农村科普的研究，主要是从农村科技教育及培训、农村科普资源、农村科普平台和科普组织三个方面展开。其中农村科技教育及培训方面的文献最多，农村科普方面的研究广泛，但是数量偏少，且质量上有待提高。主要存在的问题与不足：过于集中在教育和培训方面，相对忽视了政策、组织队伍建设、管理制度、运行机制等方面的研究；以描述型研究为主，缺少定量研究和深入的理论分析。

关于大众传媒科普的研究，主要是研究报纸、图书期刊、广播影视和网络传播媒介。总体而言，我国大众传媒科普研究在不断进步，但也存在一些问题：专门从事大众传媒科普的研究的文章少；多数文章范围太广而且很空，雷同之处较多，整体看来专题的研究项目较少；在大众传媒科普方面的实践调研研究甚少；国民对大众传媒的认知情况及其影响因素的研究的文章基本上没有。

关于我国自然科学类博物馆的研究，主要从发展现状、社会教育功能、发展存在问题、发展措施等方面展开。研究方法多为定性研究，只有少部分采取了调查或者访谈的研究方法，在实证研究层面有待提高；理论探讨研究较多，应用研究较少，在科普传播的理念、管理机制、经营管理等方面的对策措施较多。

高校研究生对于科普的研究方面，专业涉及多门学科门类，内容涉及我国整体发展现状、青少年教育、语言教学、科普读物、信息技术与传播、科普与经济社会发展的关系研究。主要存在问题有科学传播与普及方面的专门研究人才缺乏；科学传播与普及的文章增长缓慢；研究人才队伍比较分散，研究水平参差不齐。

课题名称

中外公私合作科普项目比较与管理创新研究

课题编号：2011KPYJD01-5

承担单位：南开大学

课题负责人：尤荻

课题所属项目：2011 年度研究生科普研究能力提升类项目

公私合作科普项目作为一种兼顾科普活动开展、向公众传播科学知识和企业履行社会责任的一种科普模式，目前已经越来越广泛地被世界各地所采用。本研究以公私合作科普项目为研究对象，通过采用文献分析法、问卷调查、案例研究和比较研究四种方法，从项目政策环境、项目利益相关者、项目运作方式和项目科普对象等方面对这类项目在国内外的实施情况开展研究。为了确保对比的客观性和可靠性，以及比较结果的适用性，本研究选取了 35 个外资企业在华开展的和 5 个本土企业参与的科普项目进行对比，对比内容包括项目双方的合作模式、项目的科普内容和项目科普途径三项主要内容。研究成果概括如下。

政策环境方面，通过将英国、美国、德国、法国、日本和印度等国在科普政策基本目标、科普在科技政策中的地位和科普政策的配套性方面进行对比。中外各国都在国家层面的相关法律、法规和相关政策中明确了科普的重要性，都实施了利于公民和社会力量参与科普的配套政策，给公私合作科普项目的开展带来有利的实施条件。

项目利益相关者方面，提出了基于传播力和与项目结合紧密度的项目利益相关者分类模型，对项目中的核心参与者——企业和政府进行了对比。从部分国家政府在科普事业中所开展的工作来看，他们不仅作为科普发展的支持者而制定各种科普政策，而且还通过设置相关政府机构和组织来促进科普活动的开展。更重要的是，他们还积极鼓励社会力量参与科普活动，通过提供资金、技术和组织管理等多种形式来共同丰富科普的内容和扩大科普的范围。而我国政府及其相关部门则应该更加重视科普工作各主体之间的信息交流，政府科普职能部门的角色转变和公益性科普事业与经营性科普产业的结合等问题。同时，外资企业在这类项目中通常能够发挥专业优势、明确科普对象定位、在项目中融入企业文化和经营理念和实现多方合作。这对于我国企业来说正是需要借鉴和学习的。

项目运作方式方面，目前公私合作科普项目的合作模式可以总结为："政府发起—企业支持—公共机构实施"模式、"政府发起—企业实施—公共机构支持"模式、"企业发起—政府支持—公共机构实施"模式和"公共机构发起—政府支持—企业实施"模式四类。在这四类模式中，以不同形式将政府和企业联系到项目中，充分发挥各自的优势，以多样化的项目形式进行科普，不但减轻了政府部门在举办科普活动上的资金负担，同时有力地拓展了科普领域。与此同时，项目的开展还有效地宣传了企业的企业文化和履行了企业的社会责任，并且通过政府相关部门与企业建立良好的战略伙伴关系，有利于科普事业长期和可持续地发展。在对科普内容的分析中发现，这些项目的科普内容不再局限于传统的自然科学知识，而是拓展到了人文科学和社会科学领域，所传播的知识也更具专业性和系统性。

相比之下，我国开展公私合作科普项目中存在着现有科普政策和对科普产业发展的扶持政策较缺乏；现有科普政策在可操作层面缺乏有效的措施；需要与其他政策的协调；企业和社会对科普投入有认识上的误区；企业和社会投入科普公益事业的渠道不畅；科普内容相对单一；科普效果一般等问题。

因此，我们建议，通过采取引导企业加大科普投入；建立企业联合科普基金会；加强相关部门的支持力度；加强与国际组织和学术机构的联系；丰富科普内容和形式；设立专门的项目审批、备案和监督机构；科学家与科普职业化等途径加强公私合作科普项目的各项工作，以便促进公私合作科普项目在我国的推广和科普事业的发展。

课题名称

我国科普法的实施困境与完善

课题编号：2011KPYJD01-6
承担单位：中国政法大学
课题负责人：李哲
课题所属项目：2011 年度研究生科普研究能力提升类项目

科普法律政策在科普事业发展方面发挥了重要作用，但目前理论和实务方面对科普法律政策研究较少。本课题过我国国民对科普法和科普工作了解程度的调研，分析我国科普法的实施困境，进而完善我国的科普法，推动科普事业的科学发展。

课题采用文献梳理法、问卷法等方法，围绕科普法展开讨论，对项目开展的调研做了总结和报告，阐释了中国制定科普法的意义，并对科普法的实施情况做出了概括；分析了中国科普法的成文法、公法和实体法方面的法律属性，研究了科普法在强制性、执行性和威慑力方面的实施困境；最后提出完善我国的科普法的几条建议。

就“中国科普法的实施困境与完善”课题对普通市民及法学专业研究生开展了科普法及科普工作关注度开展情况调研。结果表明，大多数被调查对象不知道我国已经制定了《科普法》，不到三分之一的人参加过科普活动，并且不认为参加科普活动是公民的权利，大多数被调查者不知道自己所在城市是否建立科普场馆，也不知道身边是否举办了科普活动。这反映出我国国民对科普法的了解程度比较低，科普法宣传工作有待进一步加强，科普活动有待加强。

基于上述结果，我们分析了科普法的法律属性及实施困境。我国科普法具有成文法、公法和实体法的属性，应按照不同属性的要求执行和实施。但总的来看，科普法的实施存在一定的困难，主要表现为科普社会责任缺乏强制性；科普组织管理和保障措施缺乏执行性；科普法律责任规定不完整；科普法律体系不完整。

为此，我们建议通过强化法律责任规定、制定《科普法》实施条例等途径完善我国科普法。一方面要强化法律责任的规定。可以从强化法律责任规定的标准、法律责任的方式方面进行。在强化法律责任的规定时，应当遵循责任法定、责任自负、因果关系、责任相适应、责任平等、重在教育的原则。在承担法律责任的方式上，民事责任、行政责任、刑事责任都应当在我国科普法中作出规定，特别是行政责任。另一方面，制定科普法实施条例。建立完整的科普法律体系，制定科普法实施条例。通过科普法实施条例，详细规定科普法实施过程中的具体问题，使科普法更具执行性。同时通过科普法实施条例的制定，使科普工作从宪法，到法律，再到行政法规、地方性法规，都有相应的法律依据，形成一个完善的科普法律体系。在制定的过程中，要遵循一致性、协调性、可操作性、全面性的原则。科普法实施条例属于广义的法律，因此要严格按照法律的制定程序来进行。根据我国《行政法规制定程序条例》的规定，在制定科普法实施条例时应遵循立项、起草、审查、确定与公布的程序。

课题名称

科学素质的界定及未成年人科学素质评价研究

课题编号：2011KPYJD02-1
承担单位：清华大学
课题负责人：邓华
课题所属项目：2011 年度研究生科普研究能力提升类项目

自从 20 世纪 90 年代以来，我国在成年公民的科学素质测评上取得显著的成绩。但是，针对未成年人科学素质的测评工作还相对比较欠缺。本课题采用理论分析和文献分析、实地调研和专家访谈以及跨国比较分析等方法，通过对科学素质的概念辨析，系统梳理国内外有关未成年人科学素质评价的理论研究和实践经验，特别是借鉴国际学生评估项目（PISA）经验，以期为我国的未成年人科学素质测评提供一些有益的参考。研究结论如下。

关于科学素养的研究明显地分为两个阵营，一个是科学教育领域，另一个是公众理解科学领域。科学素质的概念图式分裂为两种典型的模式：学院科学素养和大众科学素养。它们是科学素质的两个极端，评价计划和课程设计应该综合运用它们。二者之间需要保持一种必要的张力，起到互补的作用。

在国际上，关于科学素质的测评有两种代表性的范式，一是以米勒体系为代表，二是以国际学生评估项目（PISA）为代表。目前在全球范围内最有影响的针对未成年人国际教育评估项目分别是国际数学和科学研究趋势（TIMSS）和国际学生评估项目（PISA）。国内当前对未成年人科学素质的研究主要集中在两个系统：一是教育系统，依托一定的学科或依托一定类型的课程来研究在此学科课程之下如何培养学生的科学素养。二是科协系统，针对未成年人科学素质的某一个方面，进行局部地区的问卷调查。

PISA 由 OECD 组织实施，测试 9 年级学生的阅读、科学和数学素质。其测评基于以下理念：终身学习的动态模型；聚焦于关键的技能和能力；独特的素养概念。它采用滚动式测评机制，定期对全世界许多国家进行素质水平的监测分析，在不同周期相对突出某个领域，同时在不同的测评周期包含了一些共同的核心要素，以便于对测评结果进行纵向比较。根据 PISA 测试结果，2009 年全球未成年人科学素质水平表现出典型的南北分化。除了澳大利亚和新西兰外，南半球国家的未成年人的科学素质一般都低于全球平均分；北半球除了部分中亚国家以外都高于全球平均分。中国上海的科学素质位居第一。综合历次的国际学生学业成就测试结果，全球六大区域近 40 年来青少年的科学素质概况是：英联邦（美国、加拿大、澳大利亚和新西兰）、欧洲、亚洲、中亚、北非、拉丁美洲和撒哈拉以南非洲。在国家和经济体的排名中，中国台湾的成绩最好。中国大陆的科学素质成绩在 77 个国家中排第 27 名。

PISA 对我国公民科学素质测评的借鉴意义。一是引入了科学素养连续谱的概念。PISA 科学素养的定义，提供了一个从较低科学素养到较高科学素养的连续体，即每个学生都被认为在科学上或多或少了解一些知识，而不是被看作科学的专家或科盲。二是运用了项目反应理论，以 Rasch 模型作为测量的理论基础。PISA2006 同时评估参加测试的学生的能力和试题的难度，把学生能力量表和试题难度量表统一到同一个量表上。这个量表就像一把钢尺，同时确定了学生的能力水平和试题的难度。三是在情境中设置所要评价的议题。PISA 对科学知识、态度和能力的评价都是在具体的情境中进行的，而不是孤立地评价科学事实和术语。情境的设置坚持以下原则：真实，符合 15 岁学生的理解水平，排除文化的偏向性，情境选择的多样性。四是全面考察“科学的素养”和“与科学有关的素养”。科学的素养包括对科学的主要事实、基本概念和原理的认知，对科学探究方式的理解，对科学研究的欣赏与支持。关于科学的素养则是指对科学本质、科学技术与社会关系的理解，科学作为一种人类活动的成果，既推动了社会的发展，也带来了诸多亟待解决的问题，因此对需要对科学进行批判性的反思。

课题名称

日本公众科学调查研究项目

课题编号：2011KPYJD02-2
承担单位：中国科学技术大学
课题负责人：樊春丽
课题所属项目：2011 年度研究生科普研究能力提升类项目

日本从 20 世纪中期开始至今，进行过很多次的科学素养调查，其调查也逐渐形成了自己的规律，这些对与同处于亚洲的我国，具有明显的借鉴意义。本课题采用文献法、调研法对日本公民素养调查的概况进行了梳理。总结了日本开展调查的调查体系、内容、方法，并对日本构建科学素养蓝图进行了分析。以此针对我国开展公民科学素养调查的提供一些可借鉴之处。

日本对公众科学素养的理解主要包含两方面内容，即：应对和处理日常事务、判断科技与社会关系时的科学技术知识、科学的思维方式（态度）和能力。日本公众科学调查是指日本政府部门或通过其他机构在日本国内开展的关于公众对科学的理解的调查。调查有两个系统，分别是内阁府和日本科技政策研究所，其中内阁府的科学调查结果是完全公开的，科技政策研究所是主要对其数据进行分析的政府研究机构。调查根据内容的不同可以分为一般性调查和专题性调查。一般性科学舆情调查主要是对一般的科学问题进行调查，即公众的科学兴趣度、对常用科学知识的理解及掌握程度、对最新科技成果的关注度和态度、对科技成果的认识以及获取科学知识的渠道等。专题性调查一般针对某一特定的主题。调查一般采用两阶段分层随机抽样方法在全国范围内抽取 3000 样本，样本数也并非一成不变。调查方法主要是采用“个别访谈”的方式，也与其他几种调查方式并用。调查对象视调查主题而不同。科学调查是日本国情调查的一部分。日本在经历多年的科学调查后，逐渐形成自己的特点：一是调查涉及知识不断更新；二是问卷方式和内容适应时代发展；三是调查的题目设计从公众的日常生活角度出发，进而了解公众对科学知识的认识和态度；四是调查内容上涵盖了日本对公民科学素养内涵的认识。在对国民科学素养的关注上，日本不仅通过各种调查了解公众科学素养的水平，还切实进行了如何提高国民科学素养的研究，描绘了蓝图，涵盖了科学素养的目标、素材和推动力三个方面。目标指公众科学素养能达到的程度；素材指提升公众素养所需要的资源；推动力是指构建科学素养的作用和意义。

日本较之西方国家与我国有着更多的共同点，所以日本科学调查也能给我国带来更多的启示意义。其一，公民科学素养水平不仅仅是一个数字。我国在进行公民科学素养调查时往往体现出对数字本身的重视甚于其实质性意义；而日本则很少在数字上做文章，而更多的是对具体题目的回答上进行比较，以了解本国国民在科学素养方面与其他国家的区别主要体现在哪一方面。其二，公民科学素养水平的评估不能依赖某次调查。我国要全面的了解公众的科学素养水平，就不能依赖于这一个调查，可以进行一些全国的其他关于科学素养的各个不同层面或者要素的调查，这类调查也可结合政府的一些科技政策展开，既能了解科技政策的民意，也能对公众科学素养的某一方面有所把握。其三，国际化与本土化结合。我们在对待国际通用的指标体系要有取舍，对适合本国国情的部分可以加以利用，不适合的部分就应该对其进行修正之后再使用，和日本一样，在进行科学调查的时候，要考虑我国的社会传统、普遍的意识形态以及特有的条件再开展本土化研究，设计适用于我国的公众科学素养测量指标和教育模式十分必要。

课题名称

农民工子女科学教育对策研究

课题编号：2011KPYJD03-1

承担单位：南开大学

课题负责人：周望

课题所属项目：2011 年度研究生科普研究能力提升类项目

近年来，有关于未成年人群体的科学教育问题一直是受到广泛专注的社会焦点和研究热点，但对于农民工子女这一处在“夹心”和“边缘”地带的特殊未成年人人群的科学教育问题很少有人涉及。通过本课题研究期望能够提升社会各界对农民工子女接受科学教育问题的关注、支持和投入程度，以此来进一步完善未成年人科学教育体系。

本课题采用文献分析法、案例研究法、问卷调查法，运用多学科的视角，搜集资料和相关数据，在实证研究的基础上，分析农民工子女群体的科学教育的现状、问题及原因等，并为相关部门制定、调整政策提出自己的思考和建议。

对天津农民工子弟学校的科学教育情况调研结果显示，科普场馆最受欢迎，学校对农民工子女科普场地的选择影响较大；网络与电视成为了农民工子女主要的科普媒介，其更为快速便捷的方式受到了农民工子女的喜爱；科技夏、冬令营最受欢迎，走出课堂的科普活动值得关注。这对设计改进农民工子女的科学教育提供了很好的现实认知基础。

基于上述分析，我们认为，融入城市是农民工子女群体成长道路上的必经阶段，而城市生活知识匮乏是影响农民工子女城市融入的重要因素。在此基础上，本研究进一步提出，科学教育可以对农民工子女的城市融入起到促进作用。为此，本课题提出了一个优化农民工子女科学教育质量的“三向度”分析框架：将“融入城市”作为农民工子女科学教育的核心内容，将“项目导向”作为农民工子女科学教育的主要载体，将“多元参与”作为农民工子女科学教育的有效保障。

融入城市是农民工子女科学教育的核心内容。从农民工子女群体当前境遇及未来发展的特性出发，应该将“融入城市”作为农民工子女科学教育的关键内容，将科学教育从目前的“教学型”、“课堂型”更多地转向“校外型”、“社会型”。农民工子女更多地需要融入城市生活、融入异地社会的科学教育，以配合这一特殊群体的整体性城市融入过程。

项目导向指的是农民工子女科学教育的主要载体。鉴于农民工子女群体的特别属性以及当下我国城乡二元结构的现状，特别是整个科学教育体系的建设进程而言，在农民工子女的科学教育方面，目前中国还没有能力从“整体上”来提供网络化、结构化的科学教育服务，短时期内难以将农民工子女等特殊性、边缘性群体全部纳入到科学教育体系中。在现有条件下可以努力做到的，只能是通过设置并完成一个个项目的形式，有步骤、有重点地集中有限资源来改进农民工子女的科学教育，也即将“项目导向”作为农民工子女科学教育的主要载体。

多元参与是农民工子女科学教育的有效保障。即在提升农民工子女科学教育质量的过程中，政府在主动作为的同时，引导公众、市场主体和民间组织等社会性力量全面参与，以履行社会职责等方式，发挥积极作用，形成科学教育资源供给合力的一种机制。“多元”是指政府与民间社会力量。“参与”的主要方式是合作与互补。政府与社会的“多元参与”是有效解决农民工子女科学教育中人、财、物问题的重要保障性机制。

立足于本课题，以构建完善的公共科学服务体系为目标指向，我们认为未来应努力拓展科学教育的公共性与服务性。通过有针对性、前瞻性地强化并着手实施科学素质教育的公共性、服务性、民生性，使其更多地从满足人民群众的生产生活需求着眼，将科学传播与老百姓自身的日常生活乃至个人发展紧密结合起来，全面提高科学传播的有效性、务实性。经过长期积累，整个科普事业的现实价值可以得到极大的提升，科学传播及其从事者的施展空间可以得到更大的扩展。

课题名称

城市贫困人口的科学接受障碍及其成因和对策

课题编号：2011KPYJD03-2

承担单位：武汉理工大学

课题负责人：操奇

课题所属项目：2011 年度研究生科普研究能力提升类项目

2010 年中国公众科学素养调查结果显示，目前我国公民科学素养水平相当于日本、加拿大和欧盟等主要发达国家和地区 20 世纪 80 年代末、90 年代初的水平。其原因之一，是城市贫困人口这一庞大的弱势受体和边缘受体群导致国民科学素养总体水平偏低。而这一现象对国家的未来发展和持续竞争力将会产生深远的负面影响。从这个意义上讲，我国弱势受体和边缘受体的科学接受问题的重要性日益凸显。因此，开展本研究就是要从科学传播理念和实践上彻底改变因在主观理念上忽视边缘受体群而引发的科学传播“短板”现象，大力推进我国科学传播事业。

本课题采用问卷调查法、访谈法，对盐城市市区低保人口的科普现状进行了问卷调查，调查内容包括城市低保人接受科学的主体障碍、环境障碍、媒介障碍、接受客体障碍。根据调查结果，分析城市贫困人口的科学接受存在的主要问题和倾向，从而提出加强城市贫困人口科学素质建设的对策和建议。

通过本次调查我们发现城市贫困人口的科学接受存在的主要问题和倾向有：城市贫困人口（本研究中锚定为城市低保人）文化素质偏低，科学接受的非认知因素（主观意愿）和主观能力严重制约其对科学的接受；经济收入偏低，生活状况总体比较差，导致他们获取科普信息的渠道和手段单一化；从科学接受的社会政治环境来看，没有专门划拨给贫困人口的国家政策性专项科普经费，这也构成了城市低保人的科学接受的环境障碍之一，同时也暴露出了科普公正的问题；针对城市低保人的科普工作亟待加强，基层科协组织对城市低保人的科普工作没有足够的重视，对贫困人口科学文化素质的提高没有高屋建瓴的规划和机制、政策保障。

为此，我们提出，大力强化科普授体和基层科协组织的科普边缘受体意识，把边缘受体包括城市低保人真正纳入科普授体和科普组织的视野中；提高科学接受客体即科普客体的边缘受体针对性，针对低保人的接受特性和习惯开发特定的科普内容；为边缘受体免费提供科普客体，通过与民政部门合作向城市低保人免费发放针对城市低保人科学接受特征的特定科普内容的科普作品和科普读物 / 资料，包括免费纸介质或电子科普读物等；发动社会力量来提高边缘受体的科学素质，建议有关部门整合社区、居委会和地方各层次高校三方力量，携手为城市低保人开展形式多样的科普活动，尤其是电脑和网络知识培训；在接受环境上，政府各相关部门要加大对城市低保人的科普力度和扶贫力度，科学技术扶贫和经济扶贫相结合，地方科协和劳动部门联合组织城市低保人参加培训，提高其劳动技能；在接受理念上，科普和政府各相关部门要转换传统科普理念、科普方式和扶贫方式，把技能扶贫、人文扶贫和经济扶贫三方面相结合；培育科普“边缘受体”的科学接受的主体意识，提高其主体地位和作用；摆脱“粗放式”科普的制约，转型到科学细分和差异化受众的“精细型”科普模式培育科学授体的“授受交互主体性”科学传播学理念，建构授受交互主体范式，建构批判的科学传播学范式——“深度科学传播学”。

课题名称

北京家政服务员心理健康素养研究

课题编号：2011KPYJD03-3
承担单位：中国科学院研究生院
课题负责人：李珺
课题所属项目：2011 年度研究生科普研究能力提升类项目

家政服务员的文化程度较低，主要集中在30—40岁的城市下岗女工和农村女性。由于家政工作的特殊性，服务员的工作程序受到客户的高度注视，服务质量容易受到挑剔，家政服务员的人身自由度小，心理压力大。如果不能及时发泄不良情绪、识别自身问题，很容易产生心理障碍，不仅影响她们自身的健康，还会引起一些社会问题。因此，了解和提高家政服务员心理健康素养成为科学传播研究的一个重要方面。

本研究通过考查国内外关于心理健康素养的相关研究，形成北京家政服务员心理健康素养评估体系，了解北京家政服务员心理健康素养情况及其影响因素，并且分析不同传播途径对于家政服务员提升心理健康素养的效果，从而为提升北京家政服务员心理健康素养提供理论研究和实证研究基础，更好地预防北京家政服务员心理疾病的发生，为她们缓解心理压力提供更多的方法和途径，减少由于心理压力而产生的各种极端事件，是家政服务行业乃至社会更加良好的运行。

本研究选取的调查对象为北京爱侬家政培训学校的学员，全部为北京爱侬家政服务公司所属的家政服务员，既包括刚刚入行的人员，也包括进行专业能力提升的资深人员。研究发现，他们的心理健康知识知晓率极低，仅7.72%；心理问题识别能力的比例比理论分布低；心理问题主要归因于家庭问题；心理问题解决方法主要找家人朋友倾诉以缓解压力；对于心理健康信息的获取情况主要是被动地从电视、报纸、培训和人际交流中获得，主动获取倾向较差；对于心理问题的态度的平均分为2.7，属于负面评价；大部分人没有参加过心理健康信息相关的活动，但如果有心理健康相关的活动都表示会参加。而阻碍被访者参加相关活动的因素则主要是没有时间和不知道活动的时间地点。仅 10% 被访者表示没有心理问题，不需要参加相关活动。

基于上述调查结果，我们认为，在我国也许更需要从文化层面上关注心理问题，更好地了解目标人群的知识和信仰体系的多样性，才会更有效地制定和实施相关计划。目前在中国，即使普通公众对于心理问题的态度也是普遍偏低。因此，对于提高心理健康素养水平，中国还面临许多其他方面的挑战，如心理健康保健服务不足、经济地位低和贫困人口的政策支持等。因此，需要加强传统的医疗手段和社区基础医疗设施的建设。

课题名称

我国城市社区科普现状研究——以芜湖市为例

课题编号：2011KPYJD03-4
承担单位：安徽师范大学
课题负责人：程业英
课题所属项目：2011年度研究生科普研究能力提升类项目

1986年，我国民政部首次将在国外有百年历史的“社区”一词引入政府工作，社区科普也成为城市科普的崭新课题。社区科普对于提高国家自主创新能力，建设创新型国家，实现经济社会全面协调可持续发展，构建社会主义和谐社会，都具有十分重要的意义。

本项研究采用深入访谈法和参与式观察相结合的方法，通过分析芜湖市城市社区科普工作的现状、社区科普工作的机制、方法和手段，揭示社区科普工作发展中存在的问题以及提出解决问题的对策。

通过对芜湖市的科普现状调研，我们发现芜湖市科普组织网络较为完善，在市科协的指导下，形成了各市级学会、协会、研究会及县区科协、企业科协的组织网络；具有一只专业、高素质的专职与兼职社区科普队伍，2009年芜湖市城区每万人拥有科普工作者13.45人，三个城区的社区科普志愿者的总数达到4013人，每万人拥有科普志愿者51.4人，注册志愿者人数也在呈现逐年增加的趋势；科普设施的完善近年取得显著的成效；城区科普专项经费下拨能够保证人均年度1元，2010年到账费用还超过了人均1元的水平；组织的科普活动深受社区居民的喜爱。

在科普效果方面，调研结果显示，芜湖市科普工作取得显著成效，首先，居民参与度增大，社区科普工作使居民的科学素质得到一定程度的提高；其次，科普工作的内容基本能够适应居民的需求，并且科学传播形式也越来越趋向于多样化；第三，科普组织领导机构有所完善，并注重工作方式创新；第四，科普硬件基础设施建设快速发展。但也存在一些问题：社区科普理念亟待更新，科普的重要性认识不足，对社区概念的认识不够全面，不能拓展和盘活社区科普资源实现资源共享建立社区科普共建机制；各区、各部门之间的合作较少且社会资源利用、整合力度不够；社区参与自主性的缺失；科普工作者队伍建设薄弱；社区科普工作体制不健全；城市社区科普工作发展不平衡。

为此，我们认为，要进一步加快芜湖城市社区科普发展，需要做到以下几点：其一，加强科普理论学习，树立正确的科普理念。首先，政府以及相关社区科普工作者应深刻认识到社区科普工作的重要性，树立求真务实的工作作风；其次，加强社区科普相关理论的学习，从而逐步形成融现代教育、科学传播和知识服务为一体的大文化科普概念，并最终使全社会形成一种共同推进的“大众科学化、科学大众化”的发展态势。其二，充分利用社会资源，共同推动社区科普工作发展，建立长效合作机制。一方面加强各区、各部门的交流合作，实现优质科普资源共享；一方面整合社会科普人才资源，为社区科普工作提供多层面的科普队伍。其三，提高社区参与性与自主性。首先，社区工作者应该根据各地区、各不同群体的具体情况和需求，有针对性地开展活动；其次，大力倡导居民参与社区科普工作中，让他们不仅是参与者，也是活动的组织者。其四，加强社区工作队伍建设。建立一支稳定强大的科普队伍，实现科普队伍年轻化、高素质化，并加强对科普人员制度化的培训。此外，发展科普志愿者队伍，志愿活动要制度化、经常化，并加大宣传力度，增强公众的科普志愿服务意识。其五，进一步完善社区科普工作体制。建立适应社区组织多样化的协调与领导机制，健全社区科普工作监督管理机制，建立健全科普工作和科普项目评估机制。其六，促进社区科普工作的平衡发展。社区科普设施较为完善的地区应该把工作重点放在如何提高设施的利用率，如何促进管理制度和运行模式的完善；对于不完善的地区应有政策的倾斜，加大科普投入。

课题名称

探索媒体在加强农村科技传播效果中的对策——以手机传播为例

课题编号：2011KPYJD03-5

承担单位：安徽师范大学

课题负责人：尚勤

课题所属项目：2011 年度研究生科普研究能力提升类项目

农村科技传播是提高农村科学文化素养的重要途径，是关系农村经济发展和文化发展的重要内容。本文采用实地深入采访、问卷调查、抽样调查、个案调查等多种形式，通过现有的文献研究，主要在安徽省深入农村、走访农民，在分析已有资料和调研数据的基础上，总结了报纸、电视、广播、计算机网络四大媒体在农村科技传播中存在的不足，分析了手机媒体在传播农村科技中的优势和不足，并以前述分析为基础从传播学的控制研究、内容研究、媒介研究、受众研究、效果研究五大领域出发，探索出手机媒体在农村科技传播中的对策。

经过调研我们发现，报纸、广播、电视、网络是目前我国农村存在的四大媒体，在农村科技信息的传播过程中分别发挥着不同的作用，也存在着很大的问题和不足。报纸媒体在农村是一种"高端"读者群媒体，而广播媒体则是一种传播范围最小的媒体形式，在电视传播科技信息中，存在着"时间错位"与"噪音杂多"的问题，新兴的计算机网络作为农村的一种"时尚"的信息传播载体普及度少之甚少。而手机媒体在农村科技传播中则拥有明显的优势。其一，随时随地的传播特性；其二，集四大媒体功能于一体；其三，互动性与及时反馈性强；其四，传播范围广且信息到达率高。但是，手机媒体在农村科技传播中也同样存在一些问题：一是手机媒体传播控制力弱造成虚假信息泛滥；二是发布渠道的不规范和信息内容的长期不实引发不信任；三是目前农村科技信息传播数量极少、内容单一；四是受众传统观念导致接收效果受限，五是资费成为手机信息反馈与查询的首要障碍。

针对上述手机媒体在农村科技传播中的优势及不足，我们提出以下对策：在信息来源方面，首先，要确保信源的来源及质量；其次，要合理利用政府、媒体、企业的力量；最后，规范信息发布渠道，加强对不良信息的监管也显得尤为重要。在内容方面，要对信息分类，使内容具有针对性；解决问题，使内容具有实用性；信息真实，使内容具有可靠性；数据清晰，使内容具有准确性。在渠道方面，要通过降低手机价格，取消科技信息收费以及增加网络信号覆盖率来保证媒介畅通，提高传播系统的高效运行。在受众方面，要通过提高农民文化水平，消除农民心理障碍，刺激农民信息需求，实现传播效果在认知、态度和行动上的提升。在传播过程中，注重运用传播学的说服技巧进行农村科技信息的传播，并且这种潜移默化的科技信息培养也有利于农业经济的发展和农民自身文化水平的提高。

课题名称

农村科技传播模式现状的案例研究

课题编号：2011KPYJD03-6

承担单位：清华大学

课题负责人：牛桂芹

课题所属项目：2011 年度研究生科普研究能力提升类项目

根据国情，中国最根本的问题是农民问题，“三农”问题的解决是中国整体经济发展、构建和谐社会的关键。科技是“三农”发展、社会进步的重要推动力。目前中国农村科技传播实践和理论研究方面都取得了长足的发展，然而目前仍然存在许多亟待解决的问题，学界仍然缺乏实证性的典型案例研究、中国特色的“本土化”探索。

因而，本课题紧密结合国家的发展战略目标和大政方针，针对中国农村科技传播模式研究不足的现状，通过综合评析已有的农村科技传播模式研究，选定了内蒙古自治区呼伦贝尔市阿荣旗霍尔齐镇作为案例研究地点。在对相关科技传播理论以及相关国家政策法规的文献调研的基础上，运用人类学的田野调查方法，以霍尔奇镇的科技传播模式为案例，进行了调查研究活动。研究结果如下。

霍尔奇镇农村科技传播模式的现状及特点：宏观层面，在霍尔奇镇的农村科技传播中，政府行政命令的作用逐渐失效，“乡村精英”的示范辐射带动作用凸显，民间组织和市场实体的科技传播功能逐渐增强。目前还存在着很多的问题：民间自发的科技传播方式还没有受到政府的重视；政府部门的主导作用没有很好地发挥。微观层面，在霍尔奇镇的农村科技传播中，组织传播、大众传播和人际传播混合并存，但依然是人际传播发挥着重要的作用；存在着多种具体的科技传播方式（微观的科技传播模式），但效果并不理想；已经开始强调农民在科技传播中的反馈和参与性，但“行政命令”的现象依然存在，政府自上而下的灌输式传播影响还很深；法律法规的宣传力度不够，尤其是对于直接关涉农民切身利益的涉农法规；存在机构职能交叉、工作范围不明确的现象，没有达到很好的协调，资源不能很好地整合，工作量和作用发挥严重失衡；在培训模式运作中，往往更多地针对“乡村精英”等，普通农民很少有机会接受培训；在媒体方面，大众媒体，尤其是“新媒体”在农村科技传播中还没有发挥应有的作用；乡村电影几乎已停放十几年，绝大部分村民几乎只依靠电视获得科技信息；“大学生村官”在农村科技传播中的作用没有得到很好的发挥；村级集市是重要的科技传播场所，但是利用效率还很低；在市场环境下，“科技特派员”和“农民技术员”由于待遇等问题没有发挥很大的作用。

从上述调研结果可以发现，霍尔奇镇“农资店”的产生与发展虽然有国家政策环境带来的机遇，但是从科技传播的视角来看，它的产生几乎完全是民间自发的，这些政策环境的本意并未考虑科技传播方面，只是无意间起到了一定的正向或反向推动作用；霍尔奇镇的农资店，作为盈利性的农资企业，除了政府相关部门的监管外，是完全市场化运作的，没有受到政府的重视，在利益驱动下无意间进行了一些科技传播活动，发挥了一定的科技传播功能，在运作过程中体现了自身的科技传播特色；以科技传播的理论来分析“农资店”，主要涉及两个方面，即：科技传播的立场问题以及科技传播中的依赖与信任问题。农资店代表了一种新的科技传播立场；农民对“农资店”的选择是因为农资店在与政府部门的博弈中获取了农民的依赖和相对信任。

从国际视野和历史的维度透视中国特色的农村科技传播模式，我们认为，西方已有科技传播模式不完全适合中国农村发展；中国的科技传播模式始终在中国特定的历史环境下，至今仍然更多地保留了自身传统的特色；当下中国农村出现了一种特有的新型的科技传播模式，即政府主导和市场导向的双重机制并存博弈的混合模式。当然这种新模式还存在很多问题，还需要进行不断完善。

课题名称

2007—2011年我国小学科学教育研究进展

课题编号：2011KPYJD03-7
承担单位：首都师范大学
课题负责人：周婧
课题所属项目：2011 年度研究生科普研究能力提升类项目

2001 年新课程改革时期颁布的《全日制义务教育科学（3—6 年级）课程标准》（实验稿）确立了小学科学课程的地位，自此以后，小学科学教育成为教育界的一大研究领域。到目前为止，我国小学科学教育研究已取得相当进展，而 2007—2011 年所取得的成果更是有显著提升。

本研究主要针对 2007—2011 年公开发表的我国小学科学教育研究成果进行梳理、分析与述评。研究以期刊论文、硕博论文、会议论文、专著为研究对象，通过定量、定性分析，总结 2007—2011 年我国小学科学教育研究进展。结论如下。

2007—2011 年我国小学科学教育研究取得了显著发展。从论文的数量上看，总论文数较之前 5 年增加了近 3 倍，发表在核心期刊的论文数也增加了 2 倍多；从具体的研究成果上看，对“科学素养”、“科学探究”、“科学本质”的理论研究更加深入，对课程与教学的实践研究取得了大量成果，尤其在专著中，有很大一部分对科学教学实践具有较强指导意义。

纵观所有研究成果，大部分是对国外科学教育研究的跟踪，研究选题较为集中，观点也比较一致，缺乏创新研究。我国小学科学教育起步晚，理应多学习国外先进的科学教育理论和实践成果，但是在借鉴的时候也应该注意该理念、实践经验在我国的适应性如何。因此，一方面，我们应该继续多引介国外理论与实践的研究成果；但另一方面，在学习的时候，要对该国的整个教育制度、经济水平、文化特点等加以考虑，探讨这些成果的“神”，而非“形”。同时，也要关注这些成果在我国的适应性，即加强本土化研究。

大多数研究停留在思辨层次，在所研究的 242 篇论文中占 82.4%。比如讨论最集中的教学教法，许多研究者提出很多教学策略都是经验性或者说思辨性的，显得很泛泛，缺乏说服力，甚至在对课程现状、教学特点的考察上，部分研究者也只是根据自己经验得出相关结论。虽然实证性研究也有其弊端，但是就目前我国小学科学教育研究现状来看，为了取得更科学的研究成果，还是应该多考虑实证性研究。

在所有研究中，以学生为对象的研究极少，如对于小学生的科学素养探讨还很少考虑到学生的生理、心理因素；对探究教学，缺少学生探究学习的理论依据；对于概念转变，对学生的前概念了解极少。新课改强调学生的主体地位，但是从已有研究看，我国对学生科学学习特点的了解还是太少，这不利于以学生为中心的科学教育。

基于上述分析，我们认为，小学科学教育的跨学科性、综合性和复杂性，再加上设置小学科学教育本硕博专业的高校较少，使得研究者的学科背景较杂，缺乏专业的研究队伍。另外，在职科学教师与高校研究者合作不紧密，一线教师的研究更多地是停留在经验层面，而高校研究者大多停留理论层面。因此，一方面应加强研究队伍的专业化，另一方面应加强高校研究者与在职教师、教研员的交流与合作，促进小学科学教育的研究系统化。

课题名称

宗教信仰对少数民族大学生科学文化知识学习的影响

课题编号：2011KPYJD03-8
承担单位：首都师范大学
课题负责人：王晗
课题所属项目：2011年度研究生科普研究能力提升类项目

新疆是我国少数民族主要聚居地，多种宗教并存，而伊斯兰教是新疆主要世居民族信仰的宗教。作为我国西部重要的少数民族聚居区，大力发展少数民族教育尤其是少数民族青年的教育是新疆教育工作的重点。大学生是青年中知识层次较高、最有潜力、最具创造性的群体，大学时期是大学生世界观、人生观的形成时期，同时也是大学生宗教观的确立时期。新疆少数民族大学生受民族、家庭影响，普遍信仰伊斯兰教，信仰宗教对大学生科学文化知识的学习势必造成一定影响。

本课题采用文献法、问卷法和调研法，在新疆地区信仰伊斯兰教少数民族大学生中进行调查，从少数民族大学生对宗教和科学认知状况入手，探讨宗教信仰对大学生科学文化知识学习的影响。通过研究取得如下发现。

新疆是多种民族聚居的地区，其中维吾尔族、哈萨克族、回族等世居少数民族普遍信仰伊斯兰教。数据显示被调查者中，35.3%维吾尔族大学生、47.4%哈萨克族大学生和42.9%回族大学生认为科学与宗教是对立的，并笃信宗教。同时，47.5%男生和35.6%女生认为科学与宗教是对立的，且笃信宗教。

不同专业大学生接受教育模式不同，因而看待现实社会的眼光也不同。调查数据显示，55.5%自然科学专业的少数民族大学生认为科学是真理，对宗教持有怀疑态度，仅将其看做一种民族身份；而58.1%社会科学专业的少数民族大学生笃信宗教。通过几个样本的深度访谈显示，部分原本笃信宗教的自然科学专业大学生，在学习过程中，通过互联网、图书馆等途径查阅自己专业领域的知识，随着相关知识水平的提高，加深了对科学知识的理解，逐渐对伊斯兰教半信半疑。

少数民族大学生由于原居住地的不同，看待宗教与科学的态度也存在差异。59.5% 来自于聚居区的少数民族大学生对宗教笃信程度较高，45.8% 来自散居区的少数民族大学生对伊斯兰教的核心教义不知道、不理解，持怀疑态度，比较容易接受科学文化知识。来自于聚居区尤其是南疆少数民族聚居区的少数民族大学生，由于受家庭和周围浓厚宗教氛围的影响，对宗教教义和仪式的遵从度较强，笃信宗教程度较深，在学习科学文化知识时，遇到与宗教教义相悖内容，存在排斥心理。而来自散居区尤其是民汉聚居地区的少数民族大学生，对伊斯兰教教义、教规缺乏了解，在思想上与汉族大学生差异不明显，以积极的态度学习、接受科学文化知识。

笃信宗教的少数民族大学生非常了解伊斯兰教教义、教规并严格遵守，在学习过程中，遇到科学文化知识与宗教教义相悖时，坚信宗教教义，对科学知识属被动接受。另外，部分少数民族大学生对伊斯兰教教义、教规有一定了解，同时对科学文化知识具有浓厚兴趣和强烈的求知欲望，在学习过程中逐渐加深对科学的了解，并对宗教产生怀疑。然而，仍然有部分少数民族大学生，对宗教和科学的认识程度均不深刻，在学习过程中尤其是遇到宗教教义与科学知识相悖的情况下，容易产生迷惑，对宗教和科学均半信半疑。

新疆是多民族、多宗教并存的地区，也是敌对势力利用宗教从事民族分裂活动频繁的地区。引导新疆大学生尤其是少数民族大学生正确认识宗教和科学涵义及其关系，有利于他们树立正确的宗教观、价值观和世界观，使宗教信仰与学习生活相互融合，从而更好地学习科学知识，树立科学精神，有利于新疆少数民族大学生抵制国内外敌对势力的思想渗透，有利于新疆社会的稳定。

课题名称

农村科学传播发展现状个案调查研究

课题编号：2011KPYJD03-9

承担单位：中国科学院研究生院

课题负责人：陈印政

课题所属项目：2011 年度研究生科普研究能力提升类项目

在我国建设社会主义新农村的时代背景下，农民科学素养偏低成为制约农村经济发展和农民生活改善的主要因素。近些年来，社会各界一直在探索农村科学传播有效开展的途径，并进行着积极的努力。目前关于农村科学传播模式相关的研究主要集中在理论研究的水平上，缺乏针对农村具体情况的实证研究，更缺乏针对具体案例的分析研究。

本研究采用质性研究、文献研究和个案访谈等方法，通过对样本村的调研分析，总结和发现某些规律或倾向性问题，揭示农村科学传播发展现状的现成、变化的特点和规律，以及影响个案发展变化的各种因素，并提出相应的对策。

对样本村的调研结果发现，该村政府主导的组织化专项科普活动经常开展；地方性生产生活活动为提高农民科学素养发挥了重要作用；农民自发学习科技知识较普遍。由此我们总结出农村科学传播现状特点：第一，重视科学知识传播，轻视科学技能培训，忽视科学精神养成。第二，科学传播形式多样，内容丰富，但部门间各自为政，缺乏整体性、系统性和协作性，持续性提高农民科学素质的长效机制没有建立。第三，受农民现有的科学素质和生活习惯影响较大，农民参加科学传播活动的积极性不高。总的来说，农村科学传播存在如下限制因素：农民现有的科学素质水平不高是制约农村科普的决定因素，对新知识的接受能力不足；农村固有的传统和农民不愿轻易改变生活现状的传统思维，同样限制了农村科普的有效开展。

通过调查分析，我们认为：农民科学素质测评标准值得商榷。农村科学传播内容选择与农民科学素养的养成存在一定距离。农村科学传播内容以农民生产生活、卫生健康、环境保护为主，而科学素养的评价标准却需要具备综合的科学知识。农村科学传播活动的有效开展，同时取决于农民自身的科学素质和活动内容的针对性。活动内容的针对性则需要活动的组织者在选择科普内容、科普形式的时候，充分考虑农民科学素养现有的水平，尽量选择农民能够听得懂、用得上的材料。农村科学传播的效果取决于农民科学素质的水平，而农民科学素质提高的关键在于农民的受教育水平，因此从长期效果来看，提高农村基础教育的办学水平具有决定性作用。农村科学传播应该尽量使用农民能够理解的语言。特别是在农民科学素养不高的情况下，更应尽量避免使用专业术语进行讲解，内容的选择也应该考虑农民现有的知识储备。农村科学传播的过程不应停留在知识介绍层面，更应该帮助农民增强获取和应用科技知识的能力，甚至培训农民的科学精神，这一过程最好纳入培育新型农民的系统工程中来。

课题名称

沼气在中国——科普视角下中国农村的技术传播

课题编号：2011KPYJD03-10

承担单位：中国科学院自然科学史研究所

课题负责人：王义超

课题所属项目：2011 年度研究生科普研究能力提升类项目

《全民科学素质行动计划纲要(2006—2010—2020 年)》提出了一项重要内容，“将推广实用技术与提高农民科学素质结合起来”。沼气就是这样一项具有代表性的农村适用技术，并且已经在我国农村得到了普遍的推广。

本研究选取沼气技术为样本，在文献分析和实地调研的基础上，采用文献资料分析、理论研究和实地调研等方法，通过详细考察沼气在中国的发展历程，剥离沼气技术传播过程中的科普功能，分析中国农村的科学技术传播模式与发展演变规律，为创新我国农村科学技术传播模式提供政策建议。主要结论和建议如下。

人类对沼气的认识和利用已经有很长一段历史。从公元前 10 世纪的亚述和公元 16 世纪的波斯，沼气就曾经被用来加热洗澡水。从 17 世纪到 20 世纪 30 年代，随着科学的发展，人们从发现沼气，到掌握了分离沼气的技术，进而能够建造备有加热设施及集气装置的消化池，可称为历史上大、中型沼气发生装置的原型。第二次世界大战之后，沼气发酵技术虽在西欧一些同家得到一定应用，但由于受到廉价石油大量涌入市场的冲击，使其发展受到较大影响。直到后来世界性能源危机出现后，沼气才又重新引起各方面的重视。现在，户用沼气技术是沼气技术领域最普通的一种利用形式，世界各地有数以百万技术水平简单、质量各不相同的户用沼气池被用来为煮饭和照明提供燃料。

沼气在中国农村走过了一条独特的发展道路。中国农村很早就有利用天然生物生成气（沼气）的记载。19 世纪 80 年代，我国广东潮梅一带农村开始了人工制取瓦斯的试验，后来知道了瓦斯生产方法。20 世纪 20 年代，台湾省新竹县竹东镇人罗国瑞创造发明了水压式沼气池，并于 1929 年在广东汕头市开办了我国第一个沼气推广机构——国瑞瓦斯气灯公司。1931 年他又在上海成立了“中华国瑞天然瓦斯全国总行”，还在全国建立了 10 多个分行，沼气利用遍及到全国 13 个省。

1958 年，我国农村出现第二次沼气发展高潮，全国农村很多地方都修建了沼气池，但由于技术不成熟，加之缺乏管理，最后能够使用的数量很少。进入 20 世纪 70 年代，农村生活燃料出现严重短缺，四川、江苏、河南等地农村再次掀起发展沼气高潮。但在急于求成、土法上马的情势之下，建成的沼气池使用年限多为 3—5 年，大部分在短时间内报废，从而也引发了一部分人对沼气技术的疑虑。

1980 年后，我国在认真总结沼气利用经验教训的基础上，组织 1700 多名沼气技术工作者，对沼气关键技术进行协作攻关，提出了“因地制宜、坚持质量、建管并重、综合利用、讲求实效、积极稳步发展”的沼气建设方针，通过引进消化国外厌氧研究新成果，研究总结出了一套农村户用水压式沼气池“圆、小、浅”科学建池技术、发酵工艺及配套设备，同时建立了从国家到省、地（市）、县的沼气管理、推广、科研、质检及培训体系，使我国农村的沼气建设进入了健康、稳步发展的新阶段。

在政府的主导下，沼气在中国农村地区得到了大面积的推广，沼气技术被国家环保部列为“解决农村面临污染的核心技术”；被国家农业部列为“新农村再生清洁能源”；被中央新农村建设领导小组列为“社会主义新农村建设的综合技术”。

户用沼气池大量废弃，并非是由于技术本身的原因，而是由两方面的原因引起，一方面是因为政治因素的渗透和控制，严重干预了沼气技术的传播；另一方面，则是科学知识与沼气需求的负相关，愈是对沼气需求强烈，科学文化素质愈是较低。因此，在中国还有巨大的发展潜力，但是必须及时调整发展战略。向农村普及科学文化素质，应当坚持有所为有所不为，在技术传播过程中，向弱势群体倾斜。

课题名称

哈赛科技及果壳传媒的全媒体互动式传播研究

课题编号：2011KPYJD04-1

承担单位：中国传媒大学

课题负责人：张晶晶

课题所属项目：2011 年度研究生科普研究能力提升类项目

随着三网融合进程的加快以及多元移动终端的出现，传统科普手段正在遭受着越来越严峻的挑战，如何将单向传播变为双向互动，如何将权威性与时效性相结合，如何让普通大众及时获取需要的、正确的信息，都已成为科普教育面临的新课题。科学松鼠会近年来不断上升的认可度及关注度，为我们提供了非常好的研究范本。

本课题采用文献分析法、调查法、访谈法、案例研究法等方法，力图通过对科学松鼠会的人员构成、运营模式以及受众身份、接受心理等方面的调查研究，分析其在新媒体传播过程中的传播特色及模式，总结其优缺点，分析“草根”科普的可行性及意义，可以为新科普时代的到来提供参考。

传播模式上，科学松鼠会和果壳网充分利用不断出现的新媒体科技来实现全媒体立体式传播，特别是善于利用新媒体技术来发挥自媒体的优越性。具体来看，主要体现在以下三个方面：其一，减少传播中间环节，实现信息的最大化有效传播。传播中间环节的增多会使得有效信息量遭到极大的损耗。论坛、网站、微博等新媒体技术则可以有效解决这一问题，直接实现传播主体对受众的传播过程，有效减少了信息损耗，最大程度保存有效信息量。其二，利用新媒体工具的互动性，实现双向乃至多向传播。受众对于不明白的科学知识可以第一时间提出疑问，传播主体也可以即时的对其进行解答。同时加上传统媒体的传播行为，在双向传播的基础上实现多向传播，实现传播效果的最大化。其三，建立长久关注群体，不断提升影响力。以微博为例，一旦受众选择关注科学松鼠会或者果壳网的任何一个主题站，就成为科学传播内容的一个稳定接受者。长期稳定关注群体的养成，并且通过人际传播不断壮大，是提升影响力的重要途径。

事件科普中的议程设置方面，哈赛科技及果壳传媒始终保持着客观中立的态度。面对突发事件，一方面接受其他媒体的议程设置，同时注意抢占发言权。凭借其自身的专业性和权威性，其文章已经得到了其他媒体及受众的广泛认可，点击量和转发量居高不下。除了被动适应其他媒体的议程设置之外，哈赛科技和果壳传媒也极为重视自行进行议程设置。自行议程设置的内容的专业性往往更强，同时具备一定的趣味性。

此外，小姬看片会、科学讲座以及果壳时间是北京地区最常举办的线下活动。哈赛科技和果壳传媒举办的讲座大多是在剧场进行，追求舞台和现场感，不管是从形式或是内容上都具备极大的可观赏性。外行看热闹的同时可以了解些专业内容，内行激发新思维的同时可以享受到乐趣。

总结来看，他们带来的关于科学传播的借鉴思考主要有：传播主体专业背景多元化，写作风格轻松幽默。科学传播由于其传播内容的专业性，要求传播主体必须具备扎实的专业知识。但同时应该注意科普文章不同于专业论文，遣词造句及行文风格宜轻松愉悦。注重人才培养。改变媒体传统的只用不养的模式，通过写作培训班等形式给予有潜力的科普写手以机会和平台。人才培养一方面可以保证文章质量，另一方面也可以激发更多科普作者的写作热情，甚至吸引读者变成作者。全媒体立体式传播。新媒体技术的不断推陈出新带给科普工作的有挑战也有机遇，应对挑战的最佳方案就是顺应潮流、不断创新。 将传统科普手段同新媒体有机结合，实现全媒体立体式传播，是实现传播效果最大化的有效途径。线下活动的开展。除了线上互动的展开，线下实体活动的开展同样值得注意。从选题到形式，时尚度、趣味性与权威感都是不可或缺的，丰富多变的形式加上严谨扎实的内容，是能否保有参与者兴趣的决定性因素。

课题名称

北京垃圾焚烧厂建设过程中科学传播研究

课题编号：2011KPYJD04-2
承担单位：中国科学院研究生院
课题负责人：王娟
课题所属项目：2011 年度研究生科普研究能力提升类项目

在公共事件的科学传播中，政府、企业、研究机构、专家、公众和其他非营利组织是主要构成要素，只有平衡各要素之间的关系，提高公众对风险的认知，保证科学知识及时传达到每一个个体，形成一种相互协助、相互促进的互动沟通网络机制，才能化解矛盾，确保决策执行顺利进行。

本课题采用文献分析法、调查研究法，通过对北京六里屯垃圾焚烧厂建设事件的调查，分析我国公众对建设垃圾焚烧厂一事的认知情况及影响因素，总结各利益相关者在沟通中存在的问题，并结合国外公共事件中各相关因素（如政府、企业、媒体、专家和公众等）之间进行风险沟通采取的有效措施，对加强我国在公共事件中科学传播提出相应建议。

通过度公众在建设垃圾焚烧厂过程中的参与情况调查发现，公众普遍对建设垃圾焚烧厂的信息不关注，对垃圾焚烧的相关知识不了解；公众对垃圾焚烧厂建设的担忧更多的集中于有害物质担忧和长远利益担忧，说明公众越来越多的为整个社会和人类的长足发展考虑居多；而对个人利益的担忧，主要集中在靠近拟建垃圾焚烧厂周边居民，比如房屋搬迁问题、获得多少赔偿等；公众获取信息的渠道主要是电视和上网，其他方式所占比例较小；大部分公众表示愿意参与建厂决策，公众认为其有权了解任何一个工程的信息，并且绝大部分公众认为出现重大工程事故应该让公众知道；公众普遍支持工程建设，认为工程建设能够提高生活质量；超过三成的公众支持建设垃圾焚烧厂；公众认为最适合我国的垃圾处理技术是厌氧生物制沼技术；公众希望政府和企业能够保证信息公开透明；加大科学知识传播力度。

通过上述调查结果和分析，我们提出了加强垃圾焚烧厂建设中科学传播的几点建议：第一，通过政策措施加强科学知识传播，建立对焚烧处理场周边居民的补偿机制。政府可以颁布一些专门针对垃圾处理相关科学知识传播的法律法规，不仅规范了公众对于垃圾的产生、再利用、处理的各个环节，有利于政府规模化处理垃圾，同时更重要的是可以让公众从中获取知识，达到科学知识传播的目的。同时，要设立补偿机制。可以采取阶梯收费、给当地局部区域补偿，以及建立公共财政等方式来解决。第二，保证信息公开，提高政府的公信度，设立公众监督机制和回馈机制。政府在建设垃圾焚烧厂前，要拟定一套完整的监督管理机制，保证焚烧厂运行时，要每隔一段时间在政府网上公开发表垃圾焚烧厂的各项排污指标，公众随时可以看到焚烧厂的输出数据，并可以质疑。企业设立专门的监督管理回馈小组，应答公众回馈的问题和建议。政府还可以定期组织民意座谈、设置反馈信箱等方式，收集公众对垃圾焚烧厂的意见，公众的定期监督和反馈是政府和企业能更好地与公众沟通的有效方式。第三，政府和媒体应采取多种方式向公众传播科学知识，政府和媒体可以扩展其他各种形式向公众传播科学知识，如：即时发布政府通告、加强社区宣传、组织公众传播机构、构建学习社团、办科普知识讲座、发放科普宣传手册等。第四，加强公众的科普教育，应从个人做起、从小抓起，并融入到学生基础教育当中。建议政府相关部门将处理垃圾相关知识的普及纳入基础教育内容，做到以教育影响学生、以学生影响家庭、以家庭影响社会，增强全社会的资源忧患意识和知识素养，真正实现科学普及的意义。第五，促进政府、企业、媒体、科学家和公众互相理解，相互交流。政府、企业在建设垃圾焚烧厂过程中，在建厂前要在选址周边开展民意调查，收集民众意见，并重点向周边人群进行垃圾焚烧相关知识的传播；建厂后要及时听取公众意见，与公众交流意见，并积极改进不足的方面，消除公众的疑虑。

课题名称

国内热点焦点问题科学传播与普及的案例研究

课题编号：2011KPYJD04-3
承担单位：北京理工大学
课题负责人：李南哲
课题所属项目：2011 年度研究生科普研究能力提升类项目

近年来，公众对社会问题的关注度、参与度越来越高，社会热点焦点问题在人们的共同关注中不断形成，并且新旧话题舆论之间的更替也异常迅速。大众传媒在对与科技相关热点焦点问题的报道中不遗余力，然而实际上对公众的科学传播与普及效果并不十分理想。科技专家在如何与媒体打交道、如何应对公众科普需求方面仍需要进一步锤炼提升。

本课题采用文献分析、案例研究等方法，以日本地震核辐射问题、厦门 PX 项目事件、番禺垃圾焚烧事件展开案例研究，对科学家、媒体与公众三者之间的关系进行分析，对焦点热点事件的科学传播问题进行了探讨。

日本地震后的“谣盐”被广为传播并造成了一定的负面社会影响，在热点焦点问题面前公众的科学素养、传媒的正确应对策略受到了严格的拷问。大众传媒在抢盐事件中的表现则良莠不齐，尤其在早期阶段有些媒体为追求新闻爆炸效果，未加辨别某些不科学的核辐射信息就大肆报道，充当了谣言散布的助推器。而在抢盐风波愈演愈烈之际，一些富有社会责任感的媒体开始大力宣传正面信息，为遏制谣言、消除社会恐慌做出了重要贡献。

在厦门 PX 项目事件和番禺垃圾焚烧事件中，最值得引起科普关注的问题在于科技专家内部观点的对立，以及公众被排斥在公共科学决策之外。权威专家之间的相互冲突，大大损害了科学共同体在公众心中的形象及可信程度，而公众对公共科学决策难以参与其中，都使得科普活动的开展陷入被动。

基于案例分析，我们对焦点热点问题的科学传播进行了探讨，结论如下：一方面，大众传媒、科技专家和社会公众。在热点焦点问题科学传播过程中，大众传媒时效性科技报道的内容状况对于公众接受科学传播的程度、好坏发挥着关键性影响，而科技专家的言论、观点也无疑会对公共事件受众的科学认识、评判态度产生显著的引导作用。同时社会公众以少有的积极姿态参与到围绕热点焦点问题而展开的科学探寻中，使得热点焦点问题的发生成为科普的极有利契机，也呈现出新的科普面貌、带来前所未有的挑战和难题。作为科学传播界的大众传媒应与科学界建立经常、密切的信息联络，努力提高媒体自身的科学素养，协调大众传媒与科学界不同的话语体系，综合大众传媒选择事实的新闻价值标准与科学传播的价值评判标准，大力推动在热点焦点问题、公共事件中正确及时地传播科学知识。要坚持科学精神，以科学精神和普及科学为目的进行科学新闻采写，注重信息的权威性，当对科学信息把握不准时应该及时请教相关权威专家，从专家的角度对某些问题做出科学解释，避免不认真、不负责的传播态度误导公众。另一方面，倡导和探索参与式科学传播模式，通过参与公共科技决策促进公众掌握科学知识，以公众参与撬动风险社会的日常民主，促使科学通过参与式科技决策更好地传播。热点焦点问题中的参与式科学传播构建，需要全新的、打破拘束的思想理念。参与式科学传播的前提，就在于科学传播的受众，同时正是相关事件的参与者、相关科学信息的发掘者。为此，应努力尝试传播者和受众双方的动态化，科学传播的对象扩展到公共事件中的各方，每个人都是科学传播者，同时每个人也都是受众的一员。改善公众对公共事件中科学传播的参与状况，关键是在公共问题关注中加强科技专家、大众传媒与公众的对话交流、在公共科学决策中推进民主化进程，增进公众对专业知识和科学事务的理解。在一个民主化的社会中，公众有资格且应该成为参与科学事务、与专家对话的一方，这样才能综合各方的意见和利益，并在此基础上加深沟通和理解，最终促进公众对科学的理解以及对科技专家的信任认同。

课题名称

社会热点焦点问题与科学普及关系

课题编号：2011KPYJD04-4
承担单位：华中科技大学
课题负责人：张红方
课题所属项目：2011 年度研究生科普研究能力提升类项目

随着近年来公众社会热点焦点事件关注度的提升，热点焦点事件中科学普及的作用越来越明显。有关热点焦点事件中科学普及的研究也越来越多。本研究采用文献分析法对国内外相关研究进行了梳理，分析了热点焦点事件与科学普及的相互作用关系，提出了基于脱域机制的对策及建议。

国内外研究方面，大多重视大众传媒在普及科学过程中发生的作用，在媒介、传播者、受众三方面都有了相当系统和成熟的研究；重视对公民的科学素养教育，特别是青少年科学素养教育的研究；凸显从公众理解科学到公众参与科学的过程研究。国内则针对一些与科学普及相关的社会热点焦点问题来开展相关研究。主要的研究内容有：强调要发挥科学家、专业人群在科普工作中的功能；强调大众传媒和网络的功能；强调非政府组织的科普功能；提出对现行科普模式进行改造（如增加娱乐形式等）；从宏观方面强调了运用社会热点焦点问题开展科普的重要性及意义；涉及概念方面研究，主要有公共事件科普、应急科普、7 级强震备震科普等。

关于热点事件对科学普及的影响，本课题将社会热点事件提供的科普契机分为三种类别：正面事件之科普契机、突发事件之科普契机、负面事件之科普契机。对社会热点事件提升科普效应的评估，主要是从社会热点事件影响的广度和深度上进行定性分析。关于科学普及对社会热点事件的影响，本课题提出科学普及嵌入社会热点事件的三种基本模式：即政治嵌入、关系嵌入和认知嵌入。科学普及通过政治嵌入模式嵌入社会热点事件，主要是指与政治相关的运动、行为以及权力通过科学普及的方式，嵌入到与科学普及相关的社会热点事件中，并使相关社会热点事件发生根本性变异。科学普及关系嵌入社会热点事件，实际上是指科普授者与受者之间的、不断进行着互动的双向选择过程，在此过程中，充当“结构洞”的科学普及嵌入到与科学普及相关的社会热点事件中，并使相关社会热点事件发生根本性变异，从而推动社会热点事件的演变。科学普及认知嵌入社会热点事件则主要是指公众随着其认知水平的提高，对产生的社会热点事件能在较短时间内形成正确的判断，从而自觉接受科学普及的辐射作用。科学普及通过认知嵌入社会热点事件中，并使相关社会热点事件发生根本性变异，在一定程度上加速了负面社会热点事件的终结。

基于脱域机制理论，我们提出如下建议：其一，加强科学普及创作队伍的建设。要激励广大科普创作者勤奋创作，向社会推出更多通俗易懂、深入浅出、思想艺术性较强的科普作品，从而激发广大民众对科学的兴趣，潜移默化中培育民众科学精神和理性思维，这也是对“专家系统”这种脱域机制类型的巩固和强化。其二，借助教育系统加强对青少年的科普教育。我国科学普及工作应该以青少年为主要对象。科学普及的重点应该激发广大青少年对科技的兴趣和好奇心，在基于科学探究的科普活动上使青少年学生能够发现问题、自我思考，主动做出判断和行动，从而培养青少年独立思考及动手能力。此外，要通过科学普及推动有关部门改变传统纯粹灌输知识的填鸭式教学，提倡学生要有怀疑精神，使学生在实践中掌握基本的科学研究方法，充分发挥他们的思维能力和创造能力。其三，努力凸显大众传媒的重要作用。大众传媒在社会热点事件中要积极充当教育者的角色，实行解释性报告，进行科普教育，正确引导舆论，引起民众对事件的反思。科普网站和科普人员博客、微博的建立积极倡导科学方法，普及科学知识，弘扬了科学精神，传播了科学思想，从而提高了公众对科学工作的理解。

课题名称

国内社会热点事件中的科学信息传播问题研究

课题编号：2011KPYJD04-5
承担单位：南京工业大学
课题负责人：周成瑜
课题所属项目：2011 年度研究生科普研究能力提升类项目

随着现代技术的迅速发展，媒体网络的广泛分布，民众权利意识的不断增强，热点焦点事件往往在第一时间引起社会的广泛关注和影响。在此过程中，政府是科学信息传播的主导者，科技工作者是科学信息的权威来源，媒体则是科学信息传播的第一平台。因此，明晰政府、科技工作者、媒体针对社会热点事件进行科学信息传播存在的问题与不足，厘清三者的法律地位与责任，规范科学信息借助社会热点事件及时、有效的传播便成为本课题的核心研究所在。

本课题采用理论研究和实证分析的方法，根据国家现有立法现状及评估，从法学理论上对政府、媒体、科技群体在热点事件中传播科学信息的正当性和必要性进行了深入的分析，对国家有关热点事件中政府、媒体、科技群体传播科学信息的法律法规进行了分类梳理分析，同时结合典型案例及调研，针对国家立法的现状作出了基本评估，并在基本评估的基础上，提出了规制热点事件中科学信息传播的立法建议。

热点事件中科学信息的传播涉及三类主体：政府、媒体和科学群体。三者承担的社会职能、所处的法律地位不同，在科学信息的传播中发挥的功能与作用亦不相同。涉及热点事件中政府传播科学信息的法规主要以《中华人民共和国科学普及法》、《中华人民共和国突发事件应对法》、《政府信息公开条例》三部为主。政府在热点事件中的科学信息传播基本以《突发事件应对法》规定为主，分为预警传播、事中传播和事后传播。虽然现有法规足以支撑政府传播科学信息的合法性，但是对于规范具体传播行为尚存在诸多不足：一是未将新颖性热点事件的科学信息传播纳入立法；二是科学信息传播的法律地位不明显；三是科学信息传播程序缺乏实际操作性；四是科学信息传播致害的司法救济不健全。因此，需要以行政法规的形式（例如应急科学信息传播实施条例）对热点事件中科学信息传播的组织领导、科学信息内容、传播范围、传播程序、法律责任进行立法，细化政府、媒体、科学群体在热点事件中传播科学信息的权利和义务，对科学信息传播的程序规范化，真正实现热点事件中科学信息传播的有法可依。

我国有关媒体传播的立法尚处于起步阶段，特别是对信息传播没有统一的法典进行规制，只是散见于各大部门法中。依据立法主体不同，涉及媒体传播科学信息的立法主要分为三类：全国人大常委会制定的法律及决定；国务院制定的行政法规；国务院各部委制定的部门规章。关于媒体传播的立法主要集中于网络传播领域。综观我国网络科学信息传播立法，主要集中于以下四点内容：科学信息服务资格获准须备案；网络新闻须审批；电子公告服务须许可；媒体违规传播科学信息应承担相应法律责任。由当前媒体传播科学信息过程的立法空白，造成了科学信息在热点事件中传播时得异化和失范。因此，今后应加强对媒体传播科学信息过程的法律控制，媒体传播科学信息应遵循以下法律原则：衡量性原则、诚实信用原则以及公序良俗原则。

科技群体参与热点事件中的科学信息传播是一项软性的法律义务。鉴于科技群体传播科学信息义务的“软性”，科协作为代表科技工作者的群众组织，是党和政府联系科学技术工作者的纽带和桥梁，是热点事件中科学信息传播的主要社会力量，应当在热点事件中积极发挥作用。具体应从三个方面进行必要的机制建设与完善：建立科技群体参与科学信息传播的激励机制；加强科技群体与大众媒体的合作；建立热点事件科学信息传播预警机制。

课题名称

社会热点焦点问题的形成、分类、演化及特点

课题编号：2011KPYJD04-6

承担单位：中国地质大学（武汉）

课题负责人：李蔚然

课题所属项目：2011 年度研究生科普研究能力提升类项目

当前，关于社会热点焦点问题的研究目前尚属探索阶段，尤其是系统的理论研究缺乏，深入研究亟待加强；且在实践层面，社会热点焦点问题的宣传、教育、应对方面都存在诸多问题，尤其是如何发挥科普工作在影响及解决社会热点焦点问题中的重要性问题值得进一步的深入研究。

基于此，本课题采用文献、问卷法、调研法，通过调研了解当前民众对社会热点焦点问题的认识情况，通过系统分析当前主要社会热点焦点问题，弄清现状、探寻原因、总结经验、探寻规律，为今后将科普工作纳入政府社会热点焦点问题的应急预案提出对策建议。

通过对我国社会热点焦点问题的现状、原因、问题等内容的问卷调查，我们发现：民众对社会热点焦点问题关注频率高，网络成为主要的了解渠道；食品安全、突发灾害、环境污染等问题备受关注；网络舆情展现出较大的影响力，民生问题所占比重增大；民众对社会的不满情绪与科技知识的缺乏促成了社会热点焦点问题形成；民众对食品安全、灾难逃生、科学养生等科普内容的呼声最高；民众认为大众传媒、学校、政府和科学技术协会应该担负更多的科普责任；民众对近几年通过开展科普工作反应社会热点焦点问题的满意程度偏低。

焦点热点事件的引发有其外部原因和内部原因，从外部来说，包括我国地理环境复杂，自然环境变化加剧；人口惯性增长，经济社会发展不平衡等原因；社会处于转型时期，价值观呈现出多元化；政府管理体制漏洞，法制与监管相对落后。从内部来看，存在不科学的改造自然，自然环境遭到破坏；公民科学素质低下，防灾抗灾的能力弱；群体心理发生演变，媒体报

道推波助澜等原因。

据此，我们提出了针对社会热点焦点问题开展科普工作的对策建议：政府部门高度重视，将科普纳入应对社会热点焦点问题的重要工作。各级党政主要领导要把科普工作当成极度为重要的工作来抓，要把应对社会热点焦点问题科普工作提到党政议事日程上来。充分发挥科学共同体的作用，及时做好应急科普工作，及时破除谣言。科学共同体要及时解答社会关注的科技问题，正确引导社会舆论，帮助公众用科学的精神和态度来看待问题、利用科学的方法和知识来分析问题。充分发挥媒体的作用，利用互联网等新兴媒体进行科普宣传，发挥微博、博客等“草根”科普力量。充分调动媒体广为宣传，形成热点焦点问题应急科普的社会认知。在各类媒体上开辟应对社会热点焦点问题科普教育专栏，展开应对社会热点焦点问题科普探讨，形成品牌性平台，无疑会在应对社会热点焦点问题科普工作会发挥重要作用，对推动科普教育发展起到重要的强化与深化作用。加强各级各类学校的科普教育，大力提高青少年的科学素养。加强各级各类学校的科普教育，使他们尽快明辨是非，并且可以通过他们去做家长、亲友的工作，去社会上进行科普教育，发挥其应有的作用。加强应对社会热点焦点问题的科普工作，提高公众的科学素养。在社会热点焦点问题爆发后，可以让公众了解更多关于相关专业科学知识，催生公众的科普热情，借机提高公众科学素养，更可以在进行科普宣传的同时，降低公众恐慌情绪，探寻科普宣传的有效机制，这对于公民科学素养的提升也大有裨益。对积极参与应对社会热点焦点问题科普工作并取得突出成绩的机构、科学家和科普工作者给予表彰与奖励。我国科学家、知识分子的优秀代表，在各级应对社会热点焦点问题科普工作中树立了很好的形象，有关部门应考虑分等级设立相应的荣誉称号，对于科学家和相关机构给予大力表彰，并予以经济奖励和补贴。

课题名称

国家重大科研项目的报刊报道研究——以转基因项目为例

课题编号：2011KPYJD04-7
承担单位：中国科学院研究生院
课题负责人：荆玉静
课题所属项目：2011年度研究生科普研究能力提升类项目

《关于加强国家科普能力建设的若干意见》指出："在国家重大工程项目、科技计划项目和重大科技专项实施过程中，逐步建立健全面向公众的科技信息发布机制，让社会公众及时了解、掌握有关科技知识和信息。"国家重大科研项目在我国"科教兴国"、"人才强国"的战略背景下，对我国的科技进步和科学传播具有重要意义。报刊则是我国进行科学传播活动的重要场域。基于上述原因，以转基因项目为例，对我国重大科研项目在报刊中的报道进行研究，具有重要意义。

本课题采用传播学研究的基本方法：文献分析法、内容分析法、案例研究法、深度访谈法，以国家重大科研项目的报刊报道为研究对象，选择《人民日报》、《科技日报》、《中国青年报》、《南方周末》、《新京报》、《北京科技报》、《科学新闻》这7份报刊作为媒体样本，试图从国家重大科研项目的角度切入，运用传播学方法，通过客观分析和实证研究，分析我国投资巨大的转基因项目的报刊报道情况；探讨在关于转基因的争论中，项目组及相关科学家所进行的科学传播及态度，并分析其深层原因，提出问题和建议。

通过梳理，我们发现目前我国重大科研项目的报刊报道具有报道数量少、力度小；程序性报道多，阐释性、争论性报道少；消息来源以科研人员和政府部门/政府官员为主；科研人员进行科学传播的主动性较低，参与度不够的特点。存在的问题有：科学家主动参与科学传播的意识较低与媒体沟通能力不足；政府管理部门的成绩宣传意识较强，科学传播意识不足，科研项目管理制度影响新成果科普；媒体记者科学素养不足，新闻敏感性较低，没有科学新闻的公共平台。

据此，我们针对重大科研项目报刊报道、科学传播提出以下建议：政府管理部门应明确国家重大科研项目开展科学传播的工作制度，增加对科学传播活动的评估考核。在我国现行科研体制下，推动国家科技项目带头设立科学传播的相关任务及项目，是对科研人员参与科学传播的有效动员。在国家科技项目的申请要求中，增加与项目相关的科学传播活动的设计；在经费的使用上，划出一定的比例用于科学传播活动；在成果的验收中，增加对项目科学传播活动的评估考核，充分调动科学家参与科学传播活动的积极性，为有价值的科学新闻的传播创造条件。科研人员应加强科学传播的积极性，树立“公众理解科学”的意识，多与公众和媒体交流，以使自己的科研活动得到更多的理解，并提高公众的科学素养，促进整个国家的科技发展。科技记者一是需要提高新闻敏感性，并逐步提高自己的科学素养，使自己所采写的科学新闻有价值、经得起推敲；二是需要加强与科学家、科研机构和政府部门的沟通，使其生产的科学报道满足大众的需要，主动在政府部门科研院所的宣传科研成就的报道中，选取那些能够引起公众共鸣的内容，进行再加工，提高科学新闻的科学性和新闻价值。政府管理部门、科研人员和媒体协作，共同建立科学新闻发布的公共平台和科研项目进展的定期通报机制。使科研项目和科研成果从象牙塔中走出来，让公众有所了解、有所讨论，为科学家和媒体建立良好的沟通渠道，使科学传播活动产生良好的传播效果。

课题名称

应急科普能力的内涵与构成研究

课题编号：2011KPYJD05-1

承担单位：中国科学技术大学

课题负责人：李粼玮

课题所属项目：2011 年度研究生科普研究能力提升类项目

人类社会无时无刻不存在着各种各样的灾害和危机，突发事件会造成重大的人员伤亡、财产损失、生态环境破坏和严重社会危害。对应急科普能力建设的研究也日益被人们所重视。在分析应急科普要素时，利用传播学理论分析往往会得到最为贴切的结果。基于这个原因，本课题结合应急科普能力的内涵，利用传播学“5W”模型，从主体、内容、渠道、受众、效果五个方面概括出应急科普能力应该具备的基本构成，进行深入分析，并在此基础上，提出应急科普组织能力建设体系。

根据社会学研究的观点，应急科普阶段可以分为减灾普及、应急准备、应急反应和恢复重建四个阶段。主体和受众方面，在减灾普及和恢复重建阶段，主体既包括传统科普主体中的科学家、科普工作者和教育工作者，也包括新形势下科普主体中的政府与媒体。与此同时，政府和媒体中的从业人员也是应急科普的受众，需要接受科普知识，特别是应急科普知识。内容方面，在危机应对过程中，政府工作人员同样也需要作为应急科普受众，得到应急科普知识。在减灾普及和恢复重建阶段，应急科普的内容应涵盖全部的四项内容，而在应急准备和应急反应阶段，应急科普的主要内容应为应急科技知识，即帮助人们如何正确应对危机的科技知识，应急科学方法则作为辅助。传播渠道方面，在减灾普及和恢复重建阶段，应急科普的渠道主要包括口头媒体（即讲座、课堂、学校教育等）、大众媒体、实物媒体（科技馆展出等）以及网络、手机等新媒体。而在危机应对过程中，大众媒体与新媒体成为科普的首选。应急科普效果方面，指导公众在不同危机情境下行动和增强公众的危机意识是减灾普及阶段的应急科普预期效果；在应急准备阶段，应急科普的主要目的是要警示公众，让公众对即将到来的危机做好准备；在应急反应阶段，应急科普的效果是为公众与管理者提供必要信息，让公众得以迅速逃生，让管理者得以迅速做出决策；在恢复重建阶段，应急管理除了帮助人们恢复重建之外，与减灾普及阶段类似，应急科普同样需要帮助人们进一步学会应对危机。

据此，我们提出了一套应急科普能力建设体系，包括组织能力、传播能力、资源整合与开发能力和全民互动能力建设四个体系。其一，组织能力主要由协同能力、执行能力和应变能力三个方面构成。“协同”是指系统各个组成部分或系统之间的协调一致，共同合作而产生的新的结构和功能；应变能力主要体现在学习和创新两个方面；执行能力是指在一定条件下人们采取行动解决关键问题的能力。其二，应急科普分为两个阶段。一个阶段是事件前的应急科普，这个阶段的传播能力强调的是传播内容与灾害的匹配性、传播内容的易接受性、和传播范围的广泛性；另一个阶段是重大突发事件中和事后的应急科普，这个阶段的应急科普的传播效果强调传播的速度性、内容的真实性和事情曝光的透明度。其三，应急科普资源整合与开发能力建设包括应急科普作品创作能力、应急科普资源整合能力、应急科普产品开发能力。创作能力要注重时效性和及时性，考虑重大突发事件容易受害的特殊人群加强专业救援队伍的参与力度。资源整合能力是要借助多方力量，创作出更多更好的应急科普作品。产品开发能力需要市场化的运作，为科普活动带来新鲜的资本和血液。其四，应急科普全民互动能力建设是指动员社会各界力量，搭建群众性、社会性、经常性的应急科普活动平台。主要从应急科普社会动员能力、科普志愿者队伍建设能力、应急科普专业人才培养能力这三种能力入手，在公众、志愿者、专业人才的全民互动状态下，共建应急科普全民互动能力。

课题名称

我国消防应急科普水平提升研究——基于全国消防科普教育基地的现状调研

课题编号：2011KPYJD05-2

承担单位：中国科学技术大学

课题负责人：谢起慧

课题所属项目：2011年度研究生科普研究能力提升类项目

当前，全国各地已建成一批消防科普教育基地，在普及消防知识中发挥了积极作用。但其规模与当前经济社会发展还远远不够，全国消防科普教育基地建设潜力还十分巨大。本文结合中国科学技术大学火灾科学国家重点实验室近年来所取得成绩与经验，分析了消防科普教育基地的现状和存在的问题，对进一步加强消防科普教育基地建设以及消防应急科普水平的提升提出了措施和建议。

从2004—2010年，公安部消防局同中国科协科普部、中国消防协会连续开展了三批“全国消防科普教育基地创建和命名”活动，全国先后有192个消防教育馆、博物馆、火灾实验室和消防队(站)等固定消防宣传阵地被评为全国消防科普教育基地，这些基地设施和场馆功能齐全、完备，宣传内容丰富，教育形式多样，这些消防教育基地定期向社会开放，通过历史资料、实物、火灾案例、消防常识图片展板和影像资料、体验设施、电脑查询系统等高科技手段，并由经过专门培训的讲解员、活动辅导员进行讲解，普及火灾报警、逃生自救、初起火灾扑救、灭火器使用等等消防安全知识，吸引了大量的群众参观体验，已经在当地成为服务民生、开展消防安全常识教育、提高国民消防安全意识和素质的重要科普教育力量。

中国科学技术大学火灾科学国家重点实验室于1999年11月被中国科学技术协会正式授予“全国科普教育基地”称号。在近几年的工作中，火灾科学国家重点实验室开展了多种经常性的消防科普活动，公共科普日对外开放主要进行三部分的活动：一是对前来的观众分发科普传单；二是安排现场实验展示；三是开放大型的实验平台供参观。科普相关研究方面，火灾科学国家重点实验室先后完成了国家自然科学基金专项基金科普项目《火灾科学与火灾安全》和《森林火灾中的科学》，将火灾科学及防治研究的理论成果、先进技术及火灾安全常识向广大群众传播。同时，火灾实验室与国外相似的科普机构有固定往来，共同合作进行科普活动。在消防应急科普方面，火灾实验室针对公众和消防专业人士，通过各种形式的消防应急知识培训而开展的消防应急科普，开发了很多消防应急技术用于突发火灾时的应对。主要可分为火灾发生前和发生时的技术。在重大火灾发生后，火灾实验室针对突发事件积极应对，积极有效地开展了应急科普，主要有接受媒体采访发布火灾原因、针对火灾成立研究课题两种形式。

本研究认为从案例中消防应急科普的形式、内容和组织的角度思考，结合国外案例的借鉴，认为“全国消防科普教育基地”的消防应急科普水平可以从以下几个方面提升。首先，消防应急科普的形式已趋于稳定，可以充分发挥新媒体的优势。新媒体是一种更为适合应急科普的媒介。在“全国科普教育基地”的应届科普中如果能够充分运用新媒体的力量，能收到更好的效果。其次，消防应急科普的内容已比较固定，应该更加贴近实际生活。急科普内容要具体实在，既要有针对性、又要有操作性。再次，消防应急科普的组织已受到重视，形成应急科普体系至关重要。目前我国的消防应急科普还没有形成体系，在这点美国的应急教育培训体系有一定借鉴意义。美国的应急教育培训体系由三级机构组成：美国应急管理学会、州级应急培训服务机构和高等院校。

课题名称

美国应急科普能力建设的经验研究项目报告

课题编号：2011KPYJD05-3
承担单位：中国科学技术大学
课题负责人：周全
课题所属项目：2011 年度研究生科普研究能力提升类项目

建立与完善应急科普机制不仅有利于提高社会公众应对突发事件的综合素质，增强公众的公共安全意识、社会责任意识和自救、互救能力，为应急管理工作奠定良好的社会基础，还能有效预防和减少突发性事件的发生，保障人民群众的生命财产安全。目前我国应急科普机制在资源整合、科普队伍建设、应急知识的宣传教育等方面仍存在诸多问题亟待解决。本课题正是立足于这一重要的社会现实需求开展研究。

本课题在对美国应急科普能力建设情况的现状的进行梳理的基础上，以典型案例剖析的方式，重点考察美国在应急科普组织体系建设，美国应急科普快速动员能力与效率研究，应急科普资源内容开发与资源共享机制等方面的先进经验，进而对美国应急科普能力经验进行了总结，并在此基础上提出了提升我国应急科普能力若干建议。

美国应急科普体系建设经历了初创、发展、完善到成熟这一演化过程。根据目前美国科普发展现状，按照科普行为主体，将其科普体系划分为学校教育（国民教育体系），政府机构与部门（专业科普与培训机构），和企业、学术团体、基金会等多元化主体三部分。与国家科普体系相对应，美国应急科普也包括学校教育、专业机构科普和多元化主体科普三大部分。美国现有应急科普体系组织结构分两个层面，一是基于国家应急管理行政体系的应急科普体系架构，这一体系主要包括国家级、州级、地市及社区这三个层次。美国应急管理体制规定，负责危机应对的政府机构是联邦紧急事务管理署（Federal Emergence Management Agency，FEMA)。FEMA 为国土安全部 4 个主要分支机构之一，专门负责重特大灾害应急的联邦政府机构，由美国总统任命局长。美国应急管理学会受 FEMA 委派，负责对联邦、各州、地方和部族的政府机构、志愿者组织、公共机构和私人部门进行减灾、灾害准备、应急响应、灾后恢复方面的培训；负责对各州应急培训服务机构和学校应急培训服务进行管理。二是多传播主体的应急科普组织体系，美国的应急科普体系包括国家主管机构，大型企业、大学、研究院所、非政府组织等多元化主体。多传播主体机构的应急科普组织体系：美国的应急科普体系包括国家主管机构、大学、研究院所、大型企业、非政府组织等多元化主体。在联邦政府部门中，主要是国家科学基金会，史密森博物研究院；另外，大型企业、各种学术团体（含教堂）和基金会也对对科学普及也做出了相应的贡献，例如 At&T、福特汽车公司、IBM 和 Mobil 等企业，美国科学促进协会、科学技术中心协会、国际技术教育协会等学术团体，惠普公司基金会等基金会。同时，无数的社区组织也对科普工作做出了积极地努力。

以加州地震和艾琳飓风为例对美国应急科普措施进行总结，可知美国应急科普的特点有：重视实战化演练和社会化参与；应急科普部门责任、流程标准化与分级响应制度；大规模动员机制设计中操作流程标准化与参与形式的自组织化相结合；重视多学科协作共建智能型社区应急科普系统；基于云存储的标准化应急科普资源开发与共享模式；跨媒体传播：从传统媒体（大众传播）向社交媒体和移动互联网（手机）（SNS 传播）的渗透。

在此基础上，我们提出了提升我国应急科普能力若干建议，包括：应当加快推进应急科普标准化体系建设；将智能化社区应急预警与科普系统建设纳入城市建设规划；构建基于云存储的标准化科普资源共建共享数据库；建设基于社交媒体与移动互联网（手机）的应急科普平台。

课题名称

科普游戏作品的设计理念及技术选择

课题编号：2011KPYJD06-1

承担单位：山东经济学院

课题负责人：付延强

课题所属项目：2011 年度研究生科普研究能力提升类项目

当代科学技术普及工作越来越受到世界各国政府、社会的高度重视和广泛关注。但是，现有作品缺少趣味性和互动性，难以引起受众主动参与学习的热情，亟需寻找一种全新的科普形式来促进科普事业的发展。

本文在分析现有的科普传播形式的基础上，结合数字媒体技术的迅速发展，综合运用传播学、心理学和认知学等理论知识，提出了以游戏为载体的科普作品新形式，并进一步界定了科普游戏的概念、特点和分类，研究提出了科普游戏的设计理念，综合分析了现有的技术体系，提出了科普游戏作品设计技术选择方案，最后提出了构建一个“大科普游戏系统”的构想，即建立关于科普游戏开发的集成技术标准的框架，并按照知识分类体系集成科普游戏为统一平台的设想。研究结果如下。

课题通过研究电子游戏、严肃游戏和科普作品等概念以及科普游戏的科普功用特点，将科普游戏概念界定为：科普游戏是以科学普及为目的，通过创设虚拟情境，把科学知识、科学方法、科学思想、科学精神融入游戏过程，为受众提供科学体验和学习乐趣的电子游戏。科普游戏是电子游戏与科普相结合的产物，是对传统科普作品的创新，具有以下基本特点：科学性、趣味性、交互性、自主性、情境性、参与性。按照科普游戏中涉及的科学内容的不同，可将科普游戏分为单一型和复合型。按照游戏体验特性，可将科普游戏分为角色扮演类、冒险类、模拟 / 策略类、益智类 。科普游戏作品的设计的好坏直接影响用户的使用效果，因此需要一套完整的设计理念来支撑科普游戏作品的发展。首先，要尊重受众的兴趣取向和科学需求；其次，掌握内容科学性和游戏娱乐性的平衡；最后，还要注重作品艺术性和技术性的结合。

本课题提出了科普游戏集成框架构想，旨在构建一个“大科普游戏系统”。科普游戏系统框架分为两个组成部分：呈献给用户的科普游戏系统平台和提供给开发人员的科普游戏开发平台。科普游戏系统平台运行在服务器操作系统之上，可以实现科普游戏作品的综合管理，开发者可以将开发的科普游戏作品按照分类上传，同时该平台为用户提供科普游戏设计的资源库、知识库和规则库，旨在让全社会人参与科普工作中。科普游戏开发平台基于科普游戏系统平台提供的模板和庞大的资源库、知识库和规则库。科普游戏工作者及社会大众通过在模板上的简单拖放和参数的设置实现了场景的合成、角色特征模型和行为模型的建立，任务和任务链、关卡连接关系、知识链等的形成。科普游戏工作者及社会大众要建立一个科普游戏，首先在科普游戏系统平台的相应分类目录下开辟一个科普游戏项目，通过系列模板工具完成科普游戏项目各部分的设计，提交的模板经过服务器中各子系统的解析，调用游戏引擎最终形成面向社会大众开放的科普游戏。

课题名称

数字科普作品的形式和推广模式研究

课题编号：2011KPYJD06-2
承担单位：山东省科学技术馆
课题负责人：毕永新
课题所属项目：2011 年度研究生科普研究能力提升类项目

伴随数字科普的迅猛发展，一些问题也凸显出来。数字科普作品的种类很多，但由于没有具体的相关分类，使得受众不能清楚地把握每一类科普作品的特征，继而不能有重点地选择数字科普作品。同时现行的推广运行机制难以适应新形势发展的需求。而且针对不同的数字科普作品也有不同的推广模式可循。

本课题采用文献分析法，对数字科普作品的概念作出了科学的界定，对现有数字科普作品进行了分类，并针对不同类别分析了其推广模式，最后提出了相关对策和建议。

数字科普作品是运用数字技术作为新手段、新形式、新渠道来进行科学普及的作品。数字科普作品除了运用互联网传播之外，还有运用诸如数字有线电视网、有线电话网、移动通信网等形式的传播，还包括诸如采用光盘、移动硬盘、U 盘等载体形式的传播。数字科普作品符合一般科普作品的“思想性、科学性、通俗性、实用性（适时性）”等基本特征，除此之外数字科普作品有其自身的特点和优势。技术特性方面，数字科普充分利用数字化技术手段，作品具有音、视频多媒体传播特性，具有更强的表现力和吸引力；传播性方面，利用数字媒体的快速化降低了时空限制，使科普对象平民化；互动性和体验性方面易于即时互动和情景体验；资源管理方面，便于汇集管理、共享、利用科普资源；参与者方面，广泛聚集科普爱好者，形成各种虚拟的科普社交平台，激发科普爱好者的创作原创科普资源积极性；数字科普的传播具有时效性和国际性。

根据数字科普作品的特点，主要根据数字科普作品的交互性，科普作品分为两个基础类：可交互性数字科普作品和不可交互的数字科普作品。可交互的数字科普作品是指受众在科普过程中能够以交互方式（如讨论、互动操作等）参与其中，并能够得到信息反馈的数字化科普作品。主要创作形式有：虚拟科普交流社区、科普电子游戏、虚拟现实科普、远程观测科普、实时计算科普。不可交互的数字科普作品是指科普受众在科普过程中不能以交互方式（如讨论、互动操作等）参与其中，并且不能得到信息反馈的数字化科普作品。主要创作形式有：科普电子书、科普动漫、科普影视作品、科普宣传网站。

数字科普作品的推广模式可分为以下几种：其一，在国家大力发展文化产业的前提下，将科普作品进行产业化，在实现社会公益最大化的同时兼顾经济效益，建立以产业化为向导的、市场化为驱动的科普产业化的宏观推广模式。该模式注重两点：数字科普资源的建设、数字科普市场化的运行推广机制。即此推广是从宏观上把握，力求找出科普作品盈利性与公益性的平衡点。其二，根据数字科普作品的内容是否有新意、能否吸引受众且兼顾科学性与趣味性、通过什么样的载体来承接科普作品的内容，以及选择互联网等渠道来进行科普作品的传播的具体过程推广。这种推广模式是针对于宏观推广而产生的具体细节、过程推广。其三，针对本报告对数字科普作品的分类而分别进行的推广。互动性的数字科普作品可采用“单向”线性推广模式，而非互动性的数字科普作品可采用“双向”链式推广模式。这两种推广模式，都采用了二元的表示方法，即抓住推广者、接受者两个点来研究这两个元素的关系。

针对数字科普作品的分类和推广，我们认为数字科普作品分类与推广应注意增强作品的原创性与深度以及加强功能创新。原创性是数字科普作品的灵魂，是有利于数字科普作品走得更长远的内在动力。而加强功能创新上，应注意保证联网功能、加强多媒体功能、提供交互功能、服务创新等方面。

课题名称

《宇宙》期刊的沿革与天文科普

课题编号：2011KPYJD06-3
承担单位：首都师范大学
课题负责人：李雪洁
课题所属项目：2011 年度研究生科普研究能力提升类项目

《宇宙》期刊是中国天文学会于 1930 年发行的，以普及天文知识为目的的刊物，1949 年停刊，发行 20 年，共 19 卷，但它对中国天文学的普及具有里程碑式的意义。

本课题主要应用文献分析法，统计法和访谈法的方式研究了《宇宙》的诞生与发展、内容及其影响以及《宇宙》的重要作者及近代天文科普的初步分析。

《宇宙》期刊是中国第一本以普及天文知识为宗旨的期刊，共出版了 19 卷，即使在抗日战争时期，依旧坚持出版，成为连接中国天文研究人员及其与中国天文爱好者之间的重要纽带。《宇宙》共刊登文章资料约 550 多篇，不仅有天文科普类文章，而且刊载有学术论文，中国天文学会年会情况和天文学界在抗战前后内迁和复原的内容也刊登于此。总体来讲，它不仅普及了天文知识，而且反映了中国天文学界在 20 世纪 30—40 年代的开拓和发展情况，具有较高的史料价值。

《宇宙》以刊布通俗天文著述及天文学界消息兼以记载会务为主，其宗旨是：以通俗的语言介绍天文知识，普及天文知识。然而，《宇宙》的发展历程是艰辛的，但《宇宙》是抗战期间唯一幸存的天文刊物，这与陈遵妫及李珩的努力是分不开的。对《宇宙》的主题进行整体的分类统计表明，《宇宙》期刊刊载的内容相当广泛，涉及了当时我国乃至国际天文学研究的内容，无论是太阳、恒星，还是天文观测、天文会议等，均大量登载，天文知识在我国传播的范围，在《宇宙》期刊中体现的甚为明显。《宇宙》中设有“答客问”一栏，方便了与读者沟通交流，把读者的疑难问题解答后刊登与此。《宇宙》中共有专号 13 期，既有日食专号，也有流星、土星专号，但最多的则是人物纪念专号。《宇宙》期刊公开发行的 20 年中，连续的主题共有 12 个，有的主题连载将近一年之久，反映了编者对该问题的连续关注。《宇宙》的特色概括起来主要有：基础性、实用性、时效性、史料性和互动性。《宇宙》尽可能介绍基础性的天文知识，并且翻译部分国外优秀的通俗的天文普及类文章；更偏重于读者的天文观测，如每月天象、狮子座流星雨、日食观测，以达到更好地为社会生活服务；其中的天文知识很多是具有时效性的，介绍先进的天文知识、天文界的发展动态，为读者了解最前沿的天文知识带来了巨大的帮助；《宇宙》“答客问”专栏建立起了编者与读者间无形的桥梁，使二者的关系更加紧密。《宇宙》的另一个显著特点是印刷精美，图文并茂。《宇宙》采用了西法铅印，其中大量的插图是用“铜板镂镌精细”。

在发行方面，《宇宙》基本上只分赠会员，并用一部分和其他期刊交换。在抗战期间，《宇宙》的销售情况很不乐观，很难突破“百份大关”。虽然《宇宙》的发行量不多，但是的确吸引了一些天文爱好者，比如南京大学天文系教授赵却民的父亲，河南开封的王兆埙。另外，著名的天文科普学家李元也是由于阅读《宇宙》而走上科普天文的道路。

《宇宙》重要作者是我国著名的天文学家张钰哲，他为《宇宙》撰写了发刊辞，且是向《宇宙》投稿最多的学者之一，他将天文知识和国外天文学家的事迹通过《宇宙》详细地介绍给国人，并担任过《宇宙》总编辑，为期刊的正常发行做了大量工作。对于当时天文研究者和天文爱好者学习西方先进的天文知识具有重要的先导和启蒙意义，并且为近代天文知识的普及做出了巨大贡献。

课题名称

我国科普视频在视频网站中的传播模式研究——基于搜狐视频与优酷网的分析

课题编号：2011KPYJD06-4
承担单位：中国传媒大学
课题负责人：刘飞
课题所属项目：2011 年度研究生科普研究能力提升类项目

网络视频已经发展成为人们获取电影、电视、视频等数字内容的重要媒体，不论是在视频分享网站（例如，优酷、土豆、酷6等）还是门户网站的视频频道（例如，搜狐视频等）都没有独立的科普频道。所以，在国家鼓励科普建设的大背景下，基于我国科学传播和网络发展现状的中观环境，研究科普作品在视频网站中的传播模式具有学术和指导实践的双重意义。

本课题采用文献分析法、个案研究法、调查法、访谈法，以拉斯韦尔的“5W 传播模式”及香农和韦弗的“传播的数学模式”为基础，着重研究科普视频在视频网站中的传播过程模式，从而提出科普视频在视频网站中有效传播的对策、建议，以提升科普视频在视频网站中传播的有效性、持续性。

从对优酷网和搜狐视频网站中科普视频的调查情况来看，现阶段在视频网站中，科普视频作品资源在数量及丰富度方面都值得肯定。这也是视频网站平台相较于电视平台，吸引力最大的方面。其科普视频资源数量较多、来源较为丰富、部分资源具有稀缺性（仅能从网络平台得到，从电视平台无法获得）。另外，视频网站使得科普视频实现了非线性的传播。用户可以按照个体的需求进行点播，收看行为更加灵活。这也是用户选择在网络平台而非电视平台进行收看的重要原因之一。但是，科普视频在视频网站中的传播过程中，存在着可供选择的资源丰富多样、可替代性强、上网速度及花费制约网络使用、画面质量低损失部分画面信息等“噪音”。并且，科普视频资源分布上较为分散，缺少相对集中的集纳平台。在视频网站中，目前并没有实现对于同类主题科普视频资源的集纳、整合。一方面，这不利于用户搜索查询目标视频，也不利于实现用户的延伸观看，因为各科普视频资源都是孤立、分散的。另一方面，对于分散的科普视频资源无法进行规模、力度稍大的推广活动，造成传播后劲不足的现象，因为无法对分散的科普视频资源进行整体的、有联系的运营维护。整体运营的缺失是对视频网站所具有的科普视频资源的浪费。

据此，我们在运营方面提出建议如下。理念层面：在利用视频网站这个平台传播科普视频时，可以更加重视、强调科普视频内容的新奇、有趣，适当淡化其教育功能。从对用户的“使用与满足”调查数据中和视频网站用户收看、搜索的数据中都可以看到，用户偏好收看“有趣”的科普视频资源，以满足其“获得娱乐和放松”的需求。不仅在内容的提供上可注重有趣性，在资源的推广上也可用较为有趣、新奇的主题对资源进行包装、整合，为推广运营提供传播话题点，实现吸引受众和持续传播的效果。同时，用户在“获得科学信息，指导生活”方面有非常大的需求，所以在传播科普视频资源时应注重“服务实用性”。策略层面：利用微博或社交网站，使其成为网络科普视频的入口和传播新平台；在视频网站中积极利用“网络专题”等形式对资源进行集纳与整合传播；紧密结合当下热点对已有资源进行运用。在推广运营中充分体现其与当下热点的联系及其对生活的指导意义。

课题名称

中国电视科普节目发展与创新研究

课题编号：2011KPYJD06-5

承担单位：中国传媒大学

课题负责人：乐琦

课题所属项目：2011 年度研究生科普研究能力提升类项目

电视媒体是目前我国公民获取科学信息的主要渠道，我们在充分发挥多种媒体进行科普的同时，继续发挥电视媒体优势，大力发展中国电视科普节目，尝试开拓新的电视科普节目形态，增强科普节目的互动性、实验性、趣味性，使科学知识、科学方法、科学理念以轻松活泼的形式出现在电视荧屏，对增强全民科学素养、贯彻科教兴国战略方针意义深远。

本课题从理论与实践两个维度出发，梳理了中国电视科普节目发生、发展的历程总结了我国电视科普节目的内涵及其评价意义，分析了我国电视科普节目发展现状与问题，研究了中国电视科普节目创新手段，提出了我国电视科普节目的出路与定位转向。研究结论如下：

电视科普节目的发展在我国已走过 93 年进程，其发展经历了“引进国外—科普片—单一科普节目的出现—科普节目的系列化—科普栏目的成立—科教频道的成立”。她是一个年轻的电视艺术形态，以纪录片、电视讲座、故事化表达、场景实验等为艺术表现形式，使科学的元素融于电视科普节目中，将科学的智慧之火通过电视荧屏向大众传递。但是，当前我国科教电视节目并不景气，与一些电视业较为发达国家的科学类电视节目相比较，我国科教电视节目的确普遍存在着一些问题；节目制作资金不足；栏目信息量不足；缺乏趣味性；忽视科学精神的培养；没有贴近性。

据此，我们提出了我国电视科普节目发展的对策。其一，电视科普队伍专业化。首先，建立电视科普节目制作与研究专业队伍。电视科普节目对制作团队的综合素质要求极强，在思想政治素质、电视业务水平、科学知识水平三方面均有较高要求，缺一不可。其次，要建立科学合理的科教电视节目评价体系。建议通过科学深入的调查研究，准确了解电视受众对科教节目的理解和需求，对电视科教节目质量水平和影响力进行科学准确的评估。此外，要鼓励电视媒体与科技社团开展有效合作。鼓励电视媒体与科技社团、科普机构和科学家建立沟通联系渠道，调动科学家参与科普节目创作的积极性。其二，电视科普节目新闻化。首先，要利用电视台信息量大、新闻采集便捷的优势，在科普日常节目中独辟专径，开设“每日科普新闻播报”或“每周科普新闻播报”环节，以新闻播报的形式，向观众传播当日全球最新科技讯息、科技发现，这也从一定层面为电视科技专题片工作者打开视野、提供选题与思路。其次，在表现形态上，采用大型电视科技活动直播和大型科普事件对策研究两种形态。其三，电视科普节目活动化。首先积极在合适的时机推出一些大型的科技活动，以活动来产生影响，以活动来搭建节目与观众之间的桥梁，以活动来让更多的人认识和熟悉科学知识、科学理念。其次，加大实验环节在电视科普节目中的运用，在传播科普知识的同时，可以在主持人的引领下，加大荧屏内外的互动，用一些有趣的实验来揭示日常生活中的各种疑团。其四，电视科普节目娱悦化。引入电视娱乐节目的传播观念，借鉴电视娱乐节目的形态，把科教电视节目要传播的内容以更加轻松、更加吸引观众的方式来传播给受众。其五，电视科普节目传播立体化。三网融合的实现使传统电视媒体的播出平台扩展到电信网和互联网，实现接收终端的多元化，传统电视、互联网电视、电脑、手机电视、楼宇电视以及车载移动电视等都成为电视媒体的传输和播出平台。受众角色从单一线性到多重交叉，由于信息传播方式呈现立体化，受众对各种媒介的接触是相互交叉、互为补充的。

课题名称

新媒体艺术在科技馆中的运用研究

课题编号：2011KPYJD06-6

承担单位：中国科学院研究生院

课题负责人：张楠

课题所属项目：2011 年度研究生科普研究能力提升类项目

随着新媒体技术的飞速发展，以新媒体技术为创作平台的新媒体艺术正以日新月异的速度在世界各地兴起。目前在大型综合类科技馆运用新媒体艺术进行科学传播已经成为一种趋势和潮流，但这样一个新生事物，在科学展示教育方面既有它的强大优势，也存在着不小的劣势，因此，研究新媒体艺术在科技馆中的运用具有重要的现实意义。

本课题采用文献研究法、案例研究法和深度访谈法，在阅读国内外大量文献的基础上，以中国科技馆为案例研究对象，以科学传播为基本视角对其展品与展示空间进行深入实地调研与分析研究，探讨新媒体艺术作为一种展示媒介在科技馆进行科学传播中的运用以及主要特点，取得如下研究结果。

目前国内科技馆中的新媒体艺术展品主要可以划分为三个类型：多媒体演示类展品、影像装置类展品、互动媒体类展品。科技馆中的多媒体演示类展品指将图形图像、声音动画、视频、文字等内容整合在一起，通过显示器、屏幕、投影介绍展示科学内容的演示系统。以中国科技馆为例，很大一部分传统展示展品如模型展品、实物展品与微缩景观展品，都会配套制作含有巨大信息量的多媒体演示系统，使不同类型的观众根据实际需要选择观看和学习。影像装置类展品涉及影像艺术、影像装置艺术、全息艺术和三维艺术，多以显示器、大屏幕和投影仪为创作材料，与影像内容构成展示整体，面向参观者的则是一个由影像、屏幕，甚至墙面、地面组合而成的“空间”式展品。中国科技馆“挑战与未来”展厅“未来的海滨城市”这一展项，独立的展示空间由墙面和地面构成，动态的投影效果为观众构建了一个虚拟的海平面上升环境，观众进入展项内，随着时间变化影像改变，冰川融化、沿海城市被淹没的情景被模拟出来。互动媒体类展品是利用多种媒介将影像与交互技术，特别是传感技术综合在一起，具有娱乐化和游戏化的主要特征。如中国科技馆“挑战与未来”展厅中的“温室气体与全球变暖”展项，观众进入投影参与区，挥手或移动身体堵挡投影墙上出现的“可以加剧全球变暖”的不良行为，如汽车、飞机等。

在科技馆中，新媒体艺术展示方式还以不同的形式存在于整体环境空间、科学表演及科学影院中。科技馆中的环境空间包括非展区的公共空间以及展厅内的展示空间。在公共空间内，新媒体艺术多以装饰墙的形式出现，同样可以吸引大量观者的目光。如中国科技馆大厅中的“机械旋律”、“时间之轮”等。而在展厅内的展示空间中，新媒体艺术展示方式既可以作为环境空间设计的一部分，又能够独立成为展项。中国科技馆“挑战与未来”展厅中的“会说话的大树”展项，在灯光设计的配合下，一片小型树林模型成为展厅景观的一部分，观众甚至可以在此区域的台阶上进行暂时的休息，而如果将耳朵放在树干上的指示位置，可以听到该树种和相关知识内容的介绍。科技馆中的科学表演包括工作人员进行的“科学实验”和“科学秀”，以及展厅中的小型模拟剧场。

科技馆真正区别于其他展馆与展览之处，是其强大的教育功能。在一个科学传播的整体之中，新媒体艺术的运用需要以跨学科、交叉、统筹规划的复合思路与方法进行创作。同时，新媒体艺术展示形式固然有其特殊的优势，但也不应因此忽略其相应的劣势。首先，作为一种非物质的展示方式，一些展示工具和展示设备相对更为容易出现工作问题和导致损坏，特别是互动媒体类展项。另外，在科学传播中，传统展示方式如实物、模型、机械等具有重要的展示功能和效果。在进行新媒体艺术展示方式的创作时，需要根据其展示主题和内容，综合多方面条件，做深入的科学分析，并不是每个主题每个内容都需要新媒体艺术的展示方式，也不一定都适合。

课题名称

前苏联科普作品对中国读者的影响的研究

课题编号：2011KPYJD06-7

承担单位：北京师范大学

课题负责人：张亚娜

课题所属项目：2011年度研究生科普研究能力提升类项目

中国的科普史研究是目前国内科普研究的薄弱领域，尽管在国内目前有对于中国科普史的研究成果，但只有少量著作和散见于各期刊的论文，专著很少。对于“前苏联科普与中国读者”方面也没有系统的研究成果。因此，本课题试图通过对此问题进行历史性的考察与综合分析，对前苏联科普作品在中国读者中长盛不衰的原因进行探讨。

本课题采用了问卷法、访谈法和资料收集方法，追踪前苏联国内科技发展与科普研究及创作的历史概况，追踪前苏联科普作品在中国的翻译出版概况，追踪不同时期前苏联科普作品的中国读者概况，综合分析探讨苏联科普作品在中国读者中长盛不衰的原因，根据所得成果，给国内的科普工作和科普创作工作提供有益的建议，以进一步促进中国科普事业的发展。

在17世纪中叶以前，俄国的教育和科技十分落后。从17世纪中叶到20世纪五六十年代，经过长期的积淀之后，前苏联达到了科技发展的黄金期。在经济与科技发展过程中，前苏联同时非常注重科学知识的宣传普及工作。在科普作品的创作方面，不仅有科普作家创作科普作品，而且连科学家与科技工作者也都积极投入到科学知识的普及创作活动中。通过各种宣传途径使科普作品进入到群众中间。

根据翻译和传播的特点，将前苏联科普作品在中国的翻译与传播分为三个阶段：前苏联科普作品的初步译介时期（1931—1949）；前苏联科普作品在中国翻译出版的繁荣时期（1950—1961）和前苏联科普作品在中国重温经典时期（1978—）。初步译介时期，人们开始大量的翻译国外的科普读物，前苏联科普作品从这时开始走入中国民众的视野之中。从1931—1949年这一阶段翻译的主要是前苏联著名科普作家伊林的作品。伊林科普作品的突出特点使伊林作品成为优秀科普作品的典范，对我国科普创作界和科学界产生很大影响。繁荣时期，中国国内及时而广泛地介绍前苏联的科技成就。此时翻译出版的前苏联科普作品，不同于新中国成立前的只单一介绍伊林的作品，而是深入挖掘前苏联优秀的科普作品，众多科普名家的作品被译介进来。科普作品的类型广泛，受众面广。重温经典时期，前苏联科普作品作为经典占有不可动摇的一席之地。多个出版社将前苏联经典科普作品以各种形式包装出版。前苏联的科普著作却影响和滋养着一代又一代的中国读者。

总结前苏联科普作品在中国读者中长盛不衰原因的分析主要有如下几点：与中国科普事业的发展紧密相关。国外科普作品被大规模译介到中国的几个高潮阶段都与中国科普事业自身的发展需要相关，每一次中国科普事业大步发展时期我们都可以看到前苏联科普作品的身影。中国与前苏联的特殊关系的造就。在与前苏联彻底决裂之前，中苏之间一直是亲密的伙伴关系，这种关系一度使中国在20世纪50—60年代以前苏联为范本进行本国的社会主义建设，在科学普及方面当然也不例外，此时对于前苏联的科普作品进行大规模的翻译介绍达到前所未有的程度。文革时期，科普书籍出版事业几乎中断，各图书馆里的前苏联科普藏书在这饥渴的时代抚慰着一代人的心灵。前苏联科普作品能长盛不衰的根本原因在于作品本身的生命力。当繁荣的科普作品书籍市场为读者提供多样化的选择后，读者能够仍然选择前苏联科普作品，将其奉为经典，除了读者心理方面存在的苏联情结之外，只能用作品本身的魅力来解释了。

最后，通过对调查问卷的整理，我们发现，大学生读者喜欢前苏联科普作品的原因如下：知识性和理论性强；作品具有严谨性与科学性；故事性强，情节动人；内容丰富、新奇，趣味性强，有吸引力；大众化，贴近生活。在其接触前苏联科普作品的途径上，书店、图书馆起了重要的作用，国内的科普工作和科普创作工作应努力向这些方面靠近，以进一步促进中国科普事业的发展。

课题名称

文化产品中科普内容的传播效能和受众认知偏差研究

课题编号：2011KPYJD06-8

承担单位：南开大学

课题负责人：汪敏达

课题所属项目：2011 年度研究生科普研究能力提升类项目

文化产品科普已经成为一种重要的科普形式，理应得到重视。而文化产品科普效能的研究，现在还需要深入。本课题运用文献梳理、理论分析、问卷调查、实验测度等方法，研究了文化产品的科普效能和认知偏差问题。首先从科普事业的发展趋势、体验式科普的原则等方面提出了文化产品的科普作用问题，继而分析了文化产品科普的模式和可能的优势与问题，最后开展了实地调研和实验分析，明确了不同文化产品与传统科普作品的传播效能差异与认知选择偏差。

首先，文化产品促进了科学知识、科学精神的广泛传播。文化产品包括影视、文学、书画、游戏和网络内容等。在科技日益发展的今天，大量的文化产品寻求与科学结合，将科学知识融入文化产品中。这些本来不是专用于科普的文化产品，也就具有了相当的科学深度和力度。文化产品更有助于科普体验，进而也对传播科学精神和方法、化解误解科学问题更有帮助。但是，文化产品科普作用的发挥，还取决于两个方面的制约。首先，文化产品中的科学知识和科学精神，来自于作者的转述和领悟，而这些文化产品的作者，往往并非专业性的科普或科研工作者，其理解是否到位、是否有偏颇、是否会对其作品的拥趸者构成误导，是一个需要关注的问题。另一个问题是，文化产品的本来用途可能是娱乐或文艺，这种作用会不会使得受众仅关注其娱乐内容，而忽略科学内容？上述两个问题，在文化产品的科普作用发挥过程中，是真实存在的。如果我们能对上述两个问题进行有力的回答，那么，我们不但能充分发挥文化产品科普的巨大潜在优势，而且能有意识地引导文化产品和科普作品的创作，促使二者结合，用文化产品的手段改造科普作品，构造出完全符合体验式科普创作理念的、能很好地传播科学精神和方法的专门科普作品。

其次，通过对文化产品科普传播效能的调研发现，在文化产品中，影视是最具有科学知识和科学精神的传播效能的，它拥有最大的受众群体，受众印象和记忆最深刻，也最能启发受众自主搜寻科学知识。游戏在科学知识传播方面效能次之，专门科普作品的效能低于影视而和游戏持平。小说的科学知识传播效能最差，因为它的受众太小，大部分作品不能体现科学内涵，而读者群体在阅读小说时关注到和体验到的科学知识以及科学精神都较少。根据研究结果，我们应该更推广优良的、被论坛推荐的富含科学知识的影视作品和游戏。在科幻小说方面也值得进行推广。

最后，我们对文化产品科普中的选择和认知进行了实验研究，结果表明，文化产品中的科学内容，的确使受众印象更深刻，但也给受众造成了更多的认知和选择偏差。尽管富含科学内容的文化产品可能扩展受众赋予科学知识的注意力，但文化产品中的文化娱乐内容可能更多的争夺了注意力。其结果是，为了节省注意力，受众仅仅关注凸显性的信息。选择偏差也是出于受众节省精力的需求。我们通过有限注意力决策实验发现，受众在文化产品中相对更注意科学信息中最简单、最凸显的结论，而忽略了其他知识。这种忽视随着文化产品的科学技术普及效能的增强而增强。

偏差的存在性与前面文化产品科普作用的强度排序是吻合的，这一规律提示了一个重要的问题，即科学内容的文化产品的科普效能，是在其强烈的体验效果、学习促进功能与更多的认知偏差之间权衡的结果。这一发现的现实意义是明显的，文化产品的科普，将需要在其强烈的科学体验与学习作用，与可能的认知偏差之间求一个平衡。这个平衡，就是保持尽可能正确的科学知识和客观、全面的科学态度。这一要求，是科学文化产品创作的基本原则。

课题名称

科普文本修辞的案例研究

课题编号：2011KPYJD06-9

承担单位：清华大学

课题负责人：宗棕

课题所属项目：2011 年度研究生科普研究能力提升类项目

国内科学传播领域对于科普文本修辞的研究还处于起步阶段，国外相关的理论研究还未被引进，本课题属于科学传播理论研究，通过分析科普文本的修辞，研究科学传播的手段及其特点，将科学传播置于科学技术与社会（STS）的与境中，更深入地理解科学传播的本质。因此对于扩展科学传播理论的研究内容，推动科学传播理论发展有重要的意义。

本课题采用文献调研法、案例分析法和比较研究法，在广泛搜集相关文献、借鉴国内外相关研究成果的基础上，坚持理论分析与案例研究相结合。研究内容主要有总结对科普文本进行修辞研究的必要性和方法，选择经典科普文本进行案例进行分析研究，最后为在科普文本创作中恰当地运用修辞提供有价值的建议。研究结果如下。

随着科学修辞学理论的发展，以及后现代理论、建构主义、科学知识社会学等理论的引入，修辞学为大众科学文本的分析提供了有效的工具。此处我们对语篇修辞、词汇修辞、标点修辞、图片修辞在科普文本中的运用进行了分析。首先，科普文本的标题可用修辞形式，便于读者阅读和理解，其语言特点和写作方式兼具科学性和文学性的特点，不同年代相同体裁的科普文本不同的修辞策略。其次，科普文本中的词汇修辞大部分都是出于科学通俗化的需要，是解释性和描述性的和日常经验关系密切的语言，而且有很高的重复率，其中隐喻的修辞格使用最多。第三，科普文本经常在标题中使用标点，用来“刻画有关人物的语调神情”、“表现和显示人物的腔调情态”，以引起读者的兴趣，表达作者的态度。最后，科普文本中使用图片成为一种普遍现象，甚至有媒体称科普已经进入读图时代，图片在科普文本的创作中是一项重要的修辞方法。

科普文本的产生并不是简单的以传播科学知识、科学方法为目的，而是在特定的社会语境中，体现了不同的目的和作用。第一，科普文本作为“第三种文化”，可以担负起填补科学和文学两种文化之间鸿沟的重任。第二，科普文本是沟通科学和公众的桥梁，科学共同体和媒体形成了一种新的契约关系，科学应该积极主动，媒体应该理性智慧。第三，科普文本修辞对科学研究以及对国家科技政策有一定的影响。

上述分析对于我国科普文本创作具有一定的借鉴意义。首先，科普创作是科学性与文学性统一。科普创作实际上一种“翻译的艺术”，是将严谨、枯燥的科学定理、公式、概念等翻译成生动活泼、丰富多彩、容易被公众理解的故事和语言，这实际上是“转译”的过程，是对作者的背景要求极高的一项工作，作者不仅要有深厚的科学背景，同时要有良好的人文素养和极佳的文学功底。其次，科普创作要有意识地使用多种形式的修辞。由于科普文本的读者是一般公众，因此修辞格的使用应该丰富多样，语言也应生动活泼，更接近公众的日常语言习惯，而不拘泥于枯燥、乏味的科学表达方式，在使用多种修辞格的基础上，注重语篇修辞和标点修辞，配以适当的图片，从标题的选择、人称的使用、写作的方式、语言的特点来拉近作品与读者的距离，引起读者的兴趣，最终达到说服的目的。最后，科普创作中修辞的使用必须谨慎。我们虽然提倡在科普创作中尽可能多地使用丰富的修辞格，将晦涩的科学语言通俗化，但是修辞的使用也并非没有限制，对于涉及解释科学知识尤其是科学概念时的修辞要和专业科学文本保持一致，而对于解释性的、描述性的修辞除了要贴近公众的日常经验外，还要注意修辞背后隐含的政治、文化、意识形态等深层次问题，要尽量避免使用带有强烈的政治、意识形态、宗教的修辞，而多用贴近日常生活的修辞。

课题名称

中美新闻周刊科技报道若干对比研究
——以《三联生活周刊》与美国《时代》周刊为例

课题编号：2011KPYJD06-10
承担单位：中国科学院研究生院
课题负责人：刘梓娇
课题所属项目：2011 年度研究生科普研究能力提升类项目

科学离不开媒介，受众需要时间与认知去理解科学期刊作为科学传播的又一重要渠道，同样肩负着重要的科学传播任务。随着国家对国民科学素养和科学传播效果的重视，作为具有深度报道优势的中美知名大众新闻期刊媒体，《三联生活周刊》(以下简称《三联》)与美国《时代》周刊肩负的责任与所带来的影响不容忽视。

本课题以中美两本独具代表性的期刊作为研究对象，采用传播学内容分析法，通过构建指标体系，对两本期刊进行定量的内容分析，研究科学传播中的内容构建问题，并结合数据统计结果，比较两本期刊就科技报道数量、内容及报道特点等方面的异同，以探究期刊科技报道的现状，为我国科学传播事业提供借鉴意义。

从科技报道的数量上看，《三联》作为国内大众新闻周刊典范之一的重要科学传播渠道，科技报道只达到总报道比例的2%。我国对科技报道的重视一直不够，国内科技发展水平的限制，文化因素的影响以及科学知识传播系统不完整等都是制约科技报道发展的重要因素，只有从根本上加强对科技报道的开放与支持，才能够逐渐改善国内科技报道相对于其他类别报道落后这一严重现象。而《时代》科技新闻报道量在总报道量中的比例基本与其他报道类型平衡，这与国外良好的科学传播环境与较高的公众科学素养分不开，经过长期良性的科学知识传播系统的辅助支持，科技报道在国外的环境中得到了更强的受众地位，从而受到重视。

从科技报道内容上看，《三联》科技报道内容分布较为集中，而《时代》科技报道较为分散，在多个领域均有所涉及。两份期刊均主要集中于“医学健康类”报道。从而可见，两本期刊在科技报道定位上均遵从贴近性原则，即以受众的关注点作为报道定位的基础原则，从贴近受众生活的科技报道事件出发，选取受众热情最为集中的科技关注点作为主要报道内容，以最大程度满足读者需求从而为发行量提供保障。但《三联》与《时代》在科技报道内容的准确性与权威性上有较大差异。《三联》科技报道内容中大部分以快餐式简短消息类科技报道为主，为读者传递生活中的养生保健常识，无明确的信息来源与概念原理依据，重在将信息传递给读者，并未对信息进行较为深刻的挑选与编辑。除此之外，每期两篇深度报道会依据较为固定的写作框架进行撰写，即以国外知名科学期刊发表科学论文为切入点，阐述学术背景，描述学术成果，继而展开分析在此领域内国内形势，但深度有所欠缺。这是国内科技报道的共同问题，由于缺少专业的科技新闻队伍，通常是一人兼职多个栏目的写作，甚至有些期刊并无科技专栏，获取国外科技信息的渠道也相对有限，国外知名科学期刊网站成为信息获取的主要来源。《时代》的报道风格更多的是“慢新闻”与深入报道。“慢新闻”讲究深度，讲究用文章来回答读者更多的问题。其科技新闻报道中深度报道占80%，除篇幅较长的的科技报道外，中短篇报道也可见深刻性。每篇报道均有准确权威出处，详细专业剖析，以及最新领域进展解析，更重要的是《时代》对科技事件背后的解读与挖掘是其又一特点。先将“创新”与“深度”充分结合，再将“深度”转换成为“浅度”，使得每一位读者都能够更加容易地阅读和理解。

一本期刊想要获得固定读者，就应有自己的判断标准与基本规范。《时代》周刊正是最好地诠释了以上两点，最大化其专业团队力量，将科技新闻报道做到极致，从观点，视角，思路及表现色彩等多个方面提供兼具深刻性与权威性的科技报道。与此同时，坚固读者的立场，使全球化的问题个人化，在公共立场的角度跨越具体的利益集团，更加纯粹地表达媒体气质也是国内科技报道可以借鉴之处。

课题名称

近现代科普书籍与科学文化传播的实证研究

课题编号：2011KPYJD06-11
承担单位：山西师范大学
课题负责人：夏文华
课题所属项目：2011 年度研究生科普研究能力提升类项目

在民众接触科学知识的途径不够丰富、不够多元的历史时期，科普图书对民众科学素养的提高具有不可忽视的积极作用。作为面向公众、普及科学的重要载体，科普图书在近现代时期科学传播的过程中扮演着重要角色，对它的研究应该是近现代时期科普史研究的重要组成部分。

本课题采用文献分析法，以民国时期出版的科普图书为研究对象，分别考察科普图书的出版数量、学科分布、出版地与出版社、作者情况，试图描述民国时期科普图书出版的面貌，并借此反映中国近代科学传播的真实情景。同时，梳理了民国时期科普图书书目，对《中国近代现代丛书目录》进行了补充。研究成果如下。

首先，编制了《民国时期科普图书提要》。该书目收录 1912—1949 年中国出版的中文科普类图书 643 种。以科普图书的基本特征“科学性”、“通俗性”为标准，收录广义科普图书，包括自然科学、医药卫生、农业科学、工业技术、交通运输、科学文艺等几大类中的科学普及图书。该书目以《中国图书馆分类法》所列学科种类为序排列，同一大类中不再标明小类，但排列时同一小类排列在一起。同类图书按出版年排列。所收录图书统一按流水号排序；每种图书著录书名、作者、出版地、出版社、版次、页数、开本，并简要介绍作者情况，说明图书内容。如该书属于某种丛书，则于该条后加以说明；该书目附有科普图书书影。附有科普图书所属丛书目录。附有出版机构目录；该书目附有按汉语拼音字母为序的书名索引、著者索引。该书目包括正文及索引、附录在内共计约 10 万字。

其次，以编制的《民国时期科普图书提要》所收录的科普图书为对象，分别考察民国时期科普图书的出版数量、学科分布、出版地与出版社、作者情况。据统计，民国时期出版的643种科普图书，从出版年来看，其分布有很大的差异。民国成立之初的10年，科普图书的出版基本是个位数。南京国民政府成立后，科普图书迎来一个出版高峰，1933—1936年，达到了出版的最高峰。抗战爆发后，这一上升趋势急转直下，1938年只有4种科普图书问世，抗战后期这一情况有所好转。学科分布方面，民国时期科普图书的分类主要包括自然科学、医药卫生、农业科学、工业技术、交通运输、科学文艺等几大类。不同学科在近现代中国的传播是不平衡的，科普图书出版数量上的差别，一定程度上反映了当时中国各门学科发展的强弱之势，以及知识分子对传播科学知识的主观偏好。科普图书出版地与出版机构方面，出版数量居于前列的是上海、重庆、北京、南京、桂林等文化中心城市，因为重要的出版机构主要集中于此。民国时期出版过科普图书的出版机构至少有197家，但是多数出版机构仅仅出版过1种科普图书。商务印书馆、中华书局、开明书店、正中书局、世界书局等机构排在出版数量的前列。科普作家群体方面，共有469位作者参与了这些科普图书的创作与翻译，其中不乏科学界、教育界、出版界的名人。根据这些科普作家的职业情况，将这一群体大致分为6类，一类是专业科普作家；一类是出版机构的编辑、出版家；一类是大中小学教师；一类是职业科学家；一类是与科学相关的实业家。

最后，本课题对《中国近代现代丛书目录》进行了补充，我们将工作中见到的而《中国近代现代丛书目录》未收录的科普类图书筛选出来，分为未收丛书、未收子目两部分，每种图书著录书名、作者、出版社、页数、开本等内容，以丛书名称首字笔画为序编排。共收录《中国近现代丛书目录》未收录的丛书25种，子目38种；收录《中国近现代丛书目录》收录的38种丛书中未收的子目50种。

课题名称

我国科普产业内向国际化问题研究

课题编号：2011KPYJD07-1
承担单位：安徽财经大学
课题负责人：阚成辉
课题所属项目：2011 年度研究生科普研究能力提升类项目

我国科普产业走着一条“实践快于理论”的道路，到目前为止在我国对“科普产业”这个名词的定义、理解都是差异很大。而我国早已形成科普产业链条并积极参与国际活动，但是对于科普产业的理论研究甚少，更谈不上满足我国科普产业内向国际化的理论。这样的一条道路限制着我国科普产业的快速发展，成为科普产业发展的瓶颈。紧迫的现实要求进一步加快对科普产业的理论研究。

本课题采用文献分析法、案例研究法，从科普产业的界定入手，分析我国科普产业内向国际化的现状和动因，分析进入模式和效应，并通过分析科普产业内向国际化的成功案例，总结出案例内向国际化的成功经验，设计我国科普产业内向国际化的政策建议和经营战略，为国家和地方政府制定促进科普产业内向国际化的政策支持体系。

从科普产业概念的构成要素为起点进行分析，我们认为科普产业是一个系统且是一个开放的、动态的系统，包括科普产业的主体、科普产业提供的内容、科普产业提供内容的方式、科普产业的受体、科普产业的目的五种要素；科普产业各要素之间不是孤立存在的，而是相互作用、相互推动共同升级的，相互配合、共同发展的；科普产业的发展不是盲目的，而是时刻围绕着实现全民科学素养提升的使命；科普产业是依照市场机制、供求规律，统筹优化资源的配置，避免浪费。

科普产业内向国际化包含了原因（诱因）和动机两个方面的含义。从动因的概念、特点与功能中，我们认为，科普产业内向国际化的本质动因是谋求产业生存和发展的需要，包括战略动因、经济动因和行为动因。战略动因主要有以下几个方面：一是国外资源的利用；二是开辟市场；三是吸收先进经验，创新本土产品。经济动因：一是以产品多样化来分散经营风险；二是优化产业结构、升级已有结构；三是以引带销，实现规模经济和范围经济。行为动因：主要有外来建议、追随竞争对手。

依据我国学者鲁桐对国际化进入模式的划分，我国科普产业内向国际化进入模式分为以下几种模式：一是贸易式进入模式，其特点知识内隐性程度高、技术含量高难以模仿、需求量有限、不易实行规模化生产、通过货物体现服务；二是契约式进入模式，其特点知识内隐性程度偏低、需求量大、易于复制模仿、易于实行规模化生产、服务体现在物体上；三是投资式进入模式，其特点知识内隐性程度适中、开发成本较高、投资回收期长、企业对东道国的政治、经济、文化以及产业竞争状况有一定了解，并且拥有大量的资金、技术及其他各项资源，通过货物体现服务。

对 Discovery 公司和科学普及出版社的案例分析表明，我国的科普企业在品牌建设上、经营策略上、机会把握上、资金投入上、资源利用上、国际市场开发上、人才吸引上等各方面还存在着很大的差距。而科学普及出版社在内向国际化的进入模式、动因、影响因素和效应方面是不断变化的，同时通过开展国际化业务也使科学普及出版社在品牌经营上、引进选材上、营销方式上、人才培养上都在不断调整、不断创新，并充分利用企业内外部资源实现企业的目标发展。另外与国外公司建立良好的合作关系，不断挖掘产品的深度也是一方面的因素。

据此，我们提出以下建议：宏观层面；加大政府扶持力度；严把市场秩序，避免盲目性和结构失衡性的发生。产业层面：继续扩大科普市场的开放，加深内向国际化的程度；加强引导，提倡“以进带出”；完善产业链，提高科普产业内向国际化的运作效率；利用内向国际化，嵌入全球价值链。企业层面：注重引进后的学习效应；不断创新是避免马太效应的最好方法。

课题名称

中国（芜湖）科普产品交易博览会案例研究

课题编号：2011KPYJD07-2
承担单位：安徽师范大学
课题负责人：高瑞敏
课题所属项目：2011年度研究生科普研究能力提升类项目

规模庞大、内容丰富、展出者和参观者众多的博览会能够对社会、文化以及经济的发展产生影响并起到促进作用。芜湖科博会在推动科普产业方面取得的成功经验和现阶段亟待改进的问题都是值得科普工作者深入思考的。

本课题采用案例研究法，通过对中国（芜湖）科博会的历史成因分析，总结芜湖科博会的成功经验，并对芜湖科博会数字化信息平台的建设进行了探讨，最后针对以芜湖科博会为典型进行复制推广的问题提出了对策和建议。研究结论如下。

芜湖科博会的举办，与芜湖的创新、开放、稳抓机遇的城市特质以及芜湖得天独厚的地理区位优势、国家各级政府大力的政策扶持以及地方政府的积极努力分不开的。通过对芜湖科博会的发展历史研究，我们将其历史根源分析定位在三个方面：芜湖城市特质；芜湖区位优势；各级政策扶持。芜湖科博会的发展历经了四届，在落实科普事业和科普产业并举体制方面具有独特的功能定位，这也是科博会价值的重要体现，既有事业层面的公益效应，同时又兼具产业层面上的经济效益，完美地实现了科普公益性和产业性的有效衔接。我们将其经验总结定位于三个方面：一是芜湖科博会促进科普事业的繁荣：有效地推进了城市科普工作的发展和完善；为科普工作者提供了难得的交流平台和机会，加速科普信息的流动；培养了大量科普志愿者，为科普事业的繁荣注入了新生的力量。二是芜湖科博会推动科普产业的发展：芜湖科博会不仅是全国科普知识的“展示平台”，更是科普资源和科普产品的“集散中心”；建立中国（芜湖）科普产业园区，利用皖江城市带承接产业转移示范区、合芜蚌自主创新综合试验区的有关政策，结合招商引资，吸引科普产品研发、生产企业在产业园落户。三是芜湖科博会成为科普事业和产业并举体制建设的新张力：一个平台的搭建——芜湖科博会成功搭建了科技产品厂商和市场需求之间的平台，搭建了科普工作者和科普对象之间的平台，搭建了高新技术和日常生活的平台；两方面的推动融合——芜湖科博会通过加强科普工作者交流，培养科普志愿者，提供城市科普工作开展基地和平台，促进了公益性科普事业的繁荣；通过建立科普产品交易集散地，形成了“一会”（芜湖科博会）、“一园”（芜湖科普产业园）、“一网”（科普资源服务网）空间立体层次的科普交易架构，推动了科普产业的发展；全方位地拉动提升——永不落幕的科博会对于城市发展、科普推广、产业成长全方位的拉动和提升。同样，芜湖科博会的成功举办也提升了芜湖城市知名度，为芜湖市赢得了良好的美誉度。

但是，芜湖科博会在体现其优势的同时，也存在一些不足和需要改进的地方。作为科普产品交易的平台，芜湖科博会现阶段的发展和管理在一定程度上采取了的现代化的技术手段，但是，网站建设和自身数字化水平仍需要提高。如用户交互欠缺、没有考虑多浏览器的问题，网站更新速度过慢，网站结构单一、资源整合不完备等问题。另外，科博会网站仅仅作为展示科博会相关工作的窗口，在简化工作流程上并未起到较大的作用。再者，科博会网站和科普资源交易平台，可以进行一定程度的整合，实现科博会数字化、集中化、资源节约化和工作高效化。芜湖科博会需要一个更加高效、便捷、整合度高的平台，实现科博会的数字化目标。

作为科普事业的助力展会，推广芜湖科博会，复制这一科普展会助力科普事业的发展模式，对于科普工作的推动和开展有着积极的意义。但是在何种城市推广，以何种方式推广需要结合城市特质和地缘特色以及充分考虑到各级政府的政策导向和城市发展趋势，只有充分考虑到这些才能发挥展会的经济效益和科普推广的公益效益。

课题名称

芜湖科博会志愿服务的组织与建设研究

课题编号：2011KPYJD07-3
承担单位：安徽师范大学
课题负责人：廖仲明
课题所属项目：2011 年度研究生科普研究能力提升类项目

中国科普产品博览交易会（以下简称科博会）已连续四届成功举办，其在我国科普产业的形成、推广、应用和壮大中发挥了举足轻重的作用。安徽芜湖作为科博会唯一和永久的落户地，其举办经验为开展科博会志愿服务的进一步研究提供了调研基础和案例支持。及时总结和反思科博会志愿服务工作，开展学术研究，一方面可以对科博会的举办起到促进作用，另一方面可以树立典型，对国内科普产业的推广起到标准化、科学化的榜样示范作用。

本课题采用问卷调查法、访谈法、理论演绎法、文献研究法、定量分析法以及定性分析法对科博会的志愿者组织与服务进行了研究。主要包括科博会志愿服务现状调查分析；科博会志愿服务的特点与难点研究；科博会志愿服务的组织和建设研究；科普产业志愿服务的长效建设研究。主要成果如下。

通过对科博会志愿者服务的调研，我们认为值得借鉴和推广的建设措施有：服务层次逐渐提高；工作分工逐步精细；后勤保障趋于完善；育人效果初步显现等。科博会成功举办积累了一定的实践经验，对我国其他科普展会相关工作具有参考和借鉴意义，主要表现在：政府支持；高校重视；环境培育；培训到位等。然而，我国举办大型科普展会尚处于探索期与成长期，科博会本身和科博会志愿服务工作还存在着一些发展道路中必经的困难与缺陷，亟待社会各界的关注与解决，如：对志愿服务工作的定位不准确；高水平活动策划与组织者匮乏；志愿者基本能力比较欠缺；科普志愿者队伍不稳定；展会之外的价值没有充分利用。

对于科博会本身乃至我国科普展会和科普事业的志愿服务工作，项目组研究并提出以下几点建议：提升理念，实现对社会的志愿服务与个人的价值实现相结合；扩大宣传，营造开展科普志愿服务的良好社会舆论和氛围；整合资源，建成成员结构合理完善的科普志愿者队伍；完善机制，增强科博会志愿服务的可持续发展能力。

在志愿者队伍建设方面，通过深入访谈，我们发现在我国，青年大学生始终是志愿者队伍的主干力量和社会公益事业的活力源泉。大学生科普志愿者队伍建设是历史与现实的选择。但我国大学生科普志愿者队伍存在服务形式单一、激励措施缺失、组织不规范、保障不健全、区域发展不平衡、志愿者专业素养不高等缺陷，大学生科普志愿者流失率高、流动性快，发展口径狭窄，难以持续发挥作用。为此，在组建大学生志愿者队伍，要考虑以下几个因素：首先，应该采取组织动员与自愿参与相结合、定向招募与临时召集相结合、固定队伍与流动队伍相结合的方式，选拔那些有奉献精神、竞争意识和渴望锻炼的学生加入到队伍之中。其次，大学生志愿者的培训应该综合利用高校和社会资源，根据不同工作任务确立不同培训内容，不断补充和完善培训手段，区别不同类型志愿者分别实施基础培训、岗位培训和发展培训，促进科普志愿者向职业化、专业化发展。再次，为使科普志愿服务更富有针对性和实效性，应该丰富队伍形式、拓展服务载体，组建形式灵活多样的队伍，并区别不同队伍的实践模式，以提高服务成效。最后，根据科普项目的特点去评判志愿者的服务质量和建立奖励激励体制，使大学生科普志愿者在有序无偿服务的同时体现自我价值，持续保持志愿行为的内在动力，做到物质激励与精神激励相结合、正面激励与负面激励相结合、目标激励与进程激励相结合。

大学生科普志愿者都是充满活力的热血青年，可塑性强、发展潜力大、对科普事业充满热情而且有一定科普基础，要采取“分类引导，重点突出”的原则，将这股新生力量补充到我国科普队伍之中，成为注册科普志愿者、成为基层科普兼职人员、成为专门或高端科普人才、成为关心支持科普的宣传和动员力量等。10 年、20 年之后他们将成为全民科普的中坚力量，我国科普事业也将会呈现一派欣欣向荣的人才发展景象。

课题名称

芜湖科普产业园区发展经验研究

课题编号：2011KPYJD07-4

承担单位：安徽师范大学

课题负责人：詹伶俐

课题所属项目：2011 年度研究生科普研究能力提升类项目

芜湖科普产业园区的建设与发展得到了芜湖市政府高度重视和扶持。在规划引导方面一是提倡三位一体的立体创园理念，芜湖科普产业园同时与中国（芜湖）科博会、中国科普资源服务网共同搭建起科普资源集散中心的平台。三者之间相互支撑，促进共同发展。二是注重科技创新，重点鼓励国内外知名科普企业、知名院校和科研单位、带项目带技术带资金创业的国际国内行业内领军人才落户科普产业园。在政策、资金方面给予高新企业大力支持。三是对入园企业资质审核，制定了较为完备的入园企业资质审核制度，一定程度上起到了对入园企业行为的监督和规范，保证了科普产业园处于一个良好的发展态势上。四是人才建设放在重要位置上，主要利用政策奖励及设置入园门槛等手段。政策扶持方面，充分利用国家级、省级政府以及芜湖市政府此前出台的各项优惠政策，同时制定出台了许多配套政策，扶持推动产业园的建设。招商引资方面，一是实施了独具特色的三步走战略，第一步，先引进中国航天科工集团入主园区的科普产品研发中心，进一步，依托中国科普产品研发中心，吸引相关研发机构、企业进入园区，完成科普产业园区的核心建设，第三步引进科普产品的生产制造企业，完善综合性园区的建设。二是多部门联手，在整个招商引资过程中，由芜湖市政府、芜湖市科协牵头，得到了中国航天科工集团、安徽省科协、安徽省政府、中国科协以及国家科技部的大力支持。三是多渠道融资，引入先进的 PPP(Public-Private Partner-ship) 项目融资模式。

同时，地域因素对芜湖科普产业园发展也有积极的作用。一方面，皖江城市带承接产业示范区是科普产业园的推动载体；另一方面，合芜蚌自主创新综合配套改革试验区是科普产业园的创新源泉，另外，芜湖高新区是科普产业园的发展依托。这些都为科普产业园区的发展起到了推动的作用。

芜湖科普产业园在自身发展的同时，也对科普事业作出了积极的贡献。在对培养专业性科普人才的作用及其完善机制方面，科普产业园为科普人才搭建了施展舞台，推动了专业性科普人才培养机制的建设。同时，科普产业园区发展为其他园区提供了成功的案例以供借鉴。

但是，芜湖科普产业园毕竟是新兴科普产业园，其发展过程中也遇到一些问题。主要有：支撑科普产业园发展的制度体系不完善；科普产业园的产业业态创新不足；科普产业园内高素质的经营管理人才匮乏等。同其他类似产业园区相比，如相比于杭州科普博览园，芜湖科普产业园主要突出发展经营性科普产业。公益性科普事业和经营性科普产业正好构成了我国现有的科普事业体系。公益性科普事业以追求社会效益为主，经营性科普产业以追求市场效益为主，在两者之间应积极寻找结合点，建立二者间相互促进和发展的机制。相比于台湾新竹科技园，芜湖科普产业园在创园初期更强调对自主创新能力的建设。但是新竹科技园首先进发展技术密集型工业所需的整套技术、科技人员及管理经验，等发展壮大后再逐步提升自主创新能力，则能够是产业园更快速地成长起来。

因此，我们认为，加快专业性科普人才队伍建设，聚焦科普产业园发展重点，大力发展创新文化，以市场为导向，发挥资源优势是科普产业园发展的重中之重。

课题名称

科技馆产业经营模式研究

课题编号：2011KPYJD07-5

承担单位：南昌航空大学

课题负责人：杨程丽

课题所属项目：2011 年度研究生科普研究能力提升类项目

随着经济全球化进程加快，文化消费在消费者支出中的比例越来越高，科技馆也逐渐成为一种主要的科技文化消费场所。但是，我国目前的科技馆并没有伴随经济形势的改变而摆脱生存困境。科技馆普遍遇到了资金瓶颈和发展对策问题，不仅严重制约着科技馆的发展，更对其未来的运行模式提出了挑战，如何走出困境，是科技馆亟待解决的问题，科技馆经营的可能性与如何经营就成为有价值的相关课题。

为此，本课题采用典型案例调研法、数理统计分析法，主要从科技馆运行的现状分析及经济社会发展对科技馆的功能需求出发，通过各地区科技馆经营现状及问题分析，结合国内外优秀科技馆经营的成功经验，系统思考我国科技馆在新环境下的经营问题，倡导产业与事业并举的模式，考虑科技馆全面免费模式下的产业经营，研究适合科技馆产业经营模式的条件，以改善科技馆的运行现状。

通过实证研究发现，目前科技馆存在达标质量偏低、科技馆数量和规模偏小、收入来源渠道单一、科技馆运营收不抵支等四大经营问题。科技馆目前的社会知名度和美誉度比较低，其中社会知名度低具体表现为公众参观科技馆的次数比较少（超过一半的公众没有参观过科技馆），并且其参观科技馆的主要目的是参观展览和开阔视野，而没有或者很少去参观科技馆的主要原因是不知道什么时候有展览、交通不方便、没时间以及不了解科技馆。在社会美誉度评价中，公众对科技馆的展馆质量、服务质量以及形象价值评价均较低，处于“一般”水平以下，这就表明科技馆的展馆质量、服务质量以及形象价值均存在较大的提升空间。

通过对公众参观科技馆意愿的影响因素实证研究发现，公众参观科技具有较强的目的性，并且公众的年龄、受教育程度、展品布局、展品质量、展厅环境舒适度、参观方便状况、场馆投诉处理情况以及场馆整体信誉度对公众在门票免费模式下参观科技馆具有显著影响。公众对科技馆的需求状态表现为以下几个方面：公众最希望把科技馆建成综合性科学技术中心，其次是科普基地；公众最感兴趣的科技活动是新产品展示发布、科技创新大赛以及科普展览；公众最感兴趣的科技内容是航空航天及国防科技、法律消费与保健以及环境污染与保护。为实现科技馆的产业经营发展，科技馆应不断加强内部管理提升，并充分利用外部资源，其中内部管理提升对策包括延伸场馆服务业、打造科普创意产业、实行体制机制创新、提供精细化展览服务、加强科技馆知识营销等五个方面着手，而外部可利用的资源包括政府资源、企业资源、学校资源、大众传媒、其他场馆以及周边社区等。通过实证研究，并基于江西科技馆的现状，充分利用其周边资源，可以将科技馆打造成“创意”+“科技”产业基地、航空产业基地培训合作示范平台以及高校产学研合作示范基地等。

受篇幅所限，本课题研究还有很多不足，有些问题还需要深度挖掘和探讨。基于既有的研究，未来研究的拓展可以从以下几个视角进行：本研究的部分结论是基于江西科技馆调查得出，因此某些研究结论不一定具有普遍意义，还需要进一步就这些地区的科技馆做调查方可显示其科学性；本研究主要从公众需求的角度来探讨影响科技馆持续经营的主要因素，但影响科技馆产业经营的因素比较多，除此以外还包括环境因素以及组织因素等，因此，这类因素的探讨可作为本研究的延伸在以后的研究中予以不断完善。

课题名称

中国（芜湖）科普产业园发展现状及对策研究

课题编号：2011KPYJD07-6
承担单位：中国科学技术大学
课题负责人：潘琳
课题所属项目：2011 年度研究生科普研究能力提升类项目

中国（芜湖）科普产业园目前是我国唯一一个科普产业园，研究其建立的基础条件和因素，对于以后其他科普产业园的成功落户提供重要参考。本课题采用文献法、调研法、访谈法、实地考察法、比较研究法、数据统计分析法纪系统研究与分析论证法，研究了中国（芜湖）科普产业园发展现状，分析了其成功因素，探讨了科普产业园区发展的相关对策，提出了推进科普产业园区发展的对策和建议。具体研究成果如下。

芜湖科普产业园已成为科普资源的研发、生产、展示、交易、集散和服务的一个重要平台，并在科普产业的发展过程中发挥着重要作用。芜湖科普产业园区发展的成功，一是芜湖市科普市场初步形成规模。科博会已将芜湖市打造为科普产品交易的平台，基本形成了以芜湖市为中心的科普产品交易市场。二是园区自身建设的有利因素。首先，政府推动、政策支持，为产业园的发展创造良好的政策环境；其次，芜湖是一座经济加速发展的城市，是承接东部产业转移核心城市之一，这就为产业园的建设打造了良好的经济基础；再次，芜湖市地处我国东部与中部结合处，是长江中下游地区重要的水陆综合交通枢纽，这是其园区建设的地理位置优势；第四，芜湖也是一座具有文化底蕴和高科技含量的新型城市，对科学技术产业的创新、接纳和包容程度也具有较大优势。三是芜湖科普资源集散中心的有力支撑，两年一次的科博会为科普产业的集聚打好了基础，突出科普产业区域集聚效应，放大科普产业资源共享效应。根据芜湖科普产业园区发展的成功经验，我们总结出科普产业园区的发展策略如下。

以政府为支撑，以市场为先导。科普产业园需要走政府和市场相结合的运作模式。密切与政府相关部门的联系，争取政策支持。在充分利用现有有利政策的基础上，对于市场化过程中出现的新问题、科普产业发展的新动向，要及时同主管部门沟通，为主管部门做出正确的决策提供可靠的市场信息支持。通过市场化运作，寻找可行的目标市场，开拓销售渠道，寻找市场资源，包括市场需求与销售渠道，并时时关注产业内部的展销平台。

加快园区制度建设，打造龙头企业。主管部门应当逐步对入驻科普产业园的企业实行认证制度、年检制度和绩效评估制度，这是园区和企业健康发展的保证。要求园内所有的科普企业在年底提交本年度工作报告，对以政府主导和引导为主的科普产业园实行年度检查等。研究制定园区科普产品、科普项目和科普活动评估指标体系，逐步建立园区评估工作的规范，出台相关评估的政策法规、评估办法和激励机制等。

创新宣传推介渠道，加大招商力度。科普产业园的长期发展需要不断提高自身知名度。现有的宣传推广策略的基础上，可以逐步采取与传媒合作的策略。通过广告公司或者参与媒体的报刊、广播、电视等相关栏目，针对园区特色和企业产品策划“科普宣传周入园”等活动，以科普为前提达到双赢。通过包装推介，标识特色科普产品等渠道打造产业园知名度。此外，要创新科普产业园的招商选资的方式方法，提高招商选资成效。

适时完善组织建设，推进科学管理。建议当入园企业规模达到50家时，就应开始组建芜湖市高新区科普产业园园区管委会，到“十二五”末，也就是入园企业达到100家左右的时候，就可建立起独立的园区管委会，为园区和入园企业的发展更好的服务。由于园区采用政府和市场相结合的运作模式，在园区管理上可以采取政府和市场双调控的科学管理方法。除此之外，鼓励和支持企业之间的自管理，鼓励企业之间建立相应功能的社会组织，如科普产业联盟等。鼓励龙头企业牵头开展产业发展研讨会、项目合作会、定期座谈会等会议。

课题名称

芜湖科博会案例研究

课题编号：2011KPYJD07-7

承担单位：中国科学技术大学

课题负责人：游江艳

课题所属项目：2011 年度研究生科普研究能力提升类项目

作为目前我国唯一的国家级科普产品博览交易会，中国（芜湖）科普产品博览交易会已成功举办四届，对其进行深入的案例分析研究，对构建科普产业发展平台，发展科普新兴产业业态显得尤为重要。

本课题通过大量文献研究、实地调研、专家访谈等，对中国（芜湖）科博会发展的现状进行了全面梳理，针对中国（芜湖）科博会发展所面临的种种困境和问题，结合芜湖科普产业园发展的互动研究，对中国（芜湖）科博会未来发展及科普产业的腾飞也提出了若干可操作的对策建议。

芜湖科博会的成功举办，离不开国家经济技术的发展及科学技术的进步，而一系列大政方针政策的出台，也为科普产业的发展及芜湖科博会的举办创造了有利环境支持。为促进科普产业的蓬勃发展及科博会的顺利召开，芜湖市委市政府给予高度重视，颁布实施了一系列支撑性政策、鼓励性政策和保障性政策和规定。从四届芜湖科博会的发展历史可以看出，科博会的展会主题、展会规模、活动类型、展会交易额等都发生着显著变化，其中，展会规模正在日渐扩大，其中特装展位代表着一个展会的形象和实力，特装展位的增加也映射出芜湖科博会影响力及自身展示规模的提升。

运用 SWOT 分析模型，我们认为科博会的优势在于有区位优势和政策支持；定位准确，在国内具有原创性；会展内容丰富，主题活动深入人心；科普资源平台品牌初现。但是，行政主导模式导致展会市场化程度欠缺、缺乏科技与会展知识兼备人才；资源平台整合力度不够；多元化资金投入渠道不足等也是其劣势所在。芜湖科博会面临的机会包括：社会对科普巨大的客观需求、科普相关政策的良好导向作用、芜湖独特的地理区位优势、科普产业发展势头迅猛四个方面。挑战则包括：次贷经济环境影响、国外会展的冲击与人才争夺、科普概念的国际衔接、会展体制与机制问题四个方面。

芜湖科普产业园区的发展离不开科博会的发展，科博会对于科普产业园发展的促进作用可以分为三个层面：从科普产品的角度来看，科博会可以提供科普产品研发的新理念，有效促进科普产业园内企业在科普产品方面的创新；从科普企业的角度来看，科博会能够促进科普企业的交流与合作，进而推动科普产业园区企业的品牌影响力；从科普产业的角度来看，科博会能够吸引更多企业入驻科普产业园，推动科普产业形成产业集聚。

为进一步促进中国（芜湖）科博会发展，本课题就其路径选择与政策提出以下建议。首先，提升展品质量，走精品化路线。以打造精品展品为目标，不断提高科普展品的质量，提升科博会的内在价值。具体包括：增加展品内容，建立遴选机制；重点展品重点展示；促进科普大赛优秀作品成果转化和强化科博会与科普产业园的互动这四个方面。其次，固化展会流程，走专业化路线。以展会专业服务为手段，积累经验，进行专业的会展操作，确保科博会规范、合理、可持续。具体包括：明确芜湖科博会名称使用规范，形成统一的展会形象；组委会指导，依托专业企业，开展会展招商、布展、运维工作；依托科普产业园，打造永不落幕的科博会；固化展会流程，形成持续改进。再次，完善产业支撑，走体系化路线。以产业全盘思考为基础，建立健全产业支撑，提供科博会开拓发展的有力支撑。具体包括：建立健全基础服务支撑体系；建立健全人才培养支撑体系；建立健全投资融资支撑体系；建立健全重点项目支撑体系。最后，拓展国际资源，走全球化路线。以国际交流合作为导向，发展立足华东，辐射全国，引领全球的科博会体系。具体包括：立足华东，形成科普产业集聚，增强科博会的国际影响力；积极推动科博会“走出去”与“引进来”，吸引国际知名公司参展；引入国外科普工作先进经验，促进我国科普资源的提升。

课题名称

科普产业的界定、特征、构成要素和分类研究

课题编号：2011KPYJD07-8

承担单位：中国科学技术大学

课题负责人：张浈

课题所属项目：2011 年度研究生科普研究能力提升类项目

科普产业是现代社会为满足社会和国民对科普的需求而发展起来的新兴产业。从产业经济学的角度来看，科普产业的职能活动已经随着社会分工以及专业化程度的提高而日趋结构化、组织化，科普产业已经成为一个独立的产业门类。目前，我国的科普产业还属于起步阶段，各方面科普资源自成体系且分散重复，整体运行效率不高；科普资源配置、评价制度不能适应新形势的需求，而对于科普产业相关概念的界定和研究，会对行业的发展起到引导作用。

本课题采用文献分析法，对科普产业的特征和构成要素进行了分析，对科普产业的分类进行了探讨。取得了如下研究成果。

产业特征方面，相比其他产业而言，具有自己独有的特征。一是边界不确定性。科普产业直接诞生于经济与科普的互动关系，这两大领域的对接使经济和科普中的各个环节都可能是科普产业的范围。不仅如此，科普产业还在经济和科普之外拓展了新的领域，使我们很难给出一个稳定的科普产业边界。二是载体性。科普产业的发展不是孤立的，必须以科学知识、科技场馆、科普书刊等为载体，其产业发展程度与这些载体的品质息息相关。三是参与体验性。现代科普产品包含受众越来越多的参与行为，科普产业中所包含的参与因素也越来越多，人们在体验和参与的过程中学习科普知识。四是知识性。知识是科普业增长主要贡献因素。科学知识与科学思想是科普产业的内核，是财富的直接来源。在科普产业的产业链条中，科学内容的创意是科普产业的起点，其余所有的环节——生产、再生产和交换都是围绕科学内容创意展开的。五是精神性。科学是带有意识形态性质的特殊商品，科普产业生产中还存在产品的商品性与科

学性的矛盾，对于上述矛盾的调节，市场是失灵的。因而，科普不能全面市场化，只有适合市场化运作的科普产品和服务才能市场化。

产业要素方面，我们把科普产业的要素支撑体系分为核心要素和辅助要素。核心要素，指的是支撑科普企业发展的核心竞争力，具有排他性，包括人才要素、资金要素、信息与知识要素。辅助要素，指的科普产业发展的外部环境，对创意产业的发展起共性作用。包括配套设施要素、市场要素、政府要素、社会环境要素。一是人才要素。科普产业具有鲜明的知识密集性特征，需要各类科技人才创造知识性产品，进而通过产业链的终端运行，以实现科普产业市场价值。同时科普产业对于人才的吸纳作用也非常明显，当科普产业链条上吸纳的人才达到一定规模，就会产生人才集聚效应。二是信息与知识要素。科普产业的发展需要科技知识的多次开发和重组，科普产业的兴起与当代知识经济的发展密切相关。三是资金要素。资金是以货币表现，用来进行周转，满足创造社会物质财富需要的价值。对于刚刚兴起的科普产业，资金将对科普企业生产经营产生重要作用。四是配套设施要素。配套设施要素包括科普服务平台、科普资源交流平台，专业硬件等。五是市场要素，即科普产业的集聚效应。科普企业在区域内集聚将大大增强其竞争力。六是政府要素。发展科普产业，需要政府扮演一个发展战略制定者的角色，将策略层面和公共政策相互结合。

产业分类方面，参考文化产业的分类方式，我们将科普产业分类为：科普产业核心层（实物制作），如科普展品、科普教具、科普玩具、科技场馆建设；科普产业外围层（内容出版），如科普图书、科普动漫、科普电影；科普产业相关层（科普服务）。

最后，根据上述对科普产业特征、要素、分类的探讨，我们将其定位于：科普产业是与科普事业相对应的按照工业标准，生产、再生产、储存以及分配科普产品和服务的一系列活动。科普产业是文化产业的重要组成部分，并具有高新技术产业的某些特征，科普产业的发展与国家各项事业发展的总体格局有着密不可分的关系。

课题名称

科普产业的界定、特征、构成要素和分类

课题编号：2011KPYJD07-9

承担单位：中国科学技术大学

课题负责人：孙文斌

课题所属项目：2011 年度研究生科普研究能力提升类项目

当前我国正处于科普事业发展的黄金时期，政府、企业和公众对科普的强烈需求为科普产业的发展提供了强大驱动力。不论是制定经营性科普产业的扶持政策，还是完善多元化科普产业的投入机制等，对科普产业内涵、特征、要素、分类等基础研究必不可少、迫不及待、意义重大。

本课题采用了文献分析法，对科普产业的概念，功能及特征进行了总结，对其构成要素和分类进行了探讨，最后提出了几点值得思考的问题。取得研究成果如下。

科普产业概念的界定：科普产业是指从事科普产品生产和提供科普服务的经营性产业，它鼓励社会力量参与兴办和市场机制运行，是以满足公众精神文明需求和提升公众科学文化素质为目的的创新性活动，以及与这些活动相关联活动的集合。科普产业是与科普事业相对应的概念，两者都是落实《中华人民共和国科学技术普及法》与《全民科学素质行动计划纲要》的重要组成部分，是随着我国社会主义市场经济的逐步完善和现代生产方式不断进步而发展起来的新兴产业。

科普产业功能及特征：科普产业具有社会功能、经济功能和政治功能。在社会功能方面，科普产业采用市场化的运行机制，广泛吸引社会资金来推进科普事业的发展，不仅有助于满足人民群众日益增长的精神文明需求和科学文化需要，还为更多的社会大众提供丰富多彩、形式各异的文化活动和休闲娱乐。在经济功能方面，科普产业作为一个绿色新兴产业，以其独特的知识性、文化性和政策性优势，借助其交叉性、辐射性、可持续性的特点，必将成为经济部门新的增长点，并创造更多的人力资源、工作岗位、消费市场和国民收入。在政治功能方面，科

普产业服务国家政治导向、稳固主流意识形态、支撑国家发展战略（如创新型国家建设、公民科学素质提升、科教兴国战略、人才强国战略、可持续发展战略等）的功能。依据科普产业的功能分析的基础上，我们认为科普产业的特征大致可分为两部分：社会性特征和产业性特征。产业性特征更多反映出科普公益性以外的经营性方面，通过市场化运作和利润化导向来实现科普产业的经济效益，并通过经济效益的实现进一步拓宽科普事业的资金渠道和丰富科普产品及服务内容，最终推动公民科学素质的提升。

科普产业的构成要素：科普产业是一系列相关资源及其资源配置机制的统一体，因此，科普产业必须要从环境中获得资源，特别是获得具有动力作用的核心资源才能发展。我们认为科普产业的核心构成要素有以下九个：政策、机制、项目、资金、人才、内容、组织、市场、产品。以上科普产业的九大要素相互关联、有机组合、共同构成科普产业循环生态系统。

科普产业的多维度分类：科普产业可以根据不同维度进行分类，首先可将科普产业从核心关键部门向外围衍生领域延伸可将科普产业大体上分为核心产业、关联产业和衍生产业的多层次结构体系。其次科普产业还可按流程分为五个主要环节（产业类别）：市场分析、选题策划、生产开发、营销传播、消费反馈。最后科普产业按照媒介来归类可以分为：实物展教类、活动体验类、书刊报纸类、影视广播类、新兴媒介类、衍生配套类。科普产业按照媒介形式划分而成的分类体系基本涵盖了所有科普产品类别，对科普产业发展的分类研究和统计有较好的指导意义。

科普产业发展的几点思考：首先：制定政策规范，优化发展环境：目前，我国科普产业组织还较弱小，需要国家在经济政策上予以扶持，尤其是财政税收和投融资政策。其次：建设人才队伍，突破转型瓶颈：实现科普产业的优化升级，人才是最宝贵的资源，一方面要通过资助科普项目、组建科普平台等方式，引进和培养一批科普领军人才；另一方面要以科普培训基地为依托，加大对科普人员的培训力度，不断提高科普人员的工作能力和水平。最后：创新产品服务，激活消费市场：创新是科普产业发展的推动力，激活科普消费市场，应该大力创新科普产品及其服务，开发更多内容丰富、形式新颖、吸引消费的科普产品。还要紧扣科普产品的数字媒体化和参与交互式的趋势，充分利用新兴媒介开发和创新科普产品形态。

课题名称

基于社会网络的农业技术创新扩散分析与研究

课题编号：2011KPYJD08-1

承担单位：中国科学院地理科学院与资源研究所

课题负责人：韩健智

课题所属项目：2011 年度研究生科普研究能力提升类项目

农业技术信息在农村社区的推广、传播和扩散，直接关系到农业生产的科技水平和农业生产力的提高。因此，研究农业技术信息在农村社区扩散的内在机理和农业技术在农村的扩散和传播规律以及农业技术信息来源渠道，对探索基层农业技术推广体系的改革将有极大的意义。社会关系网络是农村信息来源的主要渠道，然而，社会关系网络是多重和多维的，判断和分析农民获知农业技术依赖于何种渠道，通过何种方式，尚未有系统的研究。

本课题文献分析法、调查研究法、深入访谈法等方法，通过对农民技术采用情况的调查，分析农业技术在农村社区传播的过程和途径，影响农业技术传播扩散的农业社会关系网络结构和群体特征；并对社会关系网络对农业技术扩散，以及农民对新技术的采用的影响因素开展分析，提炼农民对农业技术的需求层次和优先序；农民农业技术信息的来源渠道；为更好地提高农业技术在农村社区的传播扩散提供有价值的信息和建议。

研究发现，在农村社区，影响农民的信息来源和农业技术扩散的主要渠道是社会建构性的社会网络结构。在社会建构性网络中，农民能与其他社会角色产生信息的双向交流和沟通，相互之间有多方面的、内容丰富的、海量的信息传播。信息传播的方式呈现多元化。信息的传播有巨大的扩展性。

在研究分析的基础上得出以下几点结论：第一，粮食仍是目前农民最需要技术的作物，新品种技术又是粮食作物生产技术中农民最需要的。第二，农户获取农业生产中关键技术信息的渠道虽然呈现多元化，多形式的网络化趋势，但是传统的信息渠道仍占主导地位。第三，农户不同类别和层次的社会关系网络对农户的技术采用行为产生不同程度的影响。第四，目前的农业技术推广部门的推广方式不能有效满足农民需求，农村参与程度低，农业技术推广工作对农户技术采用和扩散的促进作用不明显。

基于此，我们提出几点政策建议以加快农村社会的技术普及和传播：第一，确保粮食生产的基础地位、加大对粮食生产的支持力度，保障国家粮食安全。建议一方面加大对粮食生产技术的科研、推广等方面的资金投入和政策支持，积极培育和推广粮食的优良新品种；另一方面可以加强对农户信息需求的调查和研究，针对不同区域的农业生产，在种子、化肥、农药等方面加大技术的推广和普及，提供农民急需的信息和技术，促进农户发展粮食生产。第二，加强基础农业技术信息的社会化服务体系建设，建立健全高效畅通的农民技术需求信息反馈机制。积极发展基础农村多元化、多渠道、网络化的农业技术需求服务体系，充分发挥电视和网络等现代传播媒介以及公告栏等形式。积极发挥农技部门、农民合作组织、政府、企业等的作用，为农户提供多层次全方位的农业技术信息服务。第三，积极扶持和发展农民专业技术协会等农民合作组织，加快农业技术的传播扩散，提高农业生产的科技水平。充分利用农户的社会关系网络群体，尤其是农户的亲戚朋友群体在技术信息传播、技术学习方面的积极性，努力扶持、培育和发展基层农民专业技术合作组织，一方面加快组织成员的先进农业生产技术的采用，更重要的是充分发挥组织成员对社会关系网络内成员技术采用行为的影响，加快农业技术的传播和扩散，提高先进性农业技术在广大农民中的普及和应用，促进科学技术向现实生产力的转化。第四，积极推行基层农业技术推广运行机制改革，探索和创新技术推广方式方法。根据农户不同层次的社会关系网络群体成员间技术信息传播和扩散的特点，加强在村级范围内的新品种、新技术的试验示范。采取农民田间学校、农户技术分享等形式，积极建立和完善农民参与式推广方式。

课题名称

世界科学活动中心相关理念的传播和变异

课题编号：2011KPYJD08-2
承担单位：中国科学院研究生院
课题负责人：任安波
课题所属项目：2011 年度研究生科普研究能力提升类项目

如何建成科技强国是我国科学发展战略的一个重要问题。汤浅现象的发现，在一定程度上解释了科技强国的标准和更替现象，在中国传播过程中被诠释为“科学中心转移规律”。本课题试图弄清楚科学中心转移理念在中国传播、变异和发展的过程，有助于我们从一个侧面理解 20 世纪 80 年代以来中国学界关于科技强国理念的变化。

课题采用文献分析法，通过考察相关理念和研究方法的认识及演变，探讨科学活动中心转移现象相关概念在中国的传播与变异，分析科学活动中心转移条件的认识，分析人们对未来科学活动中心的不同预测，为研究未来科学活动中心提供新的讨论基础，也为我国成为科技强国提出政策思考。

对科学活动中心转移现象相关概念的研究认为，丹皮尔心目中的科学中心转移图景将科学发现、社会思潮、宗教信仰之间的相互关系有机结合在一起，重点考察了从古希腊时期到 20 世纪人类科学发展的历史，强调“物质”、“学术”、“道德”是衡量智识发展期的重要维度。对于解释科学中心转移的原因，贝尔纳认为，科学中心的转移追随商业和工业活动中心的迁徙，物质、对新奇事物的兴奋感和科学本身的成功是科学进展的必要条件。他除了强调经济文化的因素外，还特别重视历史上聚集智识之士的团体或机构的地位和学术氛围的作用。由此可见，早期的科学中心转移条件中经济、政治这些外部因素占主导。而到了后期，科学中心转移的条件逐步转化为内部因素。在国家体制支持下成立科研机构，科学的建制化使人才聚集的方式越来越稳定。科学研究逐步摆脱神秘主义和宗教控制，形成了独有的研究范式。

对科学中心转移现象在中国的相关情况的分析认为，从“科学救国”到“科教兴国”反映了我国对于科学在兴国战略中的地位和作用的认识。如何建成科技强国是我国科学发展战略的一个重要问题，而汤浅现象的发现解释了头号科技强国的标准和更替现象。汤浅提出的科学活动中心转移“现象”传播到中国，在中国学者译介过程中却变成了科学活动中心转移“规律”。从中国期刊网上近30年以“科学中心转移”为主题的相关文章来看，几乎所有中国学者都认同汤浅现象。一部分学者基于这种认同，进一步认可了汤浅当年的预测。因此，便将这种基于现象的预测顺理成章地看作了某种规律，有一些学者干脆将“汤浅现象”称作“科学中心转移规律”，并努力论证中国将成为下一个科学中心的可能性。另一些学者还从多个角度论证和探索一个国家或地区成为世界科学中心所具备的条件，并根据这些条件来考察中国是否有资格成为下一个科学中心。还有一些学者，在肯定汤浅现象的基础上，用“北纬40度”等说法来归纳总结五花八门的世界科学中心转移的“规律”，并基于规律作出预测。

中国学者对科学中心转移所谓“规律”的找寻和预测有很大热情，原因在于，首先，其内在逻辑根源于汤浅提出的“科学兴隆期”概念所具备的预测性。汤浅虽然没有自己说是规律，但他的现象观察和结论中，都渗透了规律性。因为汤浅的科学中心都是有周期的，按照时间的推进，必定会出现下一个新的中心，并且，由于“科学兴隆期”是固定的80年，新中心的出现时间是大体可知的。这是促使一些学者将科学中心转移进程看作某种有规律的历史进程的直接原因。其次是爱国主义因素。面对激烈的国际竞争，中国对自己在21世纪世界科学技术的发展中占据重要地位的期望是迫切的。因此，一些学者把汤浅所提出的“近代世界科学活动中心从16世纪下半叶以来，差不多平均80年左右就转移一个地区”视作所谓的“规律”，由此来分析中国的状况，并断言中国将成为21世纪世界科技发展的新中心之一。

课题名称

1897—1949年商务印书馆自然科学书籍略考——以中小学自然科学教科书、自然科学丛书为例

课题编号：2011KPYJD08-3
承担单位：中国科学院研究生院
课题负责人：张宇
课题所属项目：2011年度研究生科普研究能力提升类项目

商务印书馆是我国近代意义上第一家民营出版机构，其清末出版的中小学自然科学教科书是我国第一套具有近代意义的自然科学教科书，是我国近代科学教科书的开端。因此，对商务印书馆自然科学书籍的出版概况进行梳理分析，对于科普书籍的相关理论研究具有重要的意义。

本课题采用文献分析法，着重研究商务印书馆的中小学自然科学教科书、商务印书馆出版的自然科学丛书的种类和特点，研究发现商务印书馆近代自然科学书籍的出版概况（千余种），商务印书馆近代自然科学书籍的出版思想、编辑思想，商务印书馆近代自然科学书籍出版年代的时间脉络，商务印书馆中小学自然教科书的特点，商务印书馆出版的自然科学丛书出版概况、时代特征与影响等。

商务印书馆出版的自然科学教科书种类丰富、分科符合现代科学分科体系，开启了我国近代出版自然科学教科书的先河。商务印书馆出版的自然科学教科书成为清末民国各时期教育部审定用书，进入中小学正规教育，并一直在清末民国时期教科书出版市场上居执牛耳地位。商务印书馆自然科学教科书的编辑者是当时社会上优秀的科学家、科学传播者，这使得商务出版的自然科学教科书在内容上既科学又通俗，既能够使小学生吸收接纳自然科学知识，又能够使中学生学习到更系统完整的近代科学知识。商务印书馆在清末民国时期的儿童与青少年中间传播了近代科学知识与科学思想，为推动中国近代科学教育与社会进步做出了重要的贡献。

商务印书馆在自然科学丛书出版方面，共出版9套丛书。其中《科学丛书》的科学书籍总

体属于专业类书籍，介绍了西方经典的物理、化学、生物学的理论知识和研究方法等，其中尤以传播进化论为主的生物学为主要组成部分，为进化论在中国的传播作出了重要的贡献。《自然科学小丛书》是我国历史中科学性质丛书最大的一套自然科学丛书，这些收录的书籍全部为译作，也是我国科技翻译史上的一项奇观，在国内翻译出版的科技书籍中，这套丛书是最为完整齐备的一套，这套丛书关于自然科学的全部范围均已包括，取材简明扼要，叙述浅显易懂，可供一般人阅读。这套丛书的出版一方面突出了商务印书馆对翻译引进西方科学的重视，一方面体现出民国时期民众对科学的需求。《少年自然科学丛书》历时时间长、质量高，内容涉及天文、地理、物理、化学、生物、博物以及日常可见的科学现象。这套丛书在今天看来选题依然科学、新颖、符合科学规律也符合青少年的阅读习惯。这是一套完全由中国人自己编辑的丛书，把西方先进的科学知识与中国青少年的特点结合，使中国青少年能够轻松地理解近代西方先进科学知识的内容和理念。由《自然科学小丛书》和《少年自然科学丛书》在选题和编排上可见，商务印书馆编辑出版自然科学丛书数量虽然大，但是并不是数量的堆砌，每一套丛书都具备独特的选题目的和编辑理念，每一套丛书传播的科学信息明确，面向的读者明确。《中学生自然研究丛书》收录的书籍与其他丛书相比，内容更加细致全面，关于动植物的知识也更加全面，包括分类、系统、生活。这套丛书增加了图谱，图谱编辑内容科学，方便读者学习阅读。这 6 本图谱是学习动物植物非常有效的书籍。

《算学小丛书》收录的书籍很大一部分为日本数学家林鹤一所著，林鹤一是 20 世纪初叶最重要的日本数学家，他创办了东北帝国大学的数学系，并用自己的收入创办了 Tohoku 数学杂志。可见民国时期，我国的数学的发展在一定程度上受到了日本数学的影响。

总而言之，商务印书馆翻译引进的自然科学教科书与丛书，均有当时知名的科学家和科学传播活动者执笔和参与，保证了书籍的质量，也为科学传播活动者提供了一个有效的传播途径，促进了民国时期我国科学传播事业的进步与发展。

课题名称

《人民日报》、《朝日新闻》气候变化科学类报道新闻框架比较分析

课题编号：2011KPYJD08-4
承担单位：中国科学院研究生院
课题负责人：王寅
课题所属项目：2011 年度研究生科普研究能力提升类项目

在“气候变化”这一与科学、社会紧密联系的议题中，日本的媒体是一个值得研究的群体。而且，日本报纸在国内公民中具有很高的影响力。而在中国公民中，报纸也是信息的重要来源之一。因此跟踪并分析日本关于气候变化报道的新闻，总结出一些关键词，即国际层面在气候变化上所关心的问题，从这些很热点的问题入手，结合中国自己相应的政策、行动来报道，把国内的做法用西方人能够认同的方式进行表述，有助于促进传播的有效进行。

本课题采用了案例研究法、比较研究法、框架分析法，对《人民日报》、《朝日新闻》的气候变化科学报道进行比较研究。从新闻标题、新闻图片、消息来源、引语等分析单元入手，以《人民日报》和《朝日新闻》的气候变化科学主要议题报道为研究对象，分析两份报纸在主要议题、气候变化相关科学知识传播、新闻图片、消息来源、引语使用等方面的特点、差异及变化，力图能为国内进行气候变化科学报道提供一定的借鉴。研究结果如下。

新闻框架比较方面，第一，两份报纸均将“气候变暖”作为预设和不争的科学事实，对“气候变冷”等争议性观点的报道非常之少。《人民日报》气候变化科学报道的主要议题范围较窄，集中在“气候变化的负面影响”上，缺乏对国内外最新科研进展和成果的报道。《朝日新闻》主要议题选择宽泛，对日本国内科研人员进行的科学研究以及应对气候变化所进行的产业技术研究报道均比《人民日报》多。《人民日报》使用图片少，而《朝日新闻》大量使用图表、表格、照片等视觉表现形式，在直观程度上优于《人民日报》。《朝日新闻》消息来源中，学术类来源比例较高，并且在 2007 年之后保持在 70% 左右。《人民日报》最高只达到 50%，并

且无法保持稳定。《朝日新闻》直接引语的使用量大，《人民日报》则不常使用引语，包括直接引语和间接引语。第二，对于两份报纸的报道框架在调查时间范围内的变化情况，在气候变化科学这一范围内，《人民日报》的主要议题选择并无明显变化。《朝日新闻》在 1997 年后开始出现“日本应对气候变化所进行的研究”方面的报道，并一直持续至 2010 年。《人民日报》从 2007 年开始在报道中使用照片，但图表、表格等反应数据变化的表现形式在抽样时间段内并未出现。《人民日报》学术类信息来源在消息来源中所占的比例在逐渐提升，但暂时没有达到一个稳定的比例。2007 年之后，《人民日报》引语使用有所增加。2010 年《朝日新闻》的引语使用数量首次低于《人民日报》。

据此，我们得出启示：其一，多关注国内的气候变化科研进展，在对内进行气候变化知识普及的同时，也能起到对外宣传的作用。其二，关注国外媒体针对中国进行的气候变化报道。气候变化报道不仅仅是单纯的科学问题，它对于百姓日常生活、国家政治外交、社会经济等诸多方面均有影响。因此，气候变化及相关议题很有可能成为国际政治、经济舞台上的重磅武器。其三，增加数据和图表、表格、照片等图像资料的使用率。读图时代的到来使得图像不再是文字的附属和点缀，图像开始承担起传播信息、传递观点的职能。不论是为了传播科学知识、展示统计数据，还是为了吸引眼球、震撼受众，《朝日新闻》在图像应用方面的做法值得参考。其四，增加与公众生活密切相关的气候变化科学议题报道量。媒体是公众获取信息的重要渠道。公众在面对媒体提供的大量信息时，更愿意接收与公众自身生活或利益密切相关的信息。因此，《朝日新闻》结合国内的科研人员对国内环境进行的研究，传播与国内公众生活密切相关的气候变化科学议题的做法，也是值得参考的。

课题名称

中美两国报纸对气候变化议题的科学传播研究——以《人民日报》和《纽约时报》气候变化评论所反映的中美思维差异为例

课题编号：2011KPYJD08-5

承担单位：中国科学院研究生院

课题负责人：江晓川

课题所属项目：2011 年度研究生科普研究能力提升类项目

气候变化议题日益成为人类共同关注的热点问题，报纸是传递信息的主要方式之一。而评论作为新闻产品的高端构件，是报纸影响力的主导因素，是媒体竞争的重要手段。针对气候变化议题，中美两国报纸发表了一系列评论。报纸评论是两国文化的显性部分，而隐藏在评论背后不同文化间的思维方式差异，才是形成两国科学传播特点的更深层次因素。因此，作者通过分析两国报纸对气候变化议题的评论，希望掌握这些评论背后异质文化中的不同思维方式。这将有助于了解不同文化背景的媒体在进行科学传播，特别是以评论方式进行科学传播时的特点。

本课题采用内容分析的方法分析气候变化类文章中中西方的思维差异，从前人的概念定义和理解分析中，确定出本研究的类目和编码，并提出研究假设。对《纽约时报》和《人民日报》的评论文章抽样整理分析后，选定 100 份样本进行分析，发现以往研究中的中西思维差异在本研究中有着不同的体现。具体如下：其一，前人的研究认为，综合性思维在中国和美国乃至和西方的比较中都具有明显差异。中国人更偏重综合思维；但在本课题中发现：综合性思维在中美气候变化议题评论文章的写作中没有显著差异。其二，前人的研究认为，分析性思维在中国和美国乃至和西方的比较中都具有明显差异。美国人更偏重分析思维；但在本课题中发现：分析性思维在中美气候变化议题评论文章的写作中没有显著差异。其三，中美两国间的形象思维差异具有显著性。其中，中国人的想象思维强于美国人；但在情感和诠释思维方面，美国人表现较强。分析发现：中文气候变化议题评论文章更多地提到了不存在的事物，或进行了无关联想，具有想象特征。而美国文章更多地使用了比喻、类比等合计两种以上的修辞手法，其更具有联想特征。其四，中美两国间的逻辑思维差异具有显著性。其中，中国人更表现出推理思维，美国人更表现出判断思维。分析发现：中国评论员在推理的运用中更多地使用推理评判的方式给出结论，美国气候变化议题评论类文章更多地在论述过程中同时进行了分析和论证，并且显示出由此提出分析判断的结论，具有判断特征。其五，中美两国间的辩证思维差异具有显著性。美国人体现出整体分析性思维，中国人没有体现出整体分析性思维。中美两国人均体现出矛盾化解性思维，且中国人的矛盾化解性思维较美国人更强。分析发现：美国气候变化议题文章更多地从两个以上的角度对议论的矛盾中心进行论述，并不局限于一面，具有统一特征；另外，美国气候变化议题评论文章更多地对具体事物的影响和联系进行多方面的阐述，具有整体分析特征。但是，中国气候变化议题评论文章更多地论述了矛盾的解决方案并提及了矛盾解决后的情况，具有更强的矛盾化解特征。其六，中美两国间的对立思维差异具有显著性。其中，中国人表现出的单面思维较美国人更强。中国人体现出独立分析性思维，美国人没有体现出独立分析性思维。

通过分析发现：中国气候变化类评论文章与统一性相对，更多地单方面论述矛盾内容，具有单面论述特征。中国评论文章与整体分析相对，更多地单方面阐述具体事物，具有独立阐述分析特征。中国气候变化类评论文章更多地提及矛盾的存在和矛盾冲突可能带来的后果，更明显地具有矛盾推演特征。

最后，本研究只是对中美两份报纸在一段时间内有关气候变化议题的评论类文章的分析，可能存在代表性不强的弊病。因此，如果扩展到新闻报道和其他类型的媒介分析，还需要进一步的研究。

课题名称

科技馆参观者的市场感知研究——以合肥科技馆为例

课题编号：2011KPYJD08-6
承担单位：安徽师范大学
课题负责人：何文娟
课题所属项目：2011 年度研究生科普研究能力提升类项目

中国科学技术协会“十二五”发展规划中强调要提升全民科学素质，并强调要加快科技馆的建设和改造步伐，提升科普展教水平和能力，作为科技馆服务对象的大众尤其是观众的研究具有重要意义。本课题是以科技馆参观者为研究对象，以合肥科技馆为案例地，系统地研究参观者的参观动机、参观满意度及对策以更好地为科技馆的管理决策提供依据。

本课题采用了问卷调查法、结构式访谈法、数理统计法，研究的主要内容包括调查科技馆参观者的主要动力因子（学习、放松、体验、交往）；分析参观者的人口特征、参观方式（个人、家庭或单位组织、旅游团）和空间行为（来源地）；调查参观者对科技馆展示内容、展示形式解说系统、参观线路、服务设施以及总体的满意度；分析受访者对科技馆展示、管理、设施和宣传等方面的评价，揭示出主要问题，用编码分析方法获取建设建议。

经过对科技馆的问卷调查数据统计分析，结果如下：参观科技馆的主要群体是中小学生，多是亲子家庭，父母陪小孩的较多，本地的占绝大多数，家长的学历及收入水平较高。

本地观众多以自驾车和汽车交通工具，外地参观者主要以火车这种交通方式为主，参观者多与家人或朋友结伴而行，来此参观考虑的主要因素是根据自己的个人偏好，即观众对于新的科技是感兴趣的，对科技馆的展品是有期望的。参观者多根据科技馆的知名度和亲友介绍来科技馆参观的，说明科技馆的知名度较高，而且亲友介绍这种传统的宣传方式起了很大的作用，同时，报纸杂志、电视广播、网络也是观众了解科技馆的重要渠道，说明科技馆可以通过多种媒介和渠道进行宣传，特别是新媒体。参观者通常在科技馆参观 2—3 小时，并且认为科技馆的展品与社会科技热点是比较接近的。对科技馆参观者的22个动机进行均值排序发现排在前三位的是增长见识、获取新的科技知识和科普体验，且其赞成率都在85%以上，说明参观者来科技馆参观的主要目的是为了扩大自己的知识面、获取新的科技知识，感受科技给我们的生活带来的变化，体验科普，增长自己的见识。在进行分析时将科技馆群体分为学生群体的参观动机和非学生群体的参观动机，学生群体的参观动机包括娱乐型、科技兴趣型、偶然型、科技求新型、亲情科普型、新奇型。非学生群体的参观动机主要有6个：科技兴趣型、偶然因素型、娱乐型、科技求知型、陪伴小孩型和旅游型。科技馆参观满意度包括科技馆站展项、服务、解说等多方面的内容，参观者对于科技馆的总体满意度还是较高的，体现在科技馆的展项、展示形式、展览环境、管理及服务。而对于其服务设施及解说系统的满意度较低，因此科技馆在管理中要注意改善服务设施、培养专业的解说人员为公众服务。

对策建议。一是抓好科技馆常设展项工作，提升服务水平；二是提升工作人员解说水平，提高科技普及效果；三是完善制度保障，引进专业人才，更新管理理念，向着“高科技娱乐园”方向发展；四是采用市场化的策略增强运营能力，加强宣传；五是加强员工培训，提升员工的综合素质；六是开展“流动科技馆进校园”的活动，以满足场地不足人潮拥堵的状况，以提高科普资源的利用效率，以更好地提高青少年科普水平。

课题名称

市场制远程教育平台科普资源共享的影响因素探析——以芜湖市“奥鹏远程教育”为例

课题编号：2011KPYJD08-7

承担单位：安徽师范大学

课题负责人：吕旭佳

课题所属项目：2011年度研究生科普研究能力提升类项目

随着互联网技术的飞速发展，远程教育平台已成为现代科学知识普及的一种重要而特殊的形式，如何利用远程教育平台进行科学普及和传播成为多方关注的热点问题。但目前，科普资源在我国的远程教育平台并没有得到有效而充分的利用，这就有必要对远程教育平台的研究现状、远程教育平台的科普资源共享的影响因素进行探讨。

本课题采用文献分析、问卷调查、实地观察等方法，试图通过探讨市场制“专业化”远程教育平台的科普资源共享影响因素，以芜湖市奥鹏远程教育平台为研究对象，一方面了解远程教育平台科普资源共享影响因素，另一方面对市场制“专业化”远程教育平台进行科普资源共享给出几点建议。

从远程教育平台发展状况与年度发展水平的相关性分析中，可以看出：有关远程教育平台的研究总体上有下降的趋势，并呈现三个坡峰的发展样式；国家政策对远程教育平台研究呈现显著影响力；从远程教育平台和研究者单位的分类研究中，远程教育平台的建设单位中普通高等院校等教育科研单位所占比例最大，广播电大、企业和商业机构研究远程教育平台的机会所占比例均等，政府电教馆及信息中心所占比例较少；从远程教育平台内容主题的分类分析中，可以看出在数量上有关远程教育平台技术探讨的研究所占比例最大；远程教育平台存在的主要问题是资源无序、缺乏先进技术、服务理念不足等。

对芜湖奥鹏远程教育平台进行实地问卷调研分析，结果发现，市场式专业化远程教育平台科普资源共享需要关注受众群体的特征及受众的目标需求。芜湖奥鹏远程教育平台科普资源共享影响因素调查有四点：平台自身的建设对科普资源共享起首要影响；受众本身共享科普资源的目标动力因素成为影响最大的因子，其次是受众学习科普知识的兴趣；在帮扶教师对科普资源共享的各个影响因子中，教师自身对科普资源共享的责任感成为影响最大的因子，其次是教师对科普知识传播所持有的理念；在平台对科普资源共享的各个影响因子中，远程教育平台对科普资源的建设程度成为最为关键的因素。

基于上述分析，本课题针对利用市场制“专业化”远程教育平台进行科普资源共享的几点意见：利用专业化的远程教育平台，构建以高校学习资源为基础、多主体参与、多渠道建构、多样化投入的科普资源共享体系。推进远程平台科普资源的实用性步伐。实施科普资源共享的平台管理者干涉。政府可以将专业化平台的管理者的科普知识培训纳入培训计划，通过政府的宣传和培训帮助转变或加强科普观念，对科普资源的有效共享意义重大。制定远程教育平台科普资源精细化建设方案。要细分不同学科的科普资源，采用不同的表现形式，利用多种媒体手段，即精细化建设。培养专业化的远程科普人才。当加大远程科普人员的职业技能培训力度，充分利用社会资源，政府相关部门、高等学校、远程教育公司合作培养，以提高从业人员的科学意识及信息素养等。提高公众的信息素养。公众有熟练的计算机操作技能，对科技信息有敏锐的判断力和洞察力，才能主动利用远程教育平台学习和运用各种科普资源。

课题名称

近代我国化学学科的建立及普及

课题编号：2011KPYJD08-8
承担单位：安徽师范大学
课题负责人：周伟
课题所属项目：2011 年度研究生科普研究能力提升类项目

化学史是科学史的一个分支。科学史反映人类进步的历史，化学史则是人类在长期的社会实践过程中对自然界中化学知识进行系统描述的历史。研究化学史，可以帮助人们更好地理解化学，更好的发展现代化学，促进化学知识的传播与普及。

本课题主要从理论与实践两部分进行研究，采用了文献调查法与问卷调查法，着重于理论部分，还原我国近代化学的普及与传播特点，以及对现代生活中的化学问题进行相应的研究，普及化学学科基础知识，让人们了解化学，相信科学，从而达到一个科学学科普及的效果。

课题的研究成果分为三篇论文，具体如下：

我国近代化学组织团体的创立及思考。受近代西方国家化学组织团体的影响，中国留学生于 20 世纪初期开始创建我国的化学组织团体，促进了中国化学学科的体制化发展。课题研究认为，近代化学组织团体的创立需具备"天时地利人和"；近代化学组织团体的创立是近代化学体制化的标志；学科性质决定着学会组织团体的类别。

晚清化学图书翻译出版的特点与走向。中国化学近代化的过程是一个移植、传播、吸收并促使西方化学文化中国化的综合创造过程。在这个过程中，化学图书翻译出版作为一个重要的渠道和转换中介，对普及化学知识、宣传科学思想、构建国人的化学文化体系起到了重要的作用。课题研究发现，翻译引进西方近代化学著作为主；翻译引进的化学图书注重实用性；翻译引进呈现多途径、多领域；翻译出版中心集中在上海、北京。总之，在近代化学知识传入中国的过程中，化学图书翻译出版作为一个重要的渠道和转换中介，有着其他媒介所不能替代的作用。纵观晚清化学图书翻译出版的发生发展，它对中国化学近代化的影响是巨大而深远的。不仅促进了西方化学文化中国化以及中国近代化学体系的确立，而且促进了当时国人的思想解放，在一定程度上也推进了中国社会近现代化的历史进程。

洗发水中的嫌忌物质——二噁烷。二噁烷是一种化工溶剂，它是沐浴露和香波中主要表面活性剂中的副产物，具有微毒性与潜在致癌性。本课题研究认为，洗发水中的二噁烷并不是制造时直接加入的化学成分，而是在表面活性剂制造过程中带入的副产物，所以洗发水中含有二噁烷是很正常的。对人体产生危害关键是在后期检测中，二噁烷的含量是否超过国家规定的标准。二噁烷是微毒物质，具有潜在致癌性，所以消费者不必造成过度的恐慌，应当呼吁有关卫生部门加强对二噁烷含量检测的同时，也希望企业能够改进生产工艺，保证产品质量，以降低二噁烷对人体的危害。专家指出，二噁烷的存在是一种普遍现象，市面上的洗发水也是大都含有。据介绍，自然环境中大都有二噁烷存在，不但海鱼、烤肉、西红柿中存在，而且大气中都有二噁烷存在。化妆品的生产、包装过程中以及原材料中，都有可能间接带进二噁烷，这就意味着二噁烷会出现在日用化妆品中是很正常的，但是只要是在可控范围内的微量二噁烷，对于人体是没有危害的。所以，消费者可以放心使用日用化妆品。

课题名称

“三网”融合环境下科普资源共建共享绩效评价模型研究

课题编号：2011KPYJD08-9

承担单位：安徽师范大学

课题负责人：朱先远

课题所属项目：2011 年度研究生科普研究能力提升类项目

“三网”融合环境中科普资源已经成为引领社会发展的一股有力的无形力量，“三网”融合环境下科普设施的数量也已有很多，但发表原创作品少、信息更新慢则是普遍存在的问题。

本课题采用文献分析法，针对目前“三网”融合环境下科普资源共建共享绩效评价模型进行研究，深入调研“三网”融合环境下科普资源共建共享的现状及其绩效评价方面存在问题，构建一种科普资源共建共享平台的协作绩效评价模型，及构建面向“三网”融合环境下科普资源共建共享能力评价体系结构。实现对科普资源共建共享的水平绩效、增强科普能力绩效、提高科普效果绩效的综合评价，为科普资源共建共享的深入开展提供了激励机制和管理手段，为政府职能在此领域中的决策提供智力支持。

“三网”融合环境下科普资源共建共享平台是采用整合、采购、开发和交流的方式利用现有科普在线网、数字科技馆等数字化，做成功能强大的科普资源共建共享的服务平台。如何实现异构数据库间的跨库共享和互操作，成为一直科普资源共建共享中的一大难题。一方面，“三网”融合给科普资源共建共享带来机遇。随着“三网融合”进程的推进和 3G、4G 移动互联网时代的来临，手机媒体、网络电视、数字电视、移动电视、微博等新媒体如雨后春笋般的出现，通过这些新媒体拓宽了科普资源共建共享途径，缩短了公众与科学的距离。另一方面，“三网”融合给科普资源共建共享带来挑战。一是公众对资源的需求个性化、多元化特征与平台可扩展性、互动性及针对性有限的矛盾；二是平台资源的传统被动式访问与受众对资源有诱导、自我推荐性需求的矛盾；三是异构数据库间的跨库共享和互操作就成为科普资源共建共享中的一大难题；四是科普资源呈现大数据量趋势；五是科普作品多转载，原创性不足，科普内容缺乏实时更新，缺乏创新；六是“三网”下科普信息资源共享绩效评估方法滞后。

针对以上问题，本课题围绕“三网”融合环境下科普资源共建共享绩效评价，构建了面向“三网”融合网络环境下科普资源共建共享绩效评价模型。利用模型方法能够清楚地分析平台之间的协作性，本课题构建了一种基于颜色 Petri 网的个性化科普资源共建共享协作绩效评价模型，该模型可以有效地对“三网”融合环境下科普资源共建共享平台协作性做出验证与评价，可以表达出资源服务的输入、输出、约束条件等功能性属性和非功能性属性，并清楚地他们间逻辑结构和动态行为。科普资源共建共享平台是一个统一对外服务的共享虚拟平台，通过顺序、选择、并行等基本结构可以将共享平台构造成 Petri 网模型。各个科普资源共建共享平台一旦被表示为等价的颜色 Petri 网模型，可利用 CPN Tools 工具模拟科普服务协作执行情况，考察其是否如预期那样顺畅运行，协作方式是否效性。同时还可采用状态空间法验证协作逻辑与功能的正确性。同时，本课题还构建了一种面向“三网”融合环境下科普资源共建共享能力评价体系结构。该指标体系可以较客观地评价这些科普资源共建共享平台绩效程度，可以立足用户通过共建共享平台使用科普资源便宜性及平台数据可扩展性，内容编排符合用户使用资源的满意度，对科普资源质量、使用效果和用户满意度做全面考察。指标体系的创新之处，主要包括资源诱导与推荐的指标，反映平台针对受众差异性的个性化设计的个性度、反映平台可扩展及兼容其他科普服务的扩展度、反映平台设计是采用先进技术和兼容新媒体的前沿度、反映用户与平台间互动的交互度。在内容编排上主要从科普资源数量和用户满意度两方面考虑。

课题名称

宗教文化背景下的美国科学传播问题研究

课题编号：2011KPYJD08-10
承担单位：北京师范大学
课题负责人：焦郑珊
课题所属项目：2011 年度研究生科普研究能力提升类项目

在宗教氛围非常浓厚的社会背景下，美国的科技水平遥遥领先，让我们不得不探讨美国的科普工作。中国也面临着封建迷信复兴等现象，在科学传播工作中美国的方法值得借鉴。

本课题采用资料收集法、文献整理法，数据分析法，分析宗教在美国的发展历史、现状及对美国社会的影响，对美国科学传播情况进行概述，分析宗教文化背景下的科学传播得以进行的原因，研究美国科学传播方法的新进路，从中得出宗教文化背景下美国的科学传播对中国的启示。具体研究结果如下：

由于美国是典型的移民国家，来自不同地区移民的不同的语言、风俗、宗教信仰和生活方式共同影响着美国的文化，形成了美国独具特色的宗教情况，美国早期的宗教发展经历了从确立到自由与多元化的不同阶段。天主教与犹太教逐渐与新教一起成为美国社会的三大主流宗教。当代美国宗教呈现出主体多元化、世俗化的特点，并且对美国社会影响极大，宗教是美国人的精神支柱，是美国民族的精神源泉。同时，美国的科学与科普工作也取得了显著成就。美国作为世界科学中心，是当前世界科学技术的领跑者。美国社会是一个科技化程度高、科学氛围浓厚的社会。美国的科普工作也经历了从零星的科学传播到当今的系统的科普工作阶段，新闻媒体在科学普及过程中的作用日趋重要，同时商业因素开始渗入科普活动。

目前，我们的世界呈现出两种文化并存的趋势。一方面，科学技术的飞速发展和取得的巨大成就，使得科学无疑占据了现代社会的主导地位，人类的宇宙观、价值观、方法论无疑受到了科学技术的深远影响；另一方面，宗教传统的影响并没有消除，与科学共同影响着人类社会。科学与宗教的冲突与融合，在美国社会得到了最鲜明的体现。在美国，自达尔文的进化论传入起，它与创世论的争论就没有停止过，信仰与理性的冲突层出不穷，二者冲突的直接后果就是围绕着进化论的一系列争论。这些冲突显然为科学普及造成了一定程度的障碍。

在美国，人道主义思想化解了科学与宗教的冲突，同时，通过传播自己的理论来推动科学传播；另外，世俗人道主义积极推进道德教育，关注环境保护等现实问题。世俗人道主义的科学传播工作注重传播的实际效果而非执着于纯粹思辨的理论争论，在统一的思想体系——世俗人道主义的指导下多年来坚持形式多样的传播活动，对于我国的科学普及工作有很大的启发意义。

世俗人道主义对美国科学普及工作中所做的贡献，对我国科普工作的开展起到了很大的启发作用。首先，推行科学方法。科学方法是反对种种有神论思想最为有力的武器，并且不需要事先的价值判断。神是否存在，不在目前我们所能讨论的范畴之内，因此暂时搁置判断。而有神论者所提出的能够证明神存在的种种证据，是可以被科学地检验的。而在中国阻碍科学传播的种种迷信思潮和有神论思想，同样也可以被科学质询，当用科学手段戳破了神秘现象背后的骗局时，阻碍科学发展的各种思想也就不攻自破了。第二，丰富科普形式。与美国相比，我国科普形式仍然相对单一，更为注重科学知识的单向传播而在公民科学素养的提高、科学创造能力的提高等方面投入不够，同时面向大众的科学普及工作远不如在学校里面向特定人群的科学传播工作做得那么彻底。以世俗人道主义为代表的美国科学传播形式则更为多样。第三，建立系统的理论支持。世俗人道主义首先是一套完整的思想体系，在此基础上进行各种科学普及工作，行动和目的都是统一的。这点也是值得我国科普工作者借鉴的。

课题名称

机器人科普化功能研究

课题编号：2011KPYJD08-11

承担单位：石油化工学院

课题负责人：唐路璐

课题所属项目：2011 年度研究生科普研究能力提升类项目

科技的优势能够转变成国家发展的竞争优势，是各国争夺的战略重点。科普工作是普及科学知识、提高全民素质的关键措施，是社会主义物质文明和精神文明建设的重要内容，也是培养青少年学生的必要措施。公民的浓厚兴趣是研究机器人的原动力。国内展馆所展示的现有机器人，其展示类功能较强，但互动功能相对较弱。为了让公民保持浓厚的兴趣，应广泛开发机器人的互动功能。

基于此方面的需求，本课题采用问卷法、文献法，开发了一套双机协调机器人下象棋科普软件，具体内容包括：基于 MOTOMAN-HP6 型机器人系统，通过添加摄像头、无线路由器等硬件设备，利用计算机视觉、计算机通信技术和 Internet 网络技术，编写完成具有一定智能的象棋对弈机器人协调控制程序。

针对当前科普展品存在的问题进行了问卷调查，结果显示有 93% 的学生认为当前的科学普及力度还存在不足。而其了解科普知识的途径中，只有 28.7% 的学生是从学校了解到的，有 79.7% 的人希望了解机器人下棋功能是如何实现的。这说明当前的科普资源分布不均，科普力度还有待提高，科普资源相对较少；机器人的功能应向多元化方向发展，并逐步扩大人机交互功能的推广，服务机器人的应用趋于小型化；机器人下棋功能的展示，可有效调动学生对机器人科普知识的兴趣，但下棋功能的展示形式较为单一，可向其他棋类延伸。

开发了双机器人协调下棋系统。多机器人协调工作系统由于其突出的智能性，快速性以及高效率等特点使其在现代生产企业中扮演着日益重要的角色。本文对 MOTOMAN 机器人的控制系统进行了深入的研究，建立双机 I/O 通讯控制系统；利用 VC 编制了下棋程序，提取人机双方棋子移动坐标，通过通信系统实现对机器人的运动控制，使机器人能够根据人的棋子移动和计算机博弈算法产生的象棋移动结果实现棋子的正确移动。实验结果表明，所编制的控制程序可以满足下棋的控制需求，这些工作为进一步进行双机器人协调运动控制研究奠定了重要基础。本课题编制了计算机控制程序；建立了控制计算机和两台机器人之间的实时通讯系统，为机器人的正确走棋动作提供基础。在两台机器人下棋过程中，利用机器人控制器的 I/O 口实现互斥信号，通过不断读取 I/O 口状态来判断两个机器人的运动状态，避免了机器人运动过程中发生干涉。利用双机器人协调下棋系统进行实验研究。结果表明，所编制的控制程序可以进行双机器人协调下中国象棋，机器人取棋子、走棋位置精度较高，满足下棋的需要，这些工作为进一步进行双机器人协调运动控制研究提供了必要的基础。

双机器人协调主对控制策略研究。课题针对目前双机协调策略存在的问题，提出了主对控制策略方法，设计了三级构架，给出了双机器人协调的坐标系；针对主对策略中的机器人碰撞检测问题，提出了改进方法，并在仿真环境中验证了改进方法的有效性。实验结果表明采用主对控制策略双机器人协调系统执行效率提高了 40.7%，这为深入开展双机器人协调作业系统奠定了基础。

课题名称

以医学生为主体对中小学生开展健康科普活动的试点研究及其评价

课题编号：2011KPYJD08-12

承担单位：重庆医科大学

课题负责人：周文洁

课题所属项目：2011 年度研究生科普研究能力提升类项目

随着中国经济社会的发展和疾病谱的改变，公众对健康科普的需求不断增加。如何普及健康知识，并且形成科普长效运行机制以提高大众的健康水平，提升国民的健康素质水平和加强健康科普能力建设成了当前亟待解决的问题。

本课题组采用定量和定性结合的方式对干预的目标人群实施问卷调查和定性访谈，并运用一套较完整的评价手段对整个活动过程进行形成、过程、效果评价。在前期健康科普模式探讨系列研究的基础上，提出了将公众（主要是中小学生）“请进”医科院校校园，在医科院校开展“健康科普体验日”活动；同时我校经过长期培养医学生（主要是公共卫生学院学生）将“走出”医学校园，“走进”重庆市部分中小学校园，并在中小学校园内开展“校内营养健康体验”活动。研究取得了如下成果。

基线调查结果显示：目标人群营养知识总体知晓率为 55.22%，特别是微量元素的缺乏导致相关营养相关疾病方面知晓率特别低，都低于 27%；在饮食行为习惯方面：中小学生在吃零食、挑食偏食、食物价值的选择、吃早餐等方面问题比较突出；在食品安全相关知识面，主要表现在主要是在个人饮食卫生方面、食品认知方面、路边小吃摊购买食品方面、食品品质安全方面、热点食品安全问题关注方面和食品购买方面都有待提高。

医科院校科普活动（请进项目）前访谈结果显示：目标人群所在地学校很少开展健康科普活动，且多半是以海报是形式。他们获得健康科普的途径依次序为：电视、书籍、父母、网络、老师、医生等，且同学平时很少关注自身健康。绝大部分同学愿意参加我们的医科院校科普活动，主要想了解的内容有：营养与食品安全、疾病的预防（肥胖的预防）、心理健康、生命的奥秘等；而关营养与食品安全主题相关的科普活动主要想了解的是：食品安全相关问题、合理营养、食物搭配、营养相关疾病的预防、食物选择、膳食保健等。

医科院校开展科普体验日的可行性分析结果显示：我医科院校的资源评估等可行性体现在：①我们现在确实应该对中小学生开展健康科普体验活动；②医科院校开展“全民健康科普体验日”活动具有政策法规保障，大学的建立定期向公众开放的制度；③该活动是一个健康科普的创新模式，得到各级政府部门、中小学生卫生保健所、我校领导的大力支持；④该活动具有独特的资源优势：健康科普物质资源丰富，医学专业教师专业化水平高、师资资源丰富，医学生及其社团可以成为健康科普体验活动的生力军，高校对公众，特别是中小学生及其家长有着特殊的吸引力。

医科院校开展科普活动（请进项目）效果显示：当天到现在的市民和中小学生从对他们的访谈中都能感受到：他们还是对活动很满意，从活动中收获了不少的知识；特别是中小学生在今后的日常生活中，或多或是少都会想起曾经体验过这样的科普活动，使其不断地朝着健康的生活方式努力。

中小学小校内科普活动（走出项目）干预后调查显示：经过干预后，在营养知识认知方面达到了我们预先设定的目标。

中小学小校内科普活动（走出项目）干预后定性访谈结果显示：绝大部分同学认为觉得我们讲座办得很好很成功，与其他获得营养知识的途径相比更喜欢我们的活动，而且他们还觉得这些讲师们很有亲和力，他们讲的内容很容易理解，有几名同学还希望延长活动的时间。

中小学小校内科普活动（走出项目）干预活动的评价：包括 6 名成员的经过专业训练且多次参加过社会实践的讲师团队、游戏辅助人员、问卷调查人员一行共 48 人，在活动的各个环节都表现出了很强的组织和领导能力，能带动学生的积极性、有感染力、亲和力并能很好的维持整个活动的秩序和气氛。

课题名称

航海科学普及现状及对策研究

课题编号：2011KPYJD08-13
承担单位：武汉理工大学
课题负责人：吴力川
课题所属项目：2011 年度研究生科普研究能力提升类项目

作为航海大国，我们国家航海高级船员供需现状以及供需比例严重脱节，航海类人才流失率大，航海院校学生毕业后转从其他行业人员较多，造成航海教育资源的浪费。21 世纪是海洋世纪，如何将我们国家由航海大国变成航海强国，如何使更多的青少年投身到我国的航海事业当中，这需要针对我国的航海事业现状有效地进行航海历史和航海科学知识的科学普及。

本课题采用文献分析法，通过调查研究国内外航海科学普及的现状及方式，总结各个国家航海科学普及的方式以及经验。考虑到各个国家经济发展等对航海的依赖程度不同以及文化差异的不同，在了解各个国家航海科普现状及经验的基础之上，借鉴国外的经验提出适应我国航海科普现状的航海科学普及的方式和对策。

航海属于一种专门行业，具有很强的专业性，且航海与人们的日常生活联系不像其他领域那样紧密，加上我国航海科普起步较晚、进度较慢等原因造成我国的航海科普虽然形式上也是丰富多样，但是深度和效果上不尽如人意。航海科普主要围绕航海科学特色活动，航海博物馆等基础设施建设，学校航海知识教育等途径展开。科普展览作为一种资源共享的方式可以弥补地方或基层科普组织教育资源的短缺。针对目前我国航海科普场馆较少的现状来看，进行航海科普展普及航海知识是在节省资源情况下加大航海科普力度的有效选择。但目前我国参观过航海科普展的人并不多，一方面是由于我国举行的航海科普展活动较少，另一方面是航海科普展进行前宣传力度不够。这造成航海科普展资源不能得到有效地利用，从某种程度上对资源造成了浪费；航海夏令营科普方式只注重了参与人员内部的交流而忽略了航海夏令营的科普载体的作用；航海科普讲座大部分都是在沿海航运发达的城市或者航海院校进行的。在航运不发达城市以及没有航海院校的城市举行航海科普讲座的次数较少，这样就造成了航海科普力量地区分布不均等现象。

对于非航海专业出身的人员，只有通过参观相关的航海科普场馆才能真正接触到航海设备，比如船舶、罗经、锚等设备。对航海实物的接触能够给参观者留下较为深刻的印象，对航海知识起到较好的普及作用。进入航海类科研机构参观航海设备，结合科研人员的讲解，参观人员的航海基础知识将会极大地提高，同时也会激发其对航海科学的兴趣。调查数据结果显示，在全国范围内，被调查者中去过航海类科研机构参观航海设备的人数只占 18.6%。究其原因，大部分航海科研机构的实验场地所并未对公众开放，因此自然也谈不上参观。航海科研机构的地理分布不均衡。航海科研工作者对航海知识科普事业的热情不高。目前我国航海科普相关网站数量较少，并且形式单一，更新不及时。网站形式主要是以文字和图片为主，flash 等动画的方式几乎没有。作为当今最有效和最快读的宣传媒体方式，当今航海科普的网络宣传效果与其他几种科普方式相比并没有体现出其优势。与我国现在的网民人数对比，利用网络媒体进行航海科普有待改进和发展。

针对我国航海科普现状以及各个地区航海科普资源分布不均衡等现状，如何更好地利用现有资源进行更好的航海科学普及是当前应该考虑的问题。针对调查研究我国的航海科学普及现状，对我国航海科学普及提出以下建议：以航海节纪念活动为契机、加大航海科学普及的范围和力度；充分利用航海科普展等科普手段；充分利用航海类专业大学生资源；加大新闻媒体的宣传力度；充分利用网络媒体资源进行科普；充分利用高等院校的专家进行科普讲座；发挥航海学会等组织的科普能力。

课题名称

地下建筑节能新技术与新方法的电子作品研制

课题编号：2011KPYJD08-14

承担单位：武汉理工大学

课题负责人：黄腾达

课题所属项目：2011 年度研究生科普研究能力提升类项目

当今世界，地下建筑已成为一个国家综合国力、城市经济实力、人们生活水平及现代化的重要标志。但能源和环保也是当今世界各国面临的两大社会问题，同时它们也是影响我国国民经济发展的两大因素。我国在地下建筑节能方面的研究相对滞后，成果也相对较少，科学普及方面的资料很少。致力于地下建筑节能技术的推广和普及工作有很重要的理论意义和实际价值。

本课题的重点在于研究地下建筑节能新技术与新方法，用图片的形式介绍建筑节能新技术与新方法以及在实际工程应用实例，并分析其应用前景；结合一些典型的案例对当前地下建筑节能的一些技术的原理及知识进行分析，并制作图片 PPT 作品，刻制图片 PPT 作品光盘，编写成果总结报告。通过对目前地下建筑节能新技术与新方法的系统介绍，便于大众接受和了解一些相关的基本理论、知识与新技术，加快地下建筑节能新技术科学知识的普及与推广。课题取得研究成果如下。

地下建筑通风节能技术。作品制作包括地下车库自然通风、地下商场自然通风、地下广场自然通风和地下通道自然通风等四个部分。每一部分均包含基本原理介绍和实例介绍等。实例部分主要为课题组的实地考察和拍摄所得到的图片。一共有 16 个典型的实例、120 余张典型的图片，包含了武汉地区比较典型的地下建筑通风的设计以及实际应用效果。通过结合实例的介绍，让大多数人能更好地理解地下建筑自然通风的概念、基本知识、原理及设计。为今后地下建筑自然通风的设计提供有力的支撑。

地下建筑照明与自然采光节能技术。制作的成果包括地下商场照明及自然采光，地下车库照明及自然采光，地下广场照明及自然采光，地下通道照明及自然采光等四个部分。每一部分均包含基本原理介绍和实例分析等。课题组一共有 10 余个典型的实例，近 100 张典型的图片，包含了武汉地区比较典型的地下建筑照明及自然采光的设计以及实际应用效果。通过结合实例的介绍，让大多数人更好地理解地下建筑照明及自然采光的概念、基本知识、原理及设计。为今后地下建筑照明及自然采光的设计提供有力的支撑。

地下建筑采暖节能技术。制作的成果主要介绍了地源热泵和太阳能采暖的基本理论、分类、工作原理、简单的设计要点、实例及分析。实例部分主要为课题组的实地考察和拍摄所得到的图片。一共有 5 个典型的实例、近 70 张典型的图片，包含了武汉地区比较典型的地下建筑采暖的设计以及实际应用效果。通过结合实例的介绍，让大多数人能更好地理解地下建筑采暖节能技术的概念、基本知识及原理等。结合图片对实例进行简单的理论和实践分析，可以让大众了解我们身边用到的一些实用新技术，让大众更好地去关注地下工程采暖与节能技术，为今后地下工程采暖的设计提供有力的支撑。

课题名称

基于相关分析的二噁英科普案例与对策研究

课题编号：2011KPYJD08-15

承担单位：中国生态学学会

课题负责人：李海骞

课题所属项目：2011 年度研究生科普研究能力提升类项目

当前，有关二噁英的科学、减排控制技术、管理政策和健康防护等内容的科普实践还十分有限，闻“二噁英色变”的情况仍然存在。需要建立科学、正确的宣传科普来增强人们对二噁英排放和控制技术的认知，减少恐慌情绪，向社会公众传达二噁英可防可控的知识。

本课题采用了文献分析法和实地调研法，详细了解斯德哥尔摩公约和我国履约的行动计划，了解我国开展二噁英减排和科普的需求，并通过相关文献报道了解国外开展二噁英减排和科普的情况、二噁英研究和控制技术的现状和示范性减排项目的情况。选取了我国重点排放源——冶金生产和废弃物焚烧两大排放源的典型案例开展实地调查，访谈和调查了政府主管部门，企业负责人和公众，详细了解二噁英减排和科普的现状。

垃圾焚烧典型案例选择的是垃圾焚烧发展较快，社会关注度较高的北京市开展调查。北京市的垃圾焚烧经过了一定的发展历程，目前采用的技术和二噁英排放达到了世界先进水平。在“十二五”时期北京拟将垃圾焚烧的科普将与环境素养的培养相结合开展，提高公众的环境认识、环境技能和环境行为，对垃圾处理的全过程进行介绍和科学正确引导公众的环境行为。北京市拟将科普和信息公开结合进行，建立业内权威专家定期向社会介绍垃圾焚烧及污染物控制情况的制度，让人们能正确理解垃圾焚烧的知识和动态。建立政府职能部门定期向社会发布垃圾处理设施污染排放情况的制度，逐步化解周边居民对垃圾焚烧设施的疑虑。北京市还计划在已有和新建的垃圾焚烧厂安装二噁英在线监测装置。加强垃圾焚烧知识的宣传教育，强化、提高公众对垃圾焚烧的认识，定期组织公众参观垃圾焚烧厂，了解焚烧厂带来的社会、环境和经济效益，使居民支持大型生活垃圾焚烧设施的建设，提高公众参与的能力和水平。

冶金生产典型案例选择了冶金企业较集中的云南省昆明市开展调查。当地政府主管部门在“十二五”期间拟建立包括二噁英在内的持久性有机污染物排放数据的报告管理，建立持久性有机污染物管理的技术支持体系，随后建立 POPs 控制的试点示范项目，在示范项目上推广 BAT/BEP 的推荐技术和管理措施。在推动减排控制技术时，目前还存在缺少专业知识和监测条件、对于行业的了解还不充分等问题。对于减排的资金支持，政府支持资金的来源主要是排污费，政府优先支持的 POPs 减排工作是监测能力建设和减排技术研究。目前开展宣传、培训等科普的资金还很少，资金支持力度还有待加强。政府对于企业的开展减排采用减排奖励的方式进行。从目前来看，政府的宣传和培训是进行持久性有机污染物减排技术和知识科普的主要方式，在未来可以考虑更多的方式增强相关方的参与。

通过调查我们可以看到目前有关二噁英的减排与科普实践进展有所不同。垃圾焚烧的二噁英排放近年来关注程度高，同时开展减排相对较早，该行业的科普工作相对开展较多，在北京市等地取得了实效，从科普内容，科普方式上积累了一些较好的经验。而对于其他二噁英排放源，尤其是排放量大于垃圾焚烧的冶金生产行业，开展相关的减排和科普实践则较少，相对处于初级的阶段。为开展二噁英科普和履行斯德哥尔摩公约提供支持，本研究从科普内容、科普方式和相关方参与等方面提出了今后开展二噁英科普的四点建议。这些建议包括开展二噁英科普需要考虑不同相关方的需求，开展二噁英科普需要增强不同相关方的参与和协作，开展二噁英科普需要探索和改进方式和建立二噁英科普的规划和评价机制。我国二噁英的科普工作开始较晚、任务量大，具有较强的社会影响，有效的规划和实施二噁英的相关科普实践，能够与减排、信息公开等工作互相促进，减少恐慌反对情绪，促进社会的和谐稳定，同时为开展持久性有机污染物和其他科普实践提供参考。

课题名称

以“三网融合”为背景的新型科技传播方法研究

课题编号：2011KPYJD08-16

承担单位：安徽师范大学

课题负责人：南敏

课题所属项目：2011年度研究生科普研究能力提升类项目

以互联网信息技术、数字技术为主的新媒体迅猛发展，纯粹意义上的传统传播已不复存在，媒体的传播模式已发生质的转变，面对多元化发展的新媒体，希望通过本课题的研究能找到适合科学传播的模式，将科技与生活融为一体，唤醒公众科学意识，以提高全民科学素质。

本课题采用文献查阅法、问卷调查法、案例分析法、经验总结法，研究“三网融合”背景下，利用“新媒体”进行科技传播的可行性，探讨科技知识通过“三网融合”产物“新媒体”得以广泛传播的具体实施，采用问卷调查和访谈相结合的方式，了解“新媒体”对科技知识传播的具体效果。取得研究成果如下。

设计了利用新媒体技术进行科技传播的方案。针对手机媒体，方案1：每个地区通过建立开通“科普短信服务平台”，定期定时地向人们发送科学知识，短信一般为一个专题内容，最好是贴近观众的热门话题，引起观众对科学的兴趣，字数尽量限制在百字以内，还要警惕短信的庸俗化、垃圾化。方案2：开创手机科普杂志或者手机报，建立自己的采编体系和运作管理体系。通过移动通信技术平台传播，使用户通过手机阅读到报刊内容，定时定期，这对科普的及时性有很大作用。

针对网络电视、数字电视和移动电视，方案1：制作好的科学专栏节目放到网络电视上，供用户选择感兴趣的专栏收看，比传统固定的电视节目更能达到传播效果。方案2：科教频道应该对大众免费，国家给予办台单位补助。方案3：在城市，可以在公共场所和社区，利用可视设备，放映一些短小精悍的健康、卫生、生活小常识等方面的科教短片；在农村，可集中播放一些针对改善农村生活、促进农村经济发展的科教短片。

针对博客和播客，我们分析了一个成功的案例——科学松鼠会。科学松鼠会运用博客群、线上线下活动以及与其他机构合作开展活动等方式，整合了新型和传统的传播方法，以生动有趣的手段向大众传播科学，让科学变得妙趣横生、简单实用，同时也为科学传播人才的培养开发了很好的平台，值得我们在科学的传播道路上去效仿、改进、创造，让科学真正流行起来。

对各方案的可行性进行分析后，我们得出以下结论：目前的科学传播方法主要存在以下几点不足，第一，传播内容忽视实时性、传播方式缺少交互性以及传播媒介缺乏移动性；尽可能增加内容的故事性，也就是增加它的可视性；语言尽可能通俗。第二，手机是现代人们必不可少且随身携带的通讯工具，筹划设计相关内容，把科学知识从严谨的理论文字的形式中，生发出更加丰富的图文、手机杂志等多种传播形式是当务之急。第三，在地铁或者公交车的移动电视中播放科学小短片是完全可行的，移动数字电视充分发挥了公众不经意间通过电视科技节目接受科学知识的特点，可将科学知识融入到相关新闻、娱乐节目中，只需 1 分钟或者几分钟，使公众获得一些相关知识，并适当增加趣味性、参与性。第四，科学博客和播客具有内容多样、免费、方便订阅等特点，这种大众化的方式使得科学机构、科学工作者和对科普感兴趣的个人都可以成为科学传播的重要力量。

与传统媒体（电视、报纸、广播等）的比较分析结果发现：就传播内容而言，新型的科普传播从人们普遍关心的内容出发，用通俗易懂的语言向人们传递生活中的科学小常识。就传播时效而言，新媒体在三网融合的大背景下，信息网络通畅、资源共建共享，身边处处皆科学，从腕上的手表说时间，从晚餐桌上的食物说健康，从居室内的花草到空气质量，从社会新闻的愚昧故事到科学精神，充分体现了实时性。就传播受众而言，新媒体和受众之间是双向选择关系，通过博客、博客等线上留言等渠道方便给受众对科学难题进行答疑解惑，充分体现了互动性。

通过上述分析，我们认为，传统的科普手段已满足不了人民群众越来越高涨的提高精神生活水平和学习科技知识的需要，随着科学技术的迅猛发展，传统的科普手段必将向多样化、现代化发展。在新媒体时代下，利用手机媒体、IPTV、数字电视、移动电视、博客、播客等各种传播平台，将科技与生活融为一体，唤醒公众科学意识，以提高全民科学素质。

课题名称

数学方法普及研究

课题编号：2011KPYJD08-17

承担单位：安徽师范大学

课题负责人：朱静勇

课题所属项目：2011 年度研究生科普研究能力提升类项目

数学在各个学科各个领域都有广泛的应用，其中以方法的应用最为广泛。因此，数学方法的普及对科学技术的发展有重要作用，我们生活在高科技时代，科技与我们的生活息息相关，数学方法的普及还与我们的生活联系密切。因此，数学方法的普及研究具有重要意义。

本课题采用文献研究法、社会调查法、试点普及法，从传播学的角度研究华罗庚“统筹法”是如何传播普及的，并从中提炼出对一般数学方法普及有指导意义的经验教训，然后从这些方面研究数学方法中建模法即数学建模普及的现状。研究成果如下。

“统筹法”普及的成功经验。通过以传播学的角度对华罗庚对统筹法的普及进行研究，发现统筹法在传播中宏观上采取中心广播模式，主要服从于国家、政府的需要，偏重知识和技术，是一种中央集权下定位于工农兵紧密结合生产的科普，具体操作中采取了有反馈的对话模式，深入基层把基层的生产操作者作为第一传播受众，首先在局部传播，然后慢慢扩大传播受众的范围，最后达到面向大众的传播。统筹法之所以取得成功得益于在传播普及中主要处理好了以下三个问题：推广普及的目的；推广普及的前提；推广普及的方法。建模法普及现状。建模法即数学建模在我国的普及现状较好，主要体现在以下几个方面：历年来大学生数学模型联赛的规模以平均年增长 25% 以上的速度发展；大学已开设数学建模课程，并有专业老师和团队培养学生的兴趣，带领一些优秀的学生参加比赛，数学建模已在大学里普及开来，甚至在中学也有数学建模大赛，并起到了积极作用；社会上已经形成一些数学建模团队和公司，社会已经注重建模法的实际应用了；网络已成为数学建模普及推广的重要工具。不仅有数学建模爱好者网站，许多高校在网上还专门设有数学建模站方便人们交流。同时，数学建模的普及已经取得一些良好的成绩，但仍有一些不足：传播方式不够丰富；传播主体不够壮大；传播受众只是具有较高文化水平的人群，可否尝试面向更广的受众传播。

发现的问题及解决方案如下：传播方式方面，一是探索针对高校教师教学的基于校园网的行动导向教学法。二是探索针对大众化的教学模式，可以使数学建模思想在数学类主干课程中的渗透或者开设选修课，或者组建数学建模兴趣小组活动，或者开展竞赛集训。三是针对一般本科院校的建模活动推广，学校要加强引导，充分肯定数学建模活动在高素质人才培养中的作用；增强数学建模教学主导的教学热情和科研能力；激发学习主体的兴趣，尽可能地扩大数学建模的影响；改进现有的活动组织模式。扩大传播主体方面，一方面，目前数学建模竞赛还是教育部和中国工业与应用数学学会共同主办的，还没有专门的机构，所以要成立专门的机构负责领导数学建模竞赛和普及，管理零散的普及团体；另一方面，数学建模公司已经做出了很好的示范，如果政府、大学加大对数学建模的支持力度，扩大相关组织机构，并鼓励一些类似北京诺亚数学建模科技有限公司的企业或组织的成长，就能为数学建模提供良好的就业前景，那么久而久之会有更多的人从事数学建模成为传播主体。现阶段普及面较窄的问题，建议以小分队的形式深入群众。